W0259999

Teubner Studienskripten Elektrotechnik

Ebel,   Regelungstechnik
            160 Seiten. DM 8.80

Ebel,   Beispiele und Aufgaben zur Regelungstechnik
            151 Seiten. DM 8.80

Freitag, Einführung in die Vierpoltheorie
         128 Seiten. DM 8.80

Frohne, Einführung in die Elektrotechnik
         Band 1 Grundlagen und Netzwerke
                2., durchgesehene Auflage.
                131 Seiten. DM 8.80

         Band 2 Elektrische und magnetische Felder
                2., durchgesehene und erweiterte
                Auflage.
                241 Seiten. DM 12.80

         Band 3 Wechselstrom
                2., durchgesehene Auflage.
                200 Seiten. DM 10.80

Gad,   Feldeffektelektronik
            266 Seiten. DM 15.80

Haack,   Einführung in die Digitaltechnik
            2., überarbeitete und erweiterte Auflage.
            200 Seiten. DM 10.80

Harth,   Halbleitertechnologie
            135 Seiten. DM 8.80

Hilpert, Halbleiterbauelemente
         2., durchgesehene Auflage.
         158 Seiten. DM 9.80

Kirschbaum, Transistorverstärker
         Band 1 Technische Grundlagen
                215 Seiten. DM 12.80

         Band 2 Schaltungstechnik
                231 Seiten. DM 14.80

Morgenstern, Farbfernsehtechnik
         230 Seiten. DM 14.80

v.Münch ,Werkstoffe der Elektrotechnik
         2., neubearbeitete und erweiterte Auflage.
         221 Seiten. DM 10.80

Preisänderungen vorbehalten

Zu diesem Buch

Dieses Skriptum ist eine erweiterte Fassung
der vom Verfasser an der Fachhochschule
Darmstadt über dieses Gebiet gehaltenen Vorlesung. Vorausgesetzt werden Grundkenntnisse
der elektrischen Meßtechnik. Der Stoff ist
so ausführlich dargestellt, daß das Buch
von Studenten an Hochschulen und Fachhoch-
schulen neben der Vorlesung als Mitschrift
verwendet werden kann, aber auch zum Selbst-
studium geeignet ist. Das Buch gibt einen
umfassenden Überblick über das Gebiet des
Elektrischen Messens nichtelektrischer
Größen.

Elektrisches Messen nichtelektrischer Größen

Von Dr.-Ing. R. Thiel

Professor an der
Fachhochschule Darmstadt

Mit 137 Bildern, 20 Tafeln
und 15 Beispielen

B. G. Teubner Stuttgart 1977

Prof. Dr.-Ing. Roman Thiel

1917 in Groß-Olbersdorf bei Wagstadt /Ostsudeten geboren.
1935 bis 1939 Studium der Elektrotechnik an der Deutschen
Technischen Hochschule in Brünn. 1940 bis 1947 Entwicklungsarbeiten an Hochspannungs-Elektronenstrahloszillographen in
Dresden und Berlin sowie wissenschaftliche Untersuchungen an
Kleinwindkraftanlagen, Entwicklungsarbeiten an der Flugkörper-
fernsteuerung und meßtechnische Untersuchungen in Windkanälen
in der Luftfahrtforschung in Rechlin und Braunschweig. Ab 1948
wissenschaftliche Arbeiten auf dem Gebiet der angewandten
elektronischen Meßtechnik im Institut für landtechnische
Grundlagenforschung der Forschungsanstalt für Landwirtschaft
Braunschweig, ab 1959 Abteilungsleiter. 1958 Promotion an
der Technischen Hochschule in Braunschweig. Seit 1962 Lehr-
tätigkeit als Dozent an der Staatlichen Ingenierschule in
Darmstadt. Ab September 1973 Professor an der Fachhochschule
Darmstadt mit den Lehrgebieten Elektrische Meßtechnik und
Elektrisches Messen nichtelektrischer Größen. Leiter des
Labors für Elektrische Meßtechnik.

CIP-Kurztitelaufnahme der Deutschen Bibliothek

Thiel, Roman
Elektrisches Messen nichtelektrischer Grössen.
- 1. Aufl. - Stuttgart : Teubner, 1977
   (Teubner-Studienskripten ; 67 : Elektrotechnik)
   ISBN 978-3-519-00067-9   ISBN 978-3-663-01253-5 (eBook)
   DOI 10.1007/978-3-663-01253-5

Umschlaggestaltung: W. Koch, Sindelfingen

Vorwort

Wegen der großen Bedeutung des elektrischen Messens nichtelektrischer Größen in der modernen Technik gibt es heute für die Lösung von fast allen Meßaufgaben serienmäßige Geräte und Einrichtungen. Da es aber schon aus wirtschaftlichen Gründen keine universale Meßeinrichtung für den gesamten vorkommenden Einsatzbereich geben kann, muß für jede Meßaufgabe aus der Vielfalt der möglichen Meßverfahren und Geräte ein anwendungsspezifisches Meßsystem zusammengestellt werden. So werden z.B. für die Datenverarbeitung der anfallenden Meßwerte in der Praxis keine Universal-Computer, sondern jeweils spezielle Meßwertanalysengeräte eingesetzt.

Voraussetzung für die günstigste Wahl und den optimalen Einsatz der Meßverfahren und -geräte sind Kenntnisse über Aufbau, Wirkungsweise und Eigenschaften der Geräte für die verschiedensten Einsatzbedingungen.

Das vorliegende Skriptum soll sowohl dem Studenten als auch dem Ingenieur im Betrieb die nötigen Kenntnisse vermitteln. Im Vordergrund steht die "Technik des Messens", d.h. die Anwendung der Meßverfahren. Durch eine straffe Gliederung wird die Übersicht erhöht und das umfangreiche Gebiet überschaubar gemacht. Mit Rücksicht auf die Fülle des Stoffes werden Grundlagen der elektrischen Meßtechnik meist vorausgesetzt und nur dann wiederholt und ergänzt, wenn dies der Vollständigkeit wegen notwendig ist.

Am Anfang des Skriptums werden als allgemein gültige Grundlagen für die praktische Anwendung des elektrischen Messens nichtelektrischer Größen die wichtigsten Meßfühlerprinzipien mit ihren Meßschaltungen mit kurzen Hinweisen auf deren spezielle Anwendung behandelt. Es folgen die Meßkettenschaltungen mit Einheitsmeßumformer, Anpaßschaltungen mit den wichtigsten Meßverstärkerarten und eine Übersicht über Registriergeräte.

Für größere Meßanlagen haben die beschriebenen Meßwerterfassungsanlagen mit Fernmessung und Telemetrie eine große Bedeutung. Im Zusammenhang mit der elektronischen Meßdatenverarbeitung wird eine Übersicht über die speziellen elektronischen Meßwertanalysengeräte gegeben. Am Ende der Grundlagen werden die beim Arbeiten mit Meßketten auftretenden Probleme der Zusammenschaltung der Meßkettenglieder, der Störspannungen, Empfindlichkeit, Fehler und Zuverlässigkeit behandelt.

Beschreibungen der Ausführungs- und Anwendungsmöglichkeiten von Meßwertaufnehmern geben schließlich Hinweise für die praktische Anwendung der Meßverfahren zum Messen von verschiedenen nichtelektrischen Größen.

Die für die Meßglieder angegebenen Kenndaten und die Beispiele vermitteln Zahlenwertvorstellungen und geben Unterlagen für quantitative Entwürfe von Aufnehmern und Meßkettenschaltungen für die praktische Anwendung.

Da die große Verbreitung von Systembausteinen, d.h. von Elementen der elektronischen Schaltungs-, Verstärker-, Meß- und Datentechnik, das Denken in Blockschaltungen fördert, wird für die Beschreibung der Wirkungsweise und Anwendung der elektronischen Meßgeräte und Anlagen die Darstellung in Signalflußplänen ohne ausführliche Schaltungseinzelheiten bevorzugt.

Die Bildbeschriftungen und -unterschriften sind so gehalten, daß der Bildinhalt ohne Zurückgreifen auf den Text verständlich ist.

Darmstadt, im Herbst 1976   Roman Thiel

Inhalt   Seite

Seite

Anhang

1. Einführung

Die moderne Entwicklung in der Technik und den Naturwissen-
schaften ist ohne den Einsatz des elektrischen Messens nichtelektrischer Größen nicht denkbar. Diese Meßtechnik wird besonders in Forschung, Entwicklung, Erprobung, Prüfung, Pro-
duktionsüberwachung sowie in Steuerungs-, Regelungs- und
Automatisierungsanlagen angewendet.

1.1. Meßgrößenübersicht

Das elektrische Messen nichtelektrischer Größen umfaßt alle
Vorgänge, bei denen physikalische Meßgrößen durch Anwendung
von physikalischen Effekten in elektrische Größen zur Weiterverarbeitung und Auswertung umgeformt werden.

Tafel 1   Bereiche von nichtelektrischen Meßgrößen

		Kleinstwert x_{min}	Größtwert x_{max}	$\dfrac{x_{max}}{x_{min}}$
Dehnung	ε	10^{-2} µm/m	10^{5} µm/m	10^{7}
Weg	s	1 µm	10 m	10^{7}
Drehwinkel	α	$10^{-6} \cdot 360°$	$10° \cdot 360°$	10^{6}
Drehzahl	n	$4 \cdot 10^{-2}$ min^{-1}	$4 \cdot 10^{5}$ min^{-1}	10^{7}
Beschleunigung	a	10^{-6} g	10^{5} g	10^{11}
Zug-u.Druckkraft	F	$2 \cdot 10^{-5}$ N	$2 \cdot 10^{7}$ N	10^{12}
Druck	p	10^{-5} bar	10^{4} bar	10^{9}
Zeit	t	10^{-10} s	10^{9} s	10^{19}
Temperatur	ϑ	10^{-6} K	10^{12} K	10^{18}

In Tafel 1 sind Beispiele für nichtelektrische Meßgrößen zur
Demonstration ihrer maximalen und minimalen Meßwerte x_{max} und
x_{min} und deren Zahlenverhältnisse x_{max}/x_{min} zusammengestellt.
Der maximale Wert entspricht jeweils dem größten meßbaren

Meßwert, der minimale Wert dem kleinsten erfaßbaren Teil der Meßgröße, dem Meßquant (s. Abschn. 6.2).

Die in Tafel 1 angegebenen Zahlenverhältnisse x_{max}/x_{min} liegen im Bereich 10^6 bis 10^{19}. Entsprechend sind die Zahlenverhältnisse in der elektrischen Meßtechnik 10^9 bis 10^{28} und in der Natur bis 10^{42}. Obwohl nicht alle diese Zahlenverhältnisse eine anschauliche Vorstellung von ihren Größenordnungen ermöglichen, zeigen sie jedoch, daß sehr große Anforderungen an die Aufgabengebiete und die Meßbereiche beim elektrischen Messen nichtelektrischer Größen gestellt werden. Eine einzige universale Meßeinrichtung kann also das gesamte Gebiet kaum optimal überstreichen und wäre auch unwirtschaftlich.

Nicht nur für verschiedene Meßgrößen sondern auch für die jeweiligen Meßbereiche sind unterschiedliche Meßsysteme und -verfahren erforderlich. Deshalb sind für optimale Auswahl und richtigen Einsatz der Meßeinrichtungen Kenntnisse des gesamten Gebiets des elektrischen Messens nichtelektrischer Größen notwendig.

1.2. Meßkette

In Bild 1 ist der grundsätzliche Aufbau einer Meßeinrichtung zum elektrischen Messen nichtelektrischer Größen in einem Geräteplan dargestellt. In der Meßkette sind die Meßkettenglieder Aufnehmer AN, Anpaßschaltung AS, Datenerfassung und -verarbeitung DV und Ausgeber AG zusammengeschaltet. Die Bezeichnung für die Meßkettenglieder gilt für eine Gliederung der Meßgeräte nach Aufgaben im Rahmen der Meßeinrichtung. Eine Datenverarbeitung kann entweder während oder erst nach der Messung eingesetzt werden. In Meßgrößenumformern sind die Aufnehmer- und Anpaßschaltungsblöcke zu einem Gerät vereinigt (s. Abschn. 1.3 und 3.2).

Für die Meßverfahren gelten als Vorteile die Anpassungsfähigkeit an Meßgrößen, Meßbereiche und Meßfrequenzen, große Auflösung, vernachlässigbar kleine Meßwertbeeinflussung, analoge

und digitale Vielkanalmessung, Meßwertfernübertragung und Telemetrie, automatische Meßdatenverarbeitung, große Genauigkeit
und Zuverlässigkeit.

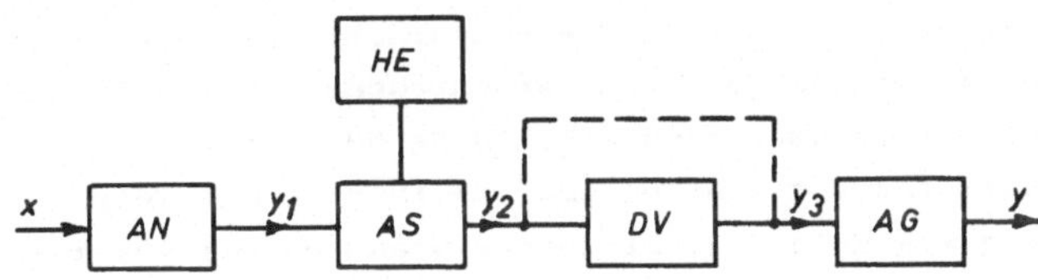

Bild 1 Geräteplan zum elektrischen Messen nichtelektrischer
       Größen (VDE/VDI-Richtlinie 2600 Bl. 3)
       AN Aufnehmer (z.B. Kraft-AN nach Abschn. 7.7),
       AS Anpaßschaltung, Anpasser (z.B. Trägerfrequenz-Meß-
       verstärker nach Abschn. 3.3), DV Datenerfassung und
       -verarbeitung (z.B. Prozessrechner, elektronische Re-
       chengeräte oder Analysatoren nach Abschn. 4),
       AG Ausgeber (z.B. Registriergerät nach Abschn. 3.4),
       HE Hilfsenergie (z.B. Stromversorgung), x Eingangs-
       Meßgröße, y Meßsignale und Ausgangsgröße

1.3. Definitionen

Meßfühler (Meßsonde, Meßelement; sensor, sensing element,
gage) stellen das spezielle physikalisch-elektrische Umfor-
mungsglied in der Meßkette dar.

Aufnehmer (Meßwertaufnehmer, Meßgeber; transducer, pick-up)
fassen alle Bauglieder zur Umformung (Umwandlung) von physikalischen in elektrische Meßgrößen zusammen. Ein Meßfühler
kann auch direkt als Aufnehmer wirken, z.B. bei Dehnungsmeßstreifen oder Thermoelementen.

Meßumformer (Signalumformer) sind allgemein Meßgeräte, die
entsprechend der Gerätekennlinie ein analoges Eingangssignal
in ein eindeutig mit ihm zusammenhängendes analoges Ausgangssignal umformen. Obwohl sich der Begriff Umformung mehr auf
die Änderung einer Gestalt als einer Art bezieht, wird hier

nach VDI/VDE 2600, Bl. 3 die Bezeichnung Meßumformer verwendet, weil das Wort Wandler dem elektrischen Transformator vorbehalten ist.

Meßgrößenumformer sind Meßumformer, bei denen Eingangssignal und Ausgangssignal von verschiedener physikalischer Natur sind. Aufnehmer sind meist Meßgrößenumformer, so z.B. ein Thermoelement als Temperaturaufnehmer mit Temperatur als Eingangssignal und elektrischer Spannung als Ausgangssignal.

Meßwertumformer sind Meßumformer, bei denen Eingangssignal und Ausgangssignal von gleicher physikalischer Art sind.

Einheitsmeßumformer (transmitter) sind Meßumformer mit einem genormten Ausgangssignalbereich (s. Abschn. 3.2) nach Tafel 2.

Tafel 2   Einheitssignale für 0 bis 100 % der Meßgröße

Eingeprägter Gleichstrom I (stromproportionales System)	
0 bis $\pm$5 mA oder 0 bis $\pm$20 mA	toter Nullpunkt (dead zero)
1 mA bis 5 mA oder 4 mA bis 20 mA	lebender " (live zero)
(0 bis 5)mA bis (12 bis 25)mA	einstellbare Grenzen
Eingeprägte Gleichspannung U (spannungsproportionales System)	
0 bis $\pm$10 V (oder 0 bis $\pm$1 V)	
Frequenz f oder Impulsfolge (zeitproportionales System)	
5 Imp/s bis 25 Imp/s	
Pneumatisches Einheitssignal p	
0,2 bar bis 1,0 bar	

In **Einheitsmeßumformern,** bestehend aus einer Kombination von Aufnehmer und Anpaßschaltung nach Bild 1 wird einer physikalischen Eingangsgröße mit wählbarem Bereich eine elektrische Ausgangsgröße von einheitlichem Bereich zugeordnet. Als **Eingangsgrößen** gelten die verschiedenen physikalischen Meßgrößen, z.B. Kraft, Temperatur usw. Die **Ausgangsgröße** ist eine der in Tafel 2 zusammengestellten Einheitssignale (VDI/VDE 2600).

Der Wert eines **eingeprägten Stromes** für niederohmige Folgegeräte mit Anpassungswiderständen $R \leq 1$ kΩ ändert sich bei Belastungsänderung vernachlässigbar wenig. Der Wert einer eingeprägten Spannung für hochohmige Folgegeräte mit Anpassungswiderständen $R \geq 1$ kΩ ändert sich bei Änderung des Belastungswiderstands, an dem sie abfällt, vernachlässigbar wenig.

Meßeinrichtungen mit live zero ermöglichen mit einem Ruhestrom von 1 mA bis 4 mA Schutzschaltungen zum Erfassen von Störungen, z.B. durch Geräte- oder Netzausfall oder durch Signalleitungsunterbrechungen.

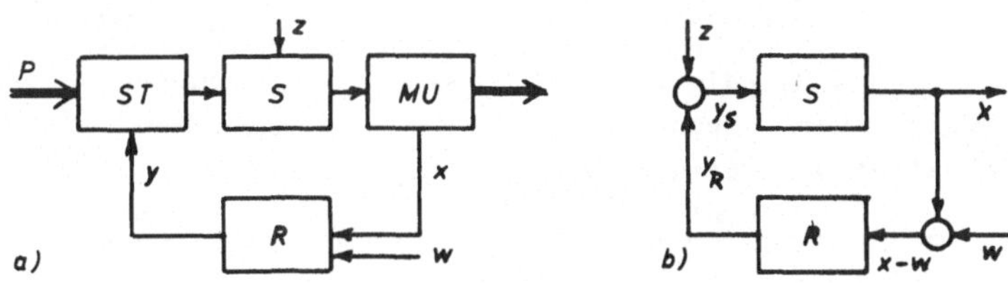

Bild 2 Regelkreis
a) Geräteplan, b) Signalflußplan nach DIN 19226
P technischer Prozeß (Energie- bzw. Material- oder Massefluß), S Regelstrecke, MU Meßgrößenumformer, R Regler, ST Stellglied
x Regelgröße (Meßgröße), w Führungsgröße, $x_w = x - w$ Regelabweichung, y Stellgröße, z Störgröße

Meßgrößenumformer werden vor allem in Regelkreisen nach Bild 2 in industriellen Regelungsanlagen eingesetzt.

2. Meßfühler

2.1. Übersicht über passive und aktive Meßfühler-Prinzipien

Bei der Umformung von nichtelektrischen in elektrische Meßgrößen werden nach den in Tafel 3 zusammengestellten Zusammenhängen elektrische Größen bei passiven Meßfühlern beeinflußt und bei aktiven Meßfühlern erzeugt.

Tafel 3   Meßfühler-Prinzipien

passive Meßfühler			aktive Meßfühler
Beeinflussung elektrischer Größen durch			Erzeugung elektrischer Größen durch
mechanischen Eingriff	Ausnutzung physikali- scher Zu- sammenhänge	Weg- oder Kraft-Kom- pensation	Energieumformung aus mechanischer, thermi- scher, optischer oder chemischer Energie
beeinflußte Größen			erzeugte Größen
Widerstand R Induktivität L Kapazität C	Widerstand Spannung Strahlungs- intensität	Strom I	Spannung U Strom I Ladung Q

2.2. Ohmsche Widerstands-Meßfühler

2.2.1. Prinzip

Der Meßfühler-Widerstand kann als <u>Widerstand</u>

$$R = \varrho\, l/A = l/(\gamma\, A) \tag{1}$$

eines gestreckten Leiters mit der Länge l, der Querschnittsfläche A und dem spezifischen Widerstand ϱ oder der Leitfähigkeit γ berechnet werden.

Für von dem Widerstand R_{20} bei der Temperatur $\vartheta_k = 20\ ^\circ C$ abweichende <u>Temperaturen</u> ϑ ist mit dem Temperaturbeiwert α_{20} der Widerstand

$$R_\vartheta = R_{20}\left[1 + \alpha_{20}(\vartheta - 20\ ^\circ C)\right] \tag{2}$$

Bei direkter Beeinflussung des Meßfühlerwiderstands durch physikalische Einflüsse kann der Widerstand R verändert werden mechanisch über die <u>Länge</u> l und den <u>Querschnitt</u> A, thermisch über die <u>Temperatur</u> ϑ und optisch über die <u>Leitfähigkeit</u> γ .

Die entstehenden Widerstandsänderungen ΔR von ohmschen Meßfühlern werden in verschiedenen Meßschaltungen erfaßt.

2.2.2. Anwendungsbeispiele

Die in Bild 3 zusammengestellten Schaltzeichen geben Hinweise auf Anwendungsmöglichkeiten von ohmschen Widerstands-Meßfühlern.

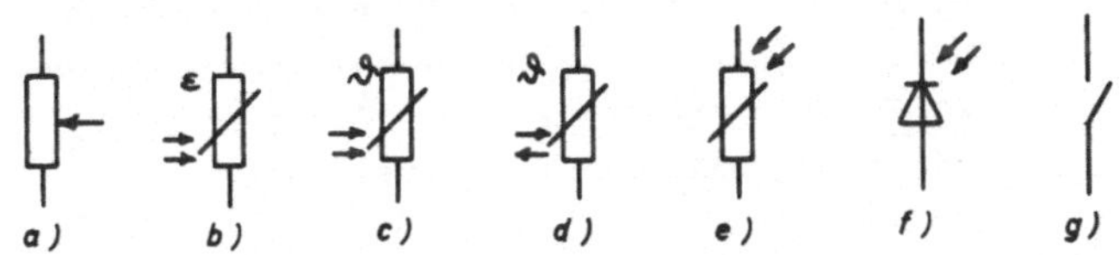

Bild 3 Schaltzeichen für Widerstands-Meßfühler (DIN 40700,
   Bl. 8, 40712 und 40716, Bl. 6)
   a) Feindrahtwiderstands-Längs- oder Dreh-Meßfühler
   b) Metall- oder Halbleiter-Dehnungsmeßstreifen
   c) Widerstandsthermometer, Kaltleiter, PTC-Widerstand
   (mit gleichsinniger) und d) Widerstandsthermometer,
   Heißleiter, NTC-Widerstand mit negativem Temperaturkoeffizienten (mit gegensinniger Änderung des Widerstands R mit der Einflußgröße ϑ)
   e) Photowiderstand (stromrichtungsunabhängig)
   f) Photodiode, g) Schaltelement (digital)

Analoge Widerstands-Meßfühler bestehen aus festen Leitern (Metalldrähte), Halbleitern oder Flüssigkeiten mit $R = 1\,\Omega$ bis $10^6\,\Omega$. Digitale Meßfühler sind Schaltelemente, z.B. mechanisch betätigte Schaltkontakte, elektrisch gesteuerte Schalttransistoren oder durch Licht gesteuerte photoelektrische Schaltkreise, wobei der Widerstand unstetig zwischen extremen Werten von annähernd 0 bis annähernd ∞ geändert wird.

2.2.3. Spannungsteiler-Meßschaltungen

Zählpfeile werden in Schaltungen mit konstanter Quellenspannung U_q und Quellenstrom I_q nach dem in Bild 4 a und b darge-

stellten <u>Verbraucher-Zählpfeil-System</u> (DIN 5489) eingetragen.
Für die Speisung von Meßschaltungen wird im Skriptum die Speisespannung U_o gewählt.

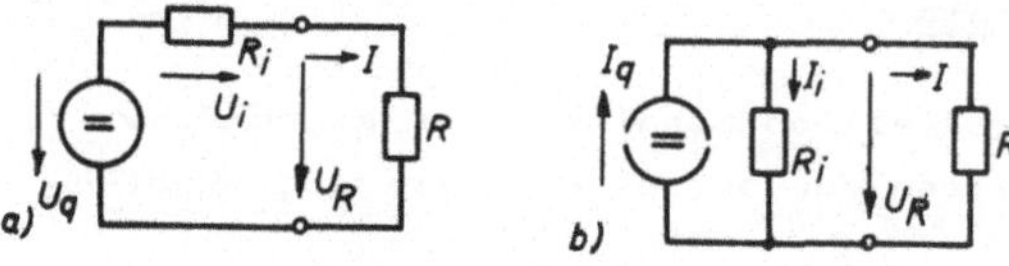

Bild 4 Stromkreis-Ersatzschaltungen mit Innenwiderstand R_i
 und Teilspannung U_R am Belastungswiderstand R
 a) Spannungsquelle mit Quellenspannung U_q
 b) Stromquelle mit Quellenstrom I_q

<u>Spannungsteiler.</u> In einer Spannungsteilerschaltung nach
Bild 5 verbindet man die Enden des Spannungsteilerwiderstands
R_o mit der Speisespannung U_o und greift eine Teilspannung ab
zwischen Schleifer und Bezugspunkt. Bei der gebildeten Reihenschaltung von Widerständen verhalten sich die Spannungen wie
die zugehörigen Widerstände.

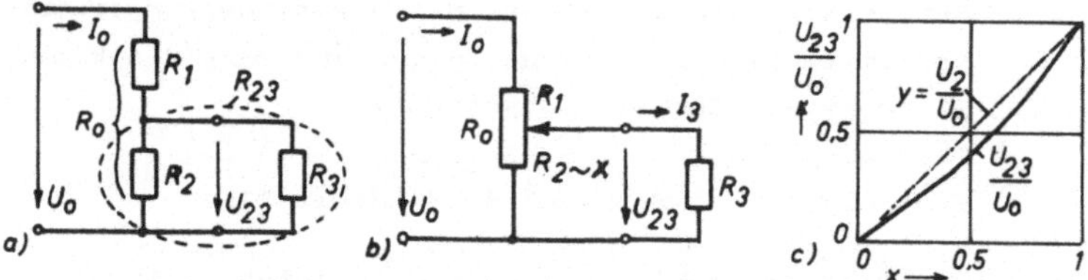

Bild 5 Belasteter Spannungsteiler mit dem Gesamtwiderstand R_o
 an der Speisespannung U_o und Lastwiderstand R_3
 a) feststehender Abgriff mit den Teilwiderständen R_1, R_2
 b) veränderbare Schleiferstellung x
 c) Belastungskennlinie $U_{23}/U_o = f(x)$ für den Belastungsfaktor $c = R_3/R_o = 1$ und Sollkennlinie $y=f(x)$

Mit den Widerständen R_1 und $R_{23} = R_2 R_3/(R_2 + R_3)$ nach Bild 5a
gilt für die <u>abgegriffene Spannung</u>

$$U_{23} = U_o R_{23}/(R_1 + R_{23}) \qquad\qquad (3)$$

Hieraus ergibt sich die auf die Speisespannung U_o bezogene Teilspannung am <u>belasteten Spannungsteiler</u>

$$\frac{U_{23}}{U_o} = \frac{R_2 R_3 / (R_2 + R_3)}{R_1 + R_2 R_3 / (R_2 + R_3)} \tag{4}$$

An einem <u>unbelasteten Spannungsteiler</u> $R_o = R_1 + R_2$ mit dem Lastwiderstand $R_3 = \infty$ ist die auf die konstante Speisespannung U_o bezogene Teilspannung

$$U_2 / U_o = R_2 / R_o$$

Die Kennlinie $U_2 \sim R_2$ ist hierbei linear.

<u>Kennlinie eines belasteten Spannungsteilers.</u> In einem linearen Spannungsteiler R_o mit der Speisespannung U_o nach Bild 5b wird die Schleiferstellung x von 0 bis 1 verändert. Bestimmt werden soll das Spannungsverhältnis U_{23}/U_o in Abhängigkeit von x.

Eine Erweiterung von Gl. (4) mit $(R_2 + R_3)/R_3$ ergibt

$$\frac{U_{23}}{U_o} = \frac{R_2}{R_1 \left[(R_2/R_3) + 1 \right] + R_2} \tag{5}$$

Die Spannung U_{23} ist nicht linear vom Widerstand R_2 abhängig. Mit $R_2 = x \, R_o$ und $R_1 = (1 - x) R_o$ folgt

$$\frac{U_{23}}{U_o} = \frac{x}{1 + (x - x^2) R_o / R_3} \tag{6}$$

so daß man mit dem <u>Belastungsfaktor</u> $c = R_3 / R_o$ findet

$$\frac{U_{23}}{U_o} = \frac{x}{1 + (x - x^2)/c} = \frac{cx}{c + x - x^2} \tag{7}$$

Ein Beispiel für die nicht-lineare Kennlinie zeigt Bild 5c.

<u>Relativer Spannungsfehler.</u> Die Abweichung der bezogenen Teilspannung U_{23}/U_o des belasteten gegenüber der bezogenen Teilspannung $U_2/U_o = x$ des unbelasteten Spannungsteilers und da-

mit der relative Spannungsfehler ist

$$F_U = \frac{U_{23}}{U_o} - \frac{U_2}{U_o} = \frac{cx}{c + x - x^2} - x \approx \frac{x^3 - x^2}{c + x - x^2} \qquad (8)$$

Einen kleinen relativen Spannungsfehler und damit eine Linearisierung der Spannungsteiler-Kennlinie erreicht man bei Einhaltung der Bedingung $R_3 \gg R_o$ (bzw. $I_3 \ll I_o$).

Als Faustregel wird für Meßzwecke oft die Bedingung $R_3 \geqq 100\ R_o$ (bzw. $I_o \geqq 100\ I_3$) mit einem maximalen relativen Spannungsfehler $F_U < -0{,}15\ \%$ benutzt. Für die Bemessung eines Spannungsteilers zum Abgreifen von variablen Spannungen für Versuchszwecke genügt oft die Bedingung $R_3 \geqq 10\ R_o$ mit $F_U < -1{,}5\ \%$.

Eine <u>Linearisierung</u> der Spannungsteiler-Kennlinie ergibt sich auch durch Vorschalten eines Vorwiderstands R_v vor den Spannungsteiler R_o. Dann erhält man mit dem Belastungsfaktor $c = R_3/R_o$ und dem Vorwiderstandsfaktor $k = 1 + R_v/R_o$ das Spannungsverhältnis

$$\frac{U_{23}}{U_o} = \frac{cx}{kc + kx - x^2} \qquad (9)$$

Eine optimale Linearisierung ergibt sich hierbei mit dem Vorwiderstand $R_v = R_o/2$ bzw. dem Vorwiderstandsfaktor $k = 1{,}5$.

<u>Beispiel 1: Belasteter Spannungsteiler.</u> Man berechne den relativen Spannungsfehler F_U eines nur gering belasteten Spannungsteilers in Mittelstellung bei der Schleiferstellung $x = 0{,}5$, mit dem Teilwiderstand $R_2 = 0{,}5\ R_o$ und einem Belastungsfaktor $c = R_3/R_o = 100$. Nach Gl. (8) erhält man den relativen Spannungsfehler

$$F_U = \frac{0{,}5^3 - 0{,}5^2}{100 + 0{,}5 - 0{,}5^2} = \frac{-0{,}125}{100{,}25} = -0{,}0012469 = -0{,}12469\ \%$$

<u>Kleine Widerstands- und Spannungsänderungen.</u> Nachfolgend wird gezeigt, wie sich der Spannungsabfall U_R an einem nach Bild 6

vom Konstantstrom I_o gespeisten Widerstand R ändert, wenn sich dieser um einen kleinen Wert ΔR auf $R' = R + \Delta R$ vergrößert.

Bild 6 Messung der Spannung U_R' mit dem Spannungsmesser V zur Erfassung von kleinen Widerstandsänderungen ΔR des mit dem Konstantstrom I_o gespeisten Meßwiderstandes R

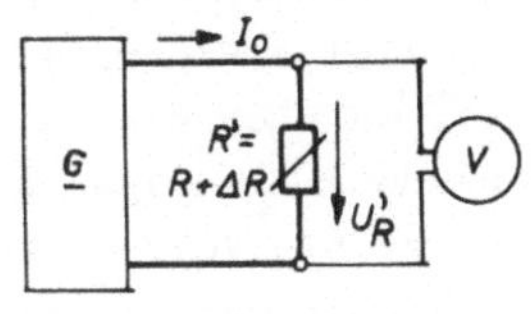

Bei der Messung ändert sich der Widerstand R auf $R' = R + \Delta R$ und damit die Spannung auf

$$U_R' = R'I_o = U_R + \Delta U_R \tag{10}$$

Es ist $R\,I_o + \Delta R\,I_o = R\,I_o + \Delta U_R$ und somit $\Delta U_R = \Delta R\,I_o$.

Mit dem Konstantstrom $I_o = U_R/R$ ergibt sich für die <u>relative Spannungsänderung</u>

$$\Delta U_R/U_R = \Delta R/R \tag{11}$$

Dies gilt sowohl für <u>statische</u>, d. h. zeitlich konstante, als auch für <u>dynamische</u>, d. h. für zeitlich veränderliche, Vorgänge mit Meßfrequenzen nach Tafel 4.

Tafel 4 Meßfrequenzen bei verschiedenen Meßvorgängen

Meßvorgang	Meßfrequenzen f_M
statisch	= 0
quasi-statisch	$\approx$ 0 bis 1 Hz
nur dynamisch	$\approx$ 1 Hz bis $>$1 MHz
statisch-dynamisch	= 0 Hz bis $>$1 MHz

<u>Beispiel 2: Meßwiderstand bei Konstantstromspeisung.</u> Für die Meßschaltung nach Bild 6 soll die am Meßwiderstand $R = 100\ \Omega$ bei einer kleinen Widerstandsänderung $\Delta R = \pm\,1\,\Omega$ und dem Konstantstrom $I_o = 10$ mA entstehende Meßspannung ΔU_R mit der vorhandenen Grundspannung $U_R = R\,I_o = 1$ V verglichen werden.

Nach Gl. (11) ergibt sich für die <u>absolute Spannungsänderung</u>

$$\Delta U_R = U_R \Delta R/R = 1 \text{ V} \; (\overset{+}{\text{--}} \; 1\Omega/100\Omega) = \overset{+}{\text{--}} \; 10 \text{ mV}$$

Man erkennt, daß die Spannungsmessung am Meßwiderstand direkt
für kleine Widerstandsänderungen $\Delta R \ll R$ praktisch unbrauchbar
ist, da sich die Anzeige des Spannungsmessers von der Grund-
spannung U_R = 1000 mV nur um $\Delta U_R = \overset{+}{\text{--}}$ 10 mV im Bereich von
990 mV bis 1010 mV ändern würde. Ohne Nullpunktunterdrückung
wäre eine genaue Erfassung des Meßwerts kaum möglich.

Wenn der Spannungsmesser V in Bild 6 an den Meßwiderstand R
über einen <u>Kondensator C</u> angeschlossen wird, kann die Grundspannung abgeblockt werden. Diese Meßschaltung hat jedoch den
Nachteil, daß sie nur für dynamische Messungen brauchbar ist
und daß jede zeitliche Änderung des Speisestroms I_o (bzw. der
Speisespannung U_o einer Spannungsteilerschaltung) einen Meßwert vortäuscht.

Mit einer zweiten Spannungsquelle läßt sich die Grundspannung
kompensieren. Schaltet man den Meßwiderstand in eine Spannungsteilerschaltung und entnimmt die Kompensationsspannung
an einem von der Speisespannung gespeisten zweiten Spannungsteiler, so erhält man die bekannte <u>Meßbrückenschaltung</u>.

<u>2.2.4. Widerstands-Meßbrückenschaltungen</u>

Zur Vereinfachung der Berechnungen von Meßbrückenschaltungen
werden folgende <u>Näherungen</u> angenommen. Die Speisespannungs-
quelle in Bild 7 hat einen vernachlässigbar kleinen Innenwiderstand $R_i \approx 0$ und eine konstante Spannung U_o. Der Diagonalwiderstand R_5 ist gegenüber den Brückenwiderständen hochohmig,
d. h. für die Widerstände gilt $R_5 \gg R_1$ bis R_4 bzw. $R_5 \approx \infty$.

Bei diesen Annahmen verhalten sich die beiden Brückenhälften
R_1 und R_2 sowie R_3 und R_4 in Bild 7 wie zwei mit der konstanten Speisespannung U_o gespeiste nebeneinander liegende <u>unbe-
lastete Spannungsteiler</u>.

Bild 7 Widerstands-Meßbrückenschaltung

    U_o Spannungsquelle mit

    R_i Innenwiderstand

    R_1 bis R_4 Brückenwiderstände

    R_5 Brückendiagonalwiderstand

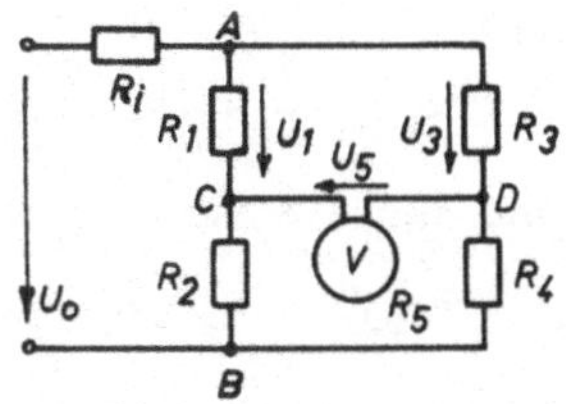

<u>Berechnung der Diagonalspannung U_5.</u> Nachfolgend wird für eine vorgegebene Widerstandsmeßbrücke nach Bild 7 die Diagonalspannung U_5 mit Näherungsrechnung bestimmt.

Aus der Maschenregel $U_3 + U_5 - U_1 = 0$ erhält man die Diagonalspannung $U_5 = U_1 - U_3$. Die beiden unbelasteten Spannungsteiler zeigen die Teilspannungen

$$U_1 = U_o\, R_1/(R_1 + R_2) \quad\text{und}\quad U_3 = U_o\, R_3/(R_3 + R_4) \qquad (12)$$

Damit erhält man die <u>Diagonalspannung</u>

$$U_5 = U_o\left[R_1/(R_1 + R_2) - R_3/(R_3 + R_4)\right] \qquad (13)$$

<u>Nullmethode.</u> Für Brückennullabgleich mit $U_5 = 0$ ergibt sich die bekannte Abgleichbedingung

$$R_1\, R_4 = R_2\, R_3 \quad\text{oder}\quad R_1/R_2 = R_3/R_4 \qquad (14)$$

Für die Abgleichwiderstandswerte $R_3 = 0$ bzw. $R_4 = 0$ gilt theoretisch für R_1 der Meßbereich $0 \leqq R_1 \leqq \infty$.

<u>Meßbrücke mit Einengungswiderstand.</u> Für eine Verkleinerung des Brückenabgleichbereiches schaltet man nach Bild 8 Einengungswiderstände R_{E3} und R_{E4} in Reihe mit dem Abgleichwiderstand R. Zählt man die Schleiferstellung x von der Mittelstellung aus, so ergeben sich die Brückenwiderstände

$$R_3 = R_{E3} + R(1 + x)/2 \quad\text{und} \qquad (15)$$

$$R_4 = R_{E4} + R(1 - x)/2 \qquad (16)$$

Der Meßbereich für den Widerstand R_1 liegt zwischen R_{1min} und R_{1max}. Für die Schleiferstellung gegen R_{E4} ergibt sich mit x = +1 der maximale Wert

$$R_{1max} = R_2(R_{E3} + R)/R_{E4} \qquad (17)$$

und für die Schleiferstellung gegen R_{E3} gilt mit x = -1

$$R_{1min} = R_2 R_{E3}/(R_{E4} + R) \qquad (18)$$

Für die Annäherung $R_{E3} = R_{E4} = R_E \gg R$ gilt

$$R_{1max} = R_2(1 + R/R_E) \quad \text{und} \qquad (19)$$

$$R_{1min} = R_2/(1 + R/R_E) \approx R_2(1 - R/R_E) \qquad (20)$$

Diese Nullmethode mit Handabgleich ist nur für <u>statische</u> Messungen brauchbar.

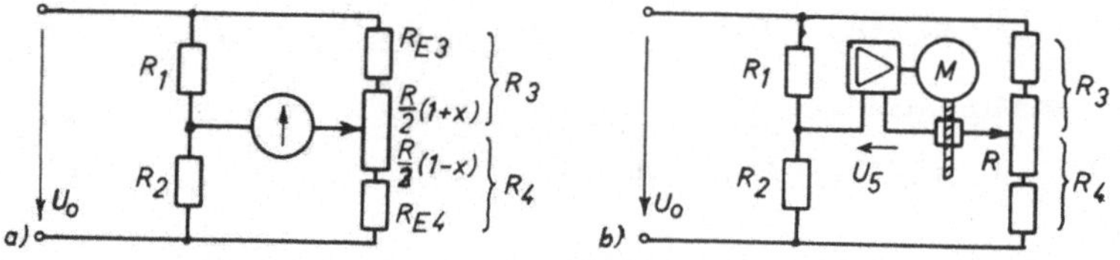

Bild 8 Meßbrücken mit den Brückenwiderständen R_1 bis R_4, den Einengungswiderständen R_{E3} und R_{E4} und dem Abgleichwiderstand R

a) manuell, b) selbstabgleichend

<u>Selbstabgleichende Meßbrücke.</u> Bei Verstimmung der Meßbrücke nach Bild 8b treibt die Diagonalspannung U_5 über den Verstärker V den Nullmotor M so lange, bis dieser durch Verstellen des Abgleichwiderstandes R den Abgleich bei $U_5 = 0$ hergestellt hat. Der Ausschlag des Abgleichwiderstands entspricht der Brückenverstimmung durch den Meßwiderstand.

Im Zusammenhang mit dem Abgleich auf $U_5 = 0$ kann man hier von einer <u>Nullmethode</u>, im Hinblick auf den Abgleichwiderstandsausschlag muß man von einer <u>Ausschlagmethode</u> sprechen.

Diese selbstabgleichende Brücke ist nur für <u>statische</u> oder <u>quasi-statische</u> Meßvorgänge brauchbar.

<u>Brückenschaltung mit Ausschlagmethode.</u> Für die Messung von
kleinen Widerstandsänderungen $\Delta R/R$ verwendet man oft die
Meßbrückenschaltung nach Bild 9 mit <u>Messung der Diagonalspan-
nung</u> mit dem Ausgabegerät AG. Um für den Nullabgleich, der zu
Beginn jeder Messung vorgenommen wird, nicht die Brückenwiderstände R_1 bis R_4 verändern zu müssen, ergänzt man die Meßbrücke mit den <u>Abgleichwiderständen</u> R_a und R_c.

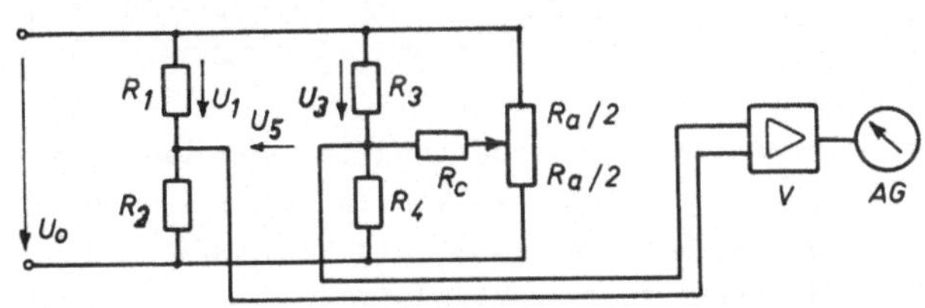

Bild 9 Ausschlag-Meßbrückenschaltung mit Abgleichzweig R_a
und R_c, Verstärker V und Ausgabegerät AG

Für einen relativen Abgleichbereich von z. B. $\pm$ 1 % der Brük-
kenspeisespannung wählt man den Widerstand $R_c \geqq 25$ R, wobei
$R = R_3 = R_4$ ist. Für einen linearen Abgleich muß $R_a \ll R_c$ sein.
Dieser <u>Abgleichkreis</u> hat den <u>Vorteil</u>, daß veränderliche Kon-
taktwiderstände der Abgleichwiderstände die Diagonalspannung
kaum beeinflussen. Er hat allerdings die <u>Nachteile</u>, daß durch
den Nebenschluß zu den Brückenwiderständen R_3 und R_4 die
Brückenempfindlichkeit in Abhängigkeit von der Schleiferstellung des Widerstands R_a um einen kleinen Betrag herabgesetzt
wird und daß die Widerstände von Leitungen zwischen den Brük-
ken- und den Abgleichwiderständen stören können. Die zusätzliche Belastung der Brückenspannungs-Speisequelle ist meist
belanglos.

<u>Viertelbrücke.</u> Nachfolgend wird die Diagonalspannung U_5 einer
gegebenen Viertelmeßbrücke (quarter-bridge circuit) nach
Bild 10 ohne Berücksichtigung von Abgleichwiderständen berechnet. Bei der Messung entsteht an dem durch eine physikalische Meßgröße veränderten Meßwiderstand $R_1' = R_1 + \Delta R_1$ der

Spannungsabfall U_1' und durch diese Brückenverstimmung die Diagonalspannung U_5.

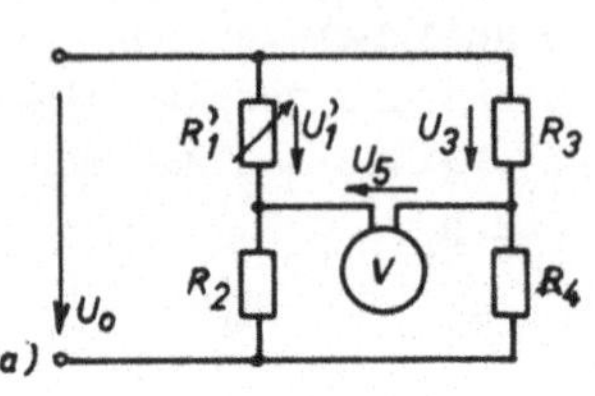

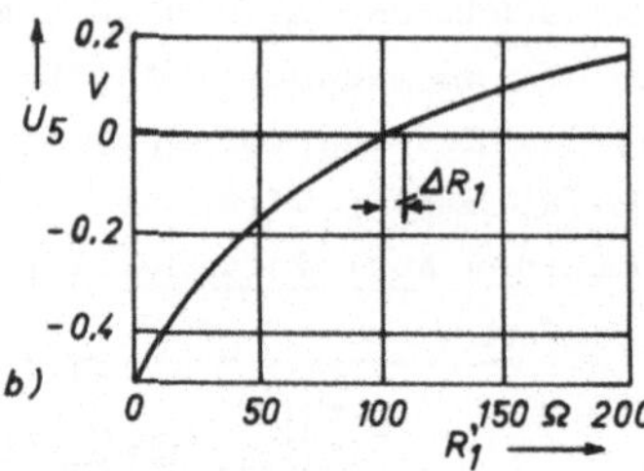

Bild 10 Viertelbrückenschaltung (a) und Kennlinie $U_5 = f(R_1')$
für die Anfangsbrückenwiderstände $R_1 = R_2 = R_3 = R_4 = 100\,\Omega$,
den Meßwiderstand $R_1' = 0$ bis $200\,\Omega$ und die Speisespannung $U_0 = 1$ V (b)

Aus der Maschenregel $U_3 + U_5 - U_1' = 0$ ergibt sich mit den Teilspannungen $U_1' = U_0\,R_1'/(R_1' + R_2)$ und $U_3 = U_0\,R_3/(R_3 + R_4)$ die <u>Diagonalspannung</u>

$$U_5 = U_0\left[R_1'/(R_1' + R_2) - R_3/(R_3 + R_4)\right] \tag{21}$$

und nach Einsetzen von $R_1' = R_1 + \Delta R_1$

$$U_5 = U_0\left[\frac{R_1 + \Delta R_1}{R_1 + \Delta R_1 + R_2} - \frac{R_3}{R_3 + R_4}\right] \tag{22}$$

oder mit relativen Widerstandsänderungen $\Delta R/R$

$$U_5 = U_0\left[\frac{R_1(1 + \Delta R_1/R_1)}{R_1(1 + \Delta R_1/R_1) + R_2} - \frac{R_3}{R_3 + R_4}\right] \tag{23}$$

oder in anderer Schreibweise

$$U_5 = U_0\left[\frac{R_1(1 + \Delta)}{R_1(1 + \Delta) + R_2} - \frac{R_3}{R_3 + R_4}\right] \tag{24}$$

Bei zahlenmäßiger Berechnung wäre hier $\Delta = \Delta R_1/R_1$ einzusetzen.

Zur Vereinfachung der Berechnung wird der Meßpraxis entsprechend zu Beginn der Messung eine abgeglichene symmetrische

Meßbrücke angenommen. Dann gilt für die Widerstände
$R_1 = R_2 = R_3 = R_4 = R$ und $R_1' = R + \Delta R$. Damit wird die <u>Diago-
nalspannung</u> nach Gl. (22)

$$U_5 = U_o \left[\frac{R + \Delta R}{R + \Delta R + R} - \frac{R}{R + R} \right] = U_o \left[\frac{R + \Delta R}{2\,R + \Delta R} - \frac{1}{2} \right] \quad (25)$$

$$= \frac{2\,R + 2\,\Delta R - 2\,R - \Delta R}{4\,R + 2\,\Delta R} \; U_o = \frac{\Delta R}{4\,R + 2\,\Delta R} \; U_o \quad (26)$$

Für die Annahme von kleinen Widerstandsänderungen $\Delta R \ll R$ ergibt sich schließlich als <u>Näherungslösung</u> für die Brückendiagonalspannung

$$U_5 \approx \frac{1}{4} \cdot \frac{\Delta R}{R} \; U_o \quad (27)$$

Bei <u>kleinen Änderungen</u> des Meßwiderstands hängt in der Aus-
schlagviertelbrücke die Diagonalspannung U_5 <u>annähernd linear</u>
von der Widerstandsänderung ΔR ab.

Bei Verkleinerung des Meßwiderstands R_1 ergibt sich mit dem
Ansatz $R_1' = R - \Delta R$ eine negative Diagonalspannung.

<u>Große Änderungen</u> des Meßwiderstands R_1 ergeben eine <u>nichtline-
are</u> Kennlinie $U_5 = f(R_1')$ gemäß Bild 10b.

<u>Halbbrücke.</u> Nachfolgend wird die Diagonalspannung U_5 für eine
gegebene Halbbrücke (half-bridge circuit) nach Bild 11a berechnet, wenn sich in der vor Messungsbeginn symmetrischen
Brücke mit $R_1 = R_2 = R_3 = R_4 = R$ bei der Messung zwei <u>neben-
einander</u> liegende Meßwiderstände <u>gegensinnig</u>, z. B. R_1 auf
$R_1' = R + \Delta R$ und R_2 auf $R_2' = R - \Delta R$ (oder auch R_3 und R_4, oder
R_1 und R_3 oder R_2 und R_4) ändern.

Nach Gl. (13) ist bei Meßwiderstandsänderungen die Diagonalspannung

$$U_5 = U_1' - U_3 = U_o \left[R_1'/(R_1' + R_2') - R_3/(R_3 + R_4) \right] \quad (28)$$

Für die vor Beginn der Messung symmetrische Brücke ist die
Diagonalspannung

$$U_5 = U_o\left[\frac{R + \Delta R}{R + \Delta R + R - \Delta R} - \frac{R}{2\,R}\right] = U_o\left[\frac{R + \Delta R}{2\,R} - \frac{1}{2}\right] \qquad (29)$$

$$= \frac{R + \Delta R - R}{2\,R}\,U_o = \frac{1}{2}\cdot\frac{\Delta R}{R}\,U_o \qquad (30)$$

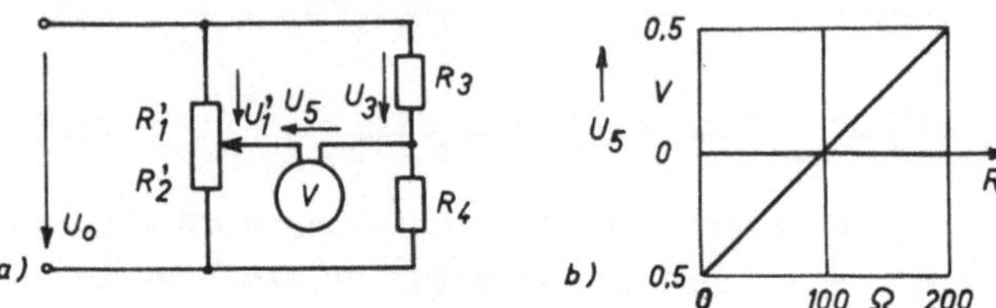

Bild 11 Halbbrückenschaltung (a) und Kennlinie $U_5 = f(R_1')$ für
die Anfangsbrückenwiderstände $R_1 = R_2 = R_3 = R_4 = 100\,\Omega$,
die Meßwiderstände $R_1' = 0$ bis $200\,\Omega$, $R_2' = 200\,\Omega$ bis 0
und die Speisespannung $U_o = 1$ V (b)

Die <u>Diagonalspannung</u> U_5 ändert sich bei der Halbbrücke nach
Bild 11a bei beliebig großen gegensinnigen Meßwiderstandsänderungen gemäß Bild 11b <u>linear</u> mit R_1' und wird bei gleichen
kleinen Widerstandsänderungen doppelt so groß wie bei der
Viertelbrücke.

<u>Zweiviertelbrücke.</u> Es folgt die Berechnung der Brückendiago-
nalspannung U_5, wenn sich in der vor Beginn der Messung symmetrischen Brücke mit den Widerständen $R_1 = R_2 = R_3 = R_4 = R$
(gemäß Bild 7) bei der Messung zwei diametral <u>gegenüber</u> liegende Meßwiderstände <u>gleichsinnig</u>, z. B. R_1 auf $R_1' = R + \Delta R$
und R_4 auf $R_4' = R + \Delta R$ (oder auch R_2 und R_3) ändern.

Nach Gl. (13) ist bei Meßwiderstandsänderungen die Diagonalspannung

$$U_5 = U_1' - U_3 = U_o\left[R_1'/(R_1' + R_2) - R_3/(R_3 + R_4')\right] \qquad (31)$$

Für die vor Beginn der Messung symmetrische Brücke ist die
Diagonalspannung

$$U_5 = U_o\left[\frac{R + \Delta R}{R + \Delta R + R} - \frac{R}{R + R + \Delta R}\right] = U_o\,\frac{\Delta R}{2\,R + \Delta R} \qquad (32)$$

Mit der Näherungsannahme $\Delta R \ll R$ folgt für <u>kleine</u> ΔR

$$U_5 \approx \frac{1}{2} \cdot \frac{\Delta R}{R} \, U_o \tag{33}$$

Die Diagonalspannung U_5 ändert sich bei positiven und negativen Werten näherungsweise linear mit den Widerstandsänderungen ΔR.

<u>Beispiel 3: Diagonalspannung in einer Halbbrücke.</u> Zwei in einer vor Beginn der Messung symmetrischen Halbbrücke nebeneinander liegende Meßwiderstände (z.B. Dehnungsmeßstreifen, s. Abschn. 7.1.1.) $R_1 = R_2 = R = 120 \, \Omega$ haben einen zulässigen maximalen Belastungsstrom $I_{zul} = 20$ mA und ändern sich gegensinnig um die kleine relative Widerstandsänderung $\Delta = \Delta R/R = 10^{-3}$ des Anfangswerts. Wie groß ist die Diagonalspannung U_5 in der Meßbrücke?

Mit der Speisespannung

$$U_o = 2 \, R \, I_{zul} = 2 \cdot 120 \, \Omega \cdot 20 \text{ mA} = 4,8 \text{ V}$$

folgt nach Gl. (30)

$$U_5 = \frac{1}{2} \cdot \frac{\Delta R}{R} \, U_o = \frac{1}{2} \cdot 10^{-3} \cdot 4,8 \text{ V} = 2,4 \text{ mV.}$$

<u>Vollbrücke.</u> In einer vor Beginn der Messung symmetrischen Vollbrücke (full-bridge circuit) mit den Meßwiderständen $R_1 = R_2 = R_3 = R_4 = R$ ändern sich bei der Messung die Meßwiderstände z.B. auf $R_1' = R + \Delta R$, $R_2' = R - \Delta R$, $R_3' = R - \Delta R$ und $R_4' = R + \Delta R$. Es ist die Diagonalspannung U_5 mit den für die Widerstands-Meßbrückenschaltungen festgelegten Näherungsannahmen ($R_i \approx 0$, $R_5 \gg R$ und $U_o = $ const) zu berechnen.

Aus der Maschenregel folgt mit den Brückenteilspannungen (ähnlich wie in Bild 10) die Diagonalspannung

$$U_5 = U_1' - U_3' = \left(\frac{R_1'}{R_1' + R_2'} - \frac{R_3'}{R_3' + R_4'} \right) U_o = \tag{34}$$

$$= \left(\frac{R + \Delta R}{R + \Delta R + R - \Delta R} - \frac{R - \Delta R}{R - \Delta R + R + \Delta R} \right) U_o \tag{35}$$

$$U_5 = \frac{R + \Delta R - R + \Delta R}{2R}\, U_o = \frac{\Delta R}{R}\, U_o \tag{36}$$

In einer <u>Vollbrücke</u> ist also die Diagonalspannung U_5 (bei sonst gleichen Werten) doppelt so groß wie bei der Halbbrücke und viermal so groß wie bei der Viertelbrücke und ändert sich <u>linear</u> mit der Widerstandsänderung ΔR.

Für eine <u>nicht voll symmetrische</u> Meßbrücke wird die Diagonalspannung U_5 für kleine Widerstandsänderungen ΔR_n der Meßwiderstände R_n nach der folgenden Ergebnisgleichung berechnet [13]. Für die Annahme $R_1 = R_2$; $R_3 = R_4$ und $\Delta R_n \ll R_n$ gilt

$$U_5/U_o \approx \frac{1}{4}\left(\frac{\Delta R_1}{R_1} + \frac{\Delta R_4}{R_4} - \frac{\Delta R_2}{R_2} - \frac{\Delta R_3}{R_3} - \right.$$

$$\left. - \frac{1}{8}\left[\left(\frac{\Delta R_1}{R_1}\right)^2 + \left(\frac{\Delta R_4}{R_4}\right)^2 - \left(\frac{\Delta R_2}{R_2}\right)^2 - \left(\frac{\Delta R_3}{R_3}\right)^2\right] \tag{37}$$

Die Widerstandsänderungen $\Delta R_n/R_n$ müssen mit ihren jeweiligen positiven oder negativen Werten in Gl. (37) eingesetzt werden.

Da die Diagonalspannung U_5 in Brückenschaltungen von der Speisespannung U_o abhängig ist, werden bei langen Leitungen zwischen der Brücke und der Anpaßschaltung zur Eliminierung der Leitungswiderstandseinflüsse (s. Abschn. 3.3.10) auch Schaltungen mit <u>Konstantstromspeisung</u> angewendet. Da der Konstantstrom I_o in einem gewissen Bereich des Netzwerkwiderstands, (z.B. 0 bis 1000 Ω) nicht beeinflußt wird, bleibt in einer Halbbrücke die Speisespannung an dem Summenwiderstand $(R_1' + R_2')$ konstant, auch wenn sich zusätzliche Leitungswiderstände ändern. Bei Konstantspannungsspeisung würde sich bei Änderung des Leitungswiderstands auch die <u>Brückenspeisespannung</u> ändern.

Der in der Meßpraxis häufig verwendete Begriff <u>Brückenfaktor</u> wird in Abschn. 7.1.1 behandelt.

<u>Übersicht über die Brückendiagonalspannung bei Variation der</u>
<u>Meßwiderstände</u>. In Bild 12 erkennt man in den neben den Brük-
kenschaltungen stehenden Zeigerdiagrammen, unter welchen Bedingungen eine Diagonalspannung U_5 bei Variation der Meßwiderstände entsteht.

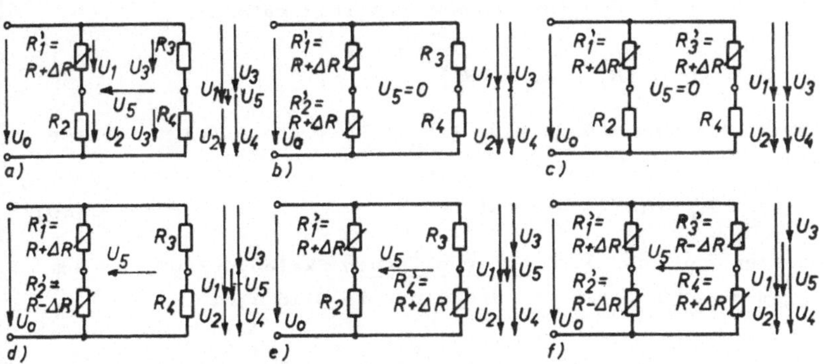

Bild 12 Schaltungen und Zeigerdiagramme bei Variation der
        Meßwiderstände von anfangs symmetrischen Meßbrücken
        a) Viertel-, b) bis d) Halb-, e) Zweiviertel- und
        f) Voll-Brücke

Aus Bild 12 d und e läßt sich für zwei veränderliche Brücken-
Meßwiderstände folgende Regel ablesen:

> Für die Entstehung einer Diagonalspannung U_5 müssen sich
> bei der Messung in einer <u>Halbbrücke</u> zwei nebeneinander
> liegende Meßwiderstände <u>gegensinnig</u> oder in einer <u>Zwei-</u>
> <u>viertelbrücke</u> zwei diametral gegenüber liegende Meßwider-
> stände <u>gleichsinnig</u> ändern.

Diese Regel läßt sich auch für die Vollbrücke mit vier veränderlichen Meßwiderständen anwenden.

2.2.5. Meßschaltungen mit ohmschen Meßfühlern

__2.2.5.1. Strommeßmethode.__ In der Meßschaltung nach Bild 13a gilt mit dem Strom I für die Speisespannung

$$U_o = (R_M + R_A + R_J + 2R_L)\, I \tag{38}$$

Hieraus erhält man für den Meßfühlerwiderstand

$$R_M = \frac{U_o}{I} - (R_A + R_J + 2R_L) \tag{39}$$

Für U_o = const und $R_V = R_A + R_J + R_L$ = const folgt für den Meßweg

$$s \sim R_M \sim (1/I) - \text{const} \tag{40}$$

Dies entspricht einem __hyperbolischen__ Skalenverlauf auf dem Strommesser A gemäß der Kennlinie in Bild 13b.

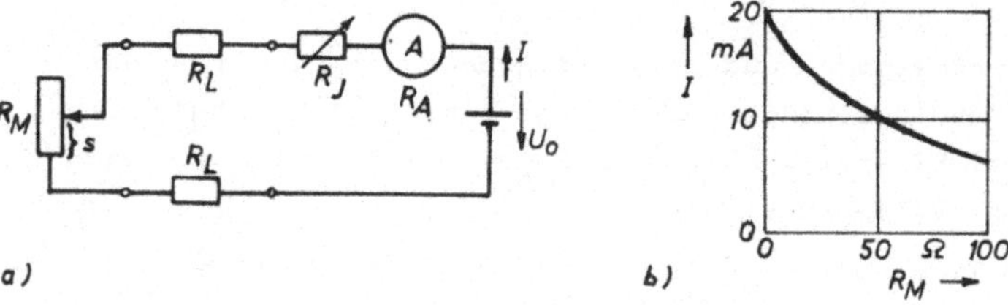

Bild 13 Widerstandsmessung mit der Strommeßmethode zur Fernübertragung von Meßwegen s
a) Prinzipschaltung mit R_M Meßfühler-, R_A Ausgabege-
rät-, R_J Justier- und R_L Signalleitungs-Widerstand
b) Kennlinie $I = f(R_M)$ für R_M = 100 Ω ; U_o = 1 V;
$R_V = R_A + R_J + 2R_L$ = 50 Ω

Die __Widerstandsempfindlichkeit__ (Übertragungsfunktion)

$$S_R = \frac{\Delta I}{\Delta R_M} \neq \text{const} \tag{41}$$

ist für die Kennlinie $I = f(R_M)$ nach Bild 13b __nicht konstant.__

Die Leitungswiderstände können einen Einfluß auf die Anzeige haben. Bei großen relativen Meßwiderstandsänderungen $\Delta R_M/R_M$

stören Signalleitungs-Widerstandsänderungen $\Delta R_L/R_L$ die Anzeige kaum. Für kleine Meßwiderstandsänderungen $\Delta R_M \ll R_M$ ist diese Methode ungünstig, da der vorhandene Grundstrom I die Ablesung erschwert und da außerdem Meßleitungs-Widerstandsänderungen $\Delta R_L/R_L$ nicht vernachlässigbare Meßwegänderungen in der Anzeige vortäuschen.

2.2.5.2. <u>Spannungsteiler mit Spannungsmesser.</u> Für den <u>belasteten Spannungsteiler</u> nach Bild 14 mit dem Verbraucherstrom I_V durch den nicht ausreichend hochohmigen Spannungsmesserwiderstand R_V gilt für den Meßweg

$$s \sim R_2 + U_2 \neq U_V \tag{42}$$

Bild 14 Spannungsteiler-
schaltung für Meßwege s mit R_M Meßfühler- und R_V Spannungsmesser- Widerstand

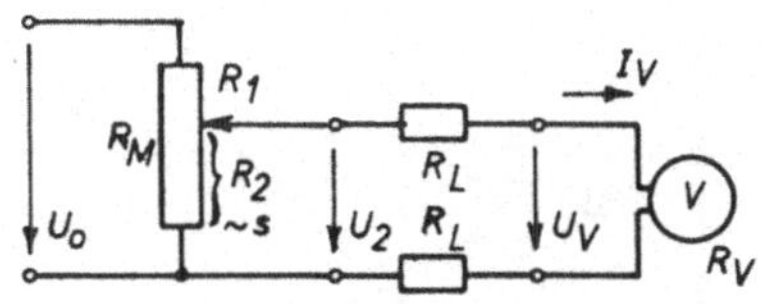

Durch die Belastung des Spannungsteilers ist die Kennlinie <u>nicht linear</u> (s. Bild 5c). Signalleitungs-Widerstandsänderungen $\Delta R_L/R_L$ stören die Anzeige. Für große relative Meßfühler-Widerstandsänderungen $\Delta R_M/R_M$ ist die Widerstandsempfindlichkeit

$$S_R = \Delta U_V/\Delta R_2 \neq \text{const} \tag{43}$$

Für kleine Meßwiderstandsänderungen $\Delta R_M \ll R_M$ ist diese Methode mit den zugehörigen kleinen Ausgangsspannungsänderungen ungünstig.

Für einen praktisch <u>unbelasteten Spannungsteiler</u> bei ausreichend hochohmigem Spannungsmesser mit $R_V \gg R_M$ bzw. $I_V \approx 0$ gilt ein annähernd linearer Zusammenhang für den Weg

$$s \sim R_2 \sim U_2 \approx U_V \tag{44}$$

Damit ist die <u>Widerstandsempfindlichkeit</u>

$$S_R = U_V/R_2 \approx \text{const} \tag{45}$$

<u>2.2.5.3. Kompensationsschaltung.</u> Im <u>manuellen Kompensator</u>
nach Bild 15a wird bei einer vorhandenen Meßspannung U_2 mit
Hilfe des vom Hilfsstrom I_H gespeisten Kompensationswiderstands R_K auf Spannungsgleichheit $U_2 = U_K$ abgeglichen. Beim
Belastungsstrom $I_G = 0$ ist der Spannungsteilerwiderstand R_M
unbelastet und es gilt für den <u>Meßweg</u>

$$s \sim R_2 \sim U_2 = U_3 = U_K \sim \beta \tag{46}$$

Die Kennlinie für die Messung des Weges $s = f(\ )$ ist mit dem
Zeigerausschlag β <u>linear.</u> Für beliebige Meßfühlerwiderstands-
Änderungsbereiche $\Delta R_M/R_M$ ist die <u>Widerstandsempfindlichkeit</u>

$$S_R = U_K/R_2 = const \tag{47}$$

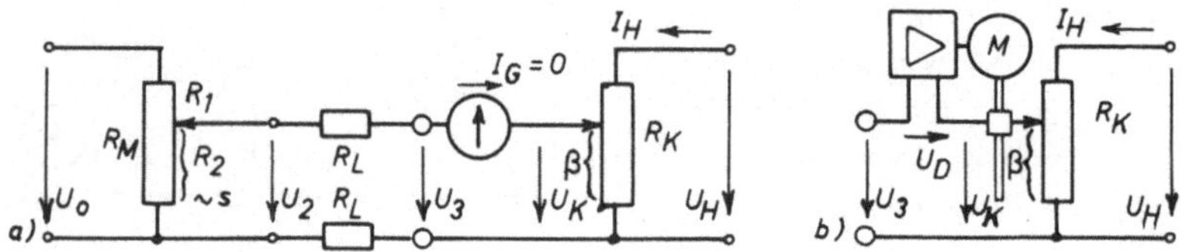

Bild 15 Manueller (a) und selbstabgleichender (b) Kompensator
s Meßweg, R_M Meßfühlerwiderstand, R_K Kompensationswi-
derstand, I_H Hilfsstrom, M Nullmotor,   Ausschlag β

Im <u>selbstabgleichenden Kompensator</u> nach Bild 15b verschiebt
der Nullmotor M den Schleifer des Kompensationswiderstands R_K
bis bei der Abgleichspannungsdifferenz $U_D = 0$ Spannungsgleichheit $U_2 = U_K$ erreicht ist. Dann gilt für den <u>Meßweg</u>

$$s \sim R_2 \sim U_2 = U_3 = U_K \sim \beta \tag{48}$$

Die Kennlinie ist <u>linear</u> und zeigt die Widerstandsempfindlichkeit $S_R = \beta/R_2 = const$. Der Signalleitungswiderstand R_L hat
keinen Einfluß auf den Abgleich.

Im Zusammenhang mit dem Abgleich auf $U_D = 0$ kann man von einer
<u>Nullmethode</u>, im Hinblick auf den Spannungsteilerausschlag
$\beta \sim R_K$ von einer <u>Ausschlagmethode</u> sprechen.

2.2.5.4. Meßbrücken mit Ausschlagmethode

__Viertelbrücke.__ Bei __großen Änderungen__ des Meßfühlerwiderstands
$\Delta R_M/R_M$ (z.B. für Wegmessung) in einer Viertelbrücke nach
Bild 16a gilt gemäß dem Kennlinienverlauf in Bild 10b für die
__Widerstandsempfindlichkeit__

$$S_R = \Delta U_5 / \Delta R_1 \neq const \tag{49}$$

Bei __kleinen Änderungen__ $\Delta R_M/R_M$ ergibt sich aus der annähernd
linearen Kennlinie die __Widerstandsempfindlichkeit__

$$S_R = U_5/R_1 \approx const \tag{50}$$

In einer __Zweileiterschaltung__ nach Bild 16a gehen die Signalleitungswiderstände R_L und deren Änderungen in die Messung
mit ein (s. Abschn. 3.3.9).

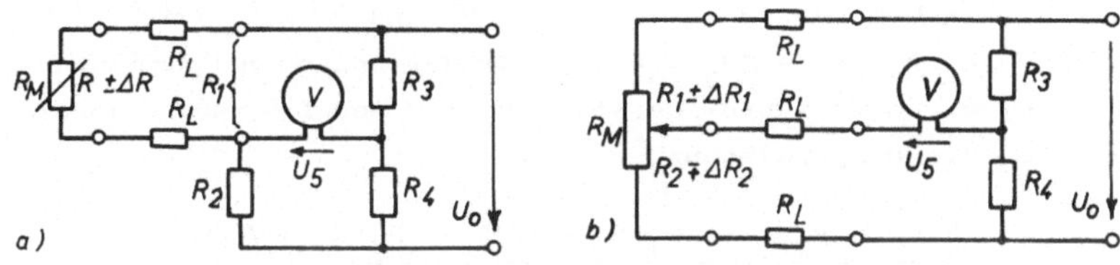

Bild 16 Viertelbrücke (a) und Halbbrücke (b) mit Meßwiderstand R_M und Leitungsaderwiderständen R_L

__Halbbrücke.__ In der Halbbrückenschaltung nach Bild 16b mit beliebig großer gegensinniger Änderung der nebeneinander liegenden Teilwiderstände R_1 und R_2 ergibt sich aus der linearen
Kennlinie gemäß Bild 11b die __Widerstandsempfindlichkeit__

$$S_R = U_5/R_1 = const \tag{51}$$

__Vollbrücke.__ Die in Bild 17 dargestellten Vollbrückenschaltungen zeigen, wie die Diagonalen von Meßbrücken vertauscht werden können. Für beliebig große Änderungsbereiche $\Delta R/R$ der
Brückenwiderstände R_1 bis R_4 ist die Kennlinie __linear__ und für
eine konstante Speisespannung U_o gilt die __Widerstands-__

empfindlichkeit bei anfangs symmetrischer Brücke

$$S_R = U_5/(\,\Delta R/R) = const \tag{52}$$

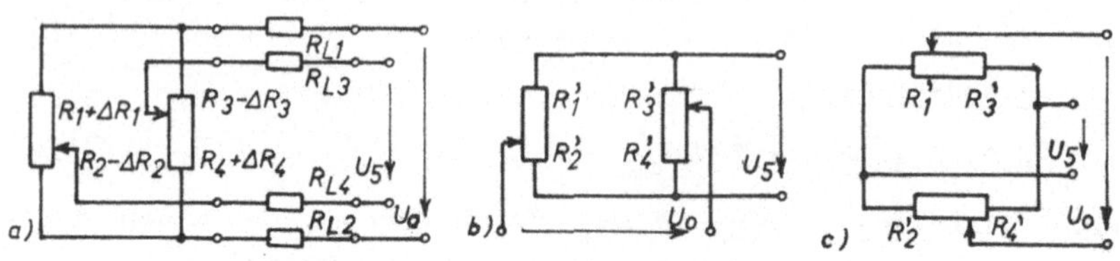

Bild 17 Vollbrücke mit zwei Spannungsteilern in üblicher
       Schaltung (a) und mit vertauschten Diagonalen (b) und
       (c)

Für eine <u>Meßbrücke</u> nach Bild 17 mit <u>verschiedenen</u> Brückenhälften ergibt sich bei gegensinnig gleichen Widerstandsänderungen
der Anfangsbrückenwiderstände $R_1 = R_2$ und $R_3 = R_4$ um
$+\,\Delta R_1 = -\,\Delta R_2$ und $-\,\Delta R_3 = +\,\Delta R_4$ für die Annahmen Speisespannung U_o = const, Innenwiderstand R_i = 0 und Diagonalwiderstand
$R_5 = \infty$ die Diagonalspannung $[13]$

$$U_5 = \frac{R_1 R_4 - R_2 R_3 + \Delta R_1 \cdot (R_3 + R_4) - \Delta R_3 \cdot (R_1 + R_2)}{(R_1 + R_2)\,(R_3 + R_4)}\,U_o \tag{53}$$

Die beliebig großen Widerstandsänderungen ΔR_n müssen mit
ihrem jeweiligen Vorzeichen in Gl. (53) eingesetzt werden.

Die Meßschaltungen in Bild 17 können sowohl von <u>Konstantspan-</u>
<u>nungsquellen</u> als auch von <u>Konstantstromquellen</u> gespeist werden.
Die Eliminierung von Störeinflüssen durch Signalleitungswiderstände mittels Mehrleiterschaltungen wird in Abschn. 3.3.10
behandelt. Meßbrückenschaltungen sind die wichtigsten Schaltungen in Meßketten für die Erfassung von vielen physikalischen Meßgrößen.

<u>Beispiel 4: Kennlinie $U_5 = f(R_1')$ für Viertel- und Halbbrücke.</u>
Ein Meßwiderstand R_M = 200 Ω mit Abgriff wird zur Messung von
Verschiebungswegen verwendet. Man berechne mit den festgeleg-
ten Näherungen (s. Abschn. 2.2.4) drei Punkte der Kennlinie

$U_5 = f(R_1')$ für die Viertelbrücke (a) und die Halbbrücke (b)
mit den Brückenanfangswiderständen $R_1 = R_2 = R_3 = R_4 = 100\ \Omega$
und der Speisespannung $U_o = 1\ V$ für drei Einstellungen des
Meßwiderstands auf $R_1' = (0,\ 100,\ 200)\ \Omega$.

a) <u>Viertelbrücke</u> nach Bild 10a. Für die Diagonalspannung
$U_5 = U_1' - U_3$ erhält man mit veränderlichen Teilspannungen
$U_1' = U_o\ R_1'/(R_1' + R_2)$ und der konstanten Teilspannung
$U_3 = U_o\ R_3/(R_3 + R_4) = 1\ V \cdot 100\ \Omega/(100 + 100)\ \Omega = 0,5\ V$
folgende drei Werte des in Bild 10b dargestellten nichtlinea-
ren Kennlinienverlaufs:
Für $U_1' = 1\ V(0\ \Omega/100\ \Omega\ ) = 0\ V$ ist $U_5 = (0 - 0,5)V = - 0,5\ V$
für $U_1' = 1\ V(100\ \Omega/200\ \Omega\ ) = 0,5\ V$ ist $U_5 = (0,5-0,5)V = 0\ V$
für $U_1' = 1\ V(200\ \Omega/300\ \Omega\ ) = 0,667\ V$ ist
$$U_5 = (0,667 - 0,5)V = 0,167\ V$$

b) <u>Halbbrücke</u> nach Bild 11a. Mit gegenüber der Viertelbrücke
anderen veränderlichen Teilspannungen $U_1' = U_o\ R_1'/(R_1' + R_2')$ erhält man folgende drei Werte der in Bild 11b dargestellten linearen Kennlinie $U_5 = f(R_1')$:
Für $U_1' = 1\ V(0\ \Omega/200\ \Omega\ ) = 0\ V$ ist $U_5 = (0 - 0,5)V = - 0,5\ V$
für $U_1' = 1\ V(100\ \Omega/200\ \Omega\ ) = 0,5\ V$ ist $U_5 = (0,5-0,5)V = 0\ V$
für $U_1' = 1\ V(200\ \Omega/200\ \Omega) = 1\ V$ ist $U_5 = (1 - 0,5)V = 0,5\ V$

<u>2.2.5.5. Quotienten-Meßschaltung.</u> Für den Ausschlag β des Meß-
werks AG in Bild 18a gilt mit den Ersatzwiderständen
$$R_V = R_A + R_J + R_L$$

$$\beta \sim \frac{I_1}{I_2} = \frac{R_2 + R_{V2}}{R_1 + R_{V1}} \tag{54}$$

Die Kennlinie $\beta = f(R_1)$ ist nach Bild 18b hyperbolisch und somit <u>nicht linear</u> und die <u>Widerstandsempfindlichkeit</u> ist

$$S_R = \Delta\beta/\Delta R_1 \neq const \tag{55}$$

Da die Signalleitungswiderstände R_L gemäß Bild 18b einen gros-
sen Einfluß auf den Kennlinienverlauf haben, muß in jeder Meßschaltung der vorhandene Leitungswiderstand R_L mit den

Justierwiderständen R_J auf einen vorgegebenen Ersatzwiderstand R_V ergänzt werden.

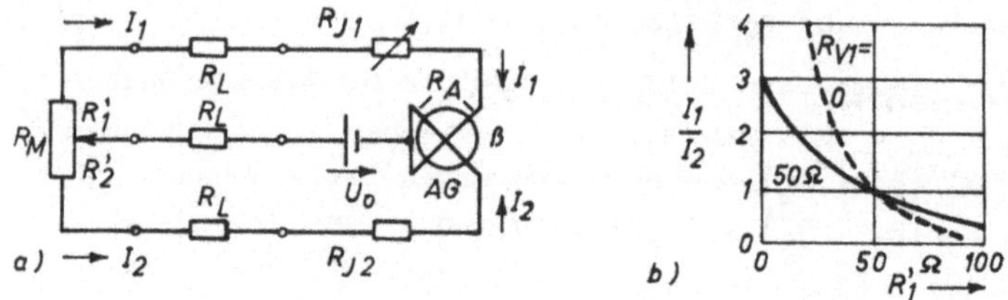

Bild 18 Quotienten-Meßschaltung

    a) Meßschaltung

    b) Kennlinien für Meßwiderstand R_M = 100 Ω , Speisespannung U_o = 1 V und Ersatzwiderstände R_V = 50 Ω bzw. 0

    R_A Meßwerk-, R_J Justier- und R_L Signalleitungswiderstände, U_o Quelle (Konstantspannungs- oder Konstantstromspeisung), AG Quotientenmeßwerk (Kreuzspul- oder T-Spul-Meßwerk), β Ausschlag des Meßwerks

Die Quotienten-Meßschaltung wird zur <u>Fernmessung</u> von Weg, Winkel und Temperatur angewendet. Sie hat den Vorteil, daß der Ausschlag β des Ausgabegerätes von Änderungen der Speisespannung U_o z.B. im Bereich von $\pm$ 30 % unabhängig ist.

<u>2.2.5.6. Widerstandsmessung mit Operationsverstärker.</u> Für die Meßschaltung nach Bild 19a gilt für den Meßwiderstand R_x mit den Leitungswiderständen R_L

$$R_x + 2\,R_L = U_\beta\,R_{ref}/U_{ref} \tag{56}$$

Die Referenzspannung U_{ref} gehört zu einer Konstantspannungsquelle von meistens 1 V. Die Spannung U_β wird gemessen und angezeigt.

Die kleinsten Widerstandsmeßwerte R_{xmin} werden begrenzt durch den Ausgangsstrom $I_{\beta\,max}$. Die größten Widerstandsmeßwerte R_{xmax} werden begrenzt durch den maximal zulässigen Gegenkopplungswiderstand. Die Signalleitungswiderstände R_L und deren Änderungen werden bei der Messung mit erfaßt.

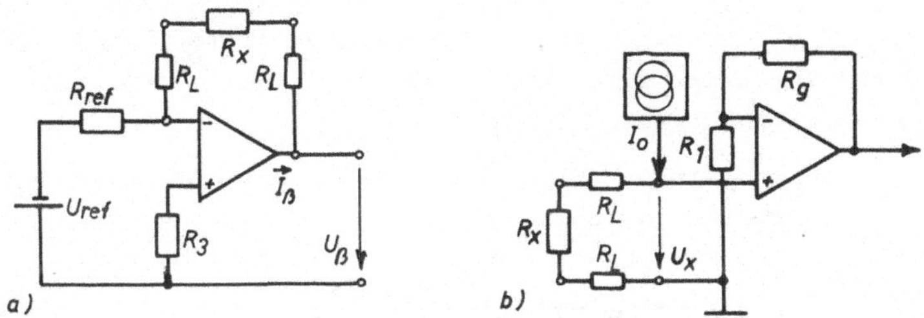

Bild 19 Meßschaltungen mit Operationsverstärker (Rechenverstärker) für die Messung des Widerstands R_x

a) Messung mit Konstantspannungsquelle U_{ref}

b) Messung mit Konstantstromquelle I_o

In der Widerstandsmeßschaltung mit Konstantstromquelle nach Bild 19b wird durch die Konstantstromquelle am Meßwiderstand $R_x + 2 R_L$ ein proportionaler Spannungsabfall U_x erzeugt, der über einen Operationsverstärker gemessen und angezeigt wird.

Diese Meßschaltungen werden zur Widerstandsmessung in Digitalmultimetern verwendet.

2.2.5.7. Frequenzanaloges Meßbrückenverfahren. In der Meßschaltung nach Bild 20 besteht die Schaltung von Aufnehmer AN und Umsetzer U aus einem Wienbrücken-Oszillator.

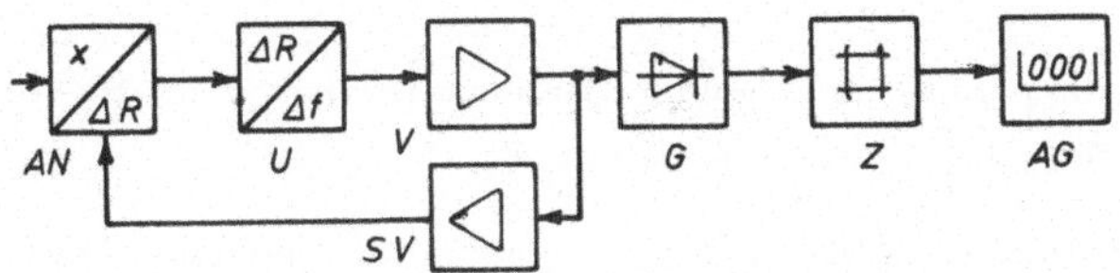

Bild 20 Signalflußplan eines frequenzanalogen Meßbrückenverfahrens

Die Wienbrücken-Schwingschaltung wird über den Speisespannungsverstärker SV erdsymmetrisch gespeist. Eine Brückenverstimmung durch Änderung der Meßfühlerwiderstände wirkt frequenzändernd auf den Oszillator, der entstehende Frequenzhub stellt ein frequenzanaloges Signal dar, das über den Verstärker V und den Gleichrichter G von einem elektronischen Zähler Z und AG als Meßwert angezeigt wird. Die Wienbrücke kann als RC- oder als RL-Generator ausgelegt sein.

Das frequenzanaloge Meßbrückenverfahren hat eine große Stabilität bei großer Auflösung und ist unempfindlich gegen Störeinflüsse bei der Übertragung und während der Digitalisierung. Es wird für statische und quasi-statische Messungen von Dehnungen mittels Dehnungsmeßstreifen angewendet.

2.2.5.8. Digitale Widerstandsmessung mit Stufenumsetzer. Hierbei werden in der Schaltung nach Bild 21 die gestuften Widerstände 8 R bis R nacheinander eingeschaltet, bis durch den Nulldetektor ND bei Stromgleichheit $i_x = i_{ref}$ der Abgleichvorgang beendet wird.

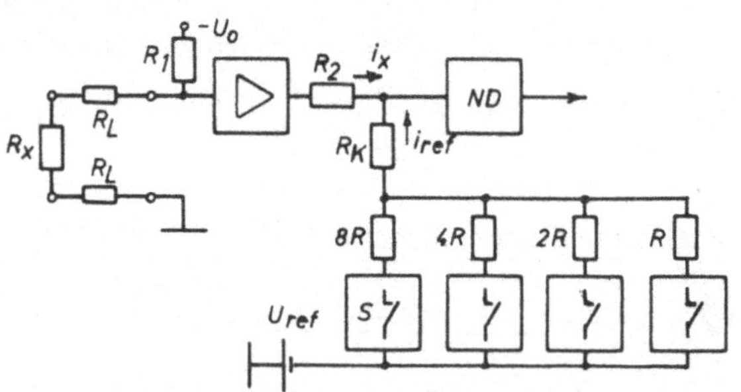

Bild 21 Prinzipschaltung eines Stufenumsetzers für die digitale Messung des Widerstands R_x

Für große Meßwiderstände R_x ergibt sich im Stufenumsetzer nach Bild 21 eine nicht lineare Anzeige. Mit dem Widerstand R_K wird die Linearität verbessert.

2.3. Induktive Meßfühler

2.3.1. Prinzip

Für die <u>Induktivität</u> einer Drossel mit der Windungszahl N, dem magnetischen Leitwert Λ, sowie der Permeabilität μ, dem Querschnitt A und der Länge l des magnetischen Kreises gilt

$$L = N^2 \Lambda = N^2 \frac{\mu_r \mu_o A}{l} \tag{57}$$

Sie kann also beeinflußt werden durch den <u>Querschnitt</u> A, die <u>Länge</u> l des magnetischen Kreises (z.B. bei den nachfolgend aufgeführten induktiven Meßfühlern zur Wegmessung) und die relative <u>Permeabilität</u> μ_r z.B. in magnetoelastischen Meßfühlern zur Kraftmessung.

2.3.2. Ausführungsarten

<u>Drosselanordnungen.</u> In Bild 22 sind gebräuchliche Anordnungen von induktiven Meßfühlern zur Messung von Wegen s mit ihren Kennlinien schematisch dargestellt. Der Nutzbereich ist in den Kennlinien jeweils stark hervorgehoben.

<u>Einfachdrosseln</u> nach Bild 22a haben bei Änderung des Luftspalts l_o hyperbolische Kennlinien mit dem Induktivitätsverlauf $L \sim 1/l_o$. Für den Meßbereich sind zur Linearisierung nur sehr kleine Verschiebungen Δl_o als <u>Meßweg</u> s brauchbar. Als Anker kann eine ferromagnetische oder auch eine nicht magnetische leitende Platte (diese durch Flußverdrängung) wirken.

Wenn für einen magnetischen Kreis einer Einfachdrossel nur die Luftspaltlänge l_o (bei meist zulässiger Vernachlässigung des Eisenweges mit $l_1/\mu_{r1} \ll l_o$) zur Berechnung der Drosselinduktivität $L \approx N^2 \mu_o A/l_o$ berücksichtigt wird, ergibt sich bei einer Luftspaltänderung von l_o auf $l_o' = l_o \mp \Delta l_o$ die veränderte <u>Induktivität</u>

$$L' = N^2 \mu_o A/(l_o \mp \Delta l_o) = L \pm \Delta L \tag{58}$$

Als Meßschaltungen werden entweder trägerfrequenzgespeiste Meßbrücken oder Hochfrequenz-Oszillatorschaltungen verwendet.

Einfachdrosseln haben für Trägerfrequenzen f_{tr} = 5 kHz bzw. 50 kHz Induktivitäten L = 5 mH bzw. 0,5 mH mit einem Blindwiderstand X_L = 157 Ω und Wirkwiderstände R = 20 Ω bis 200 Ω bzw. 2 Ω bis 20 Ω. Sie werden als berührungslose bzw. tastlose Wegmeßfühler oder Wegaufnehmer verwendet.

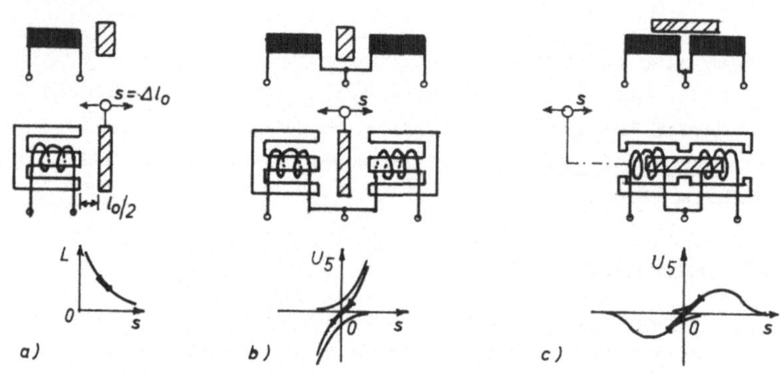

Bild 22 Induktive Drosselmeßfühler mit Lagenänderungen von Eisenkernen. (Von oben nach unten Schaltung, Aufbau und Kennlinie)
a) Einfachdrossel, b) und c) Differentialdrosseln mit Quer- oder Längs- bzw. Tauchanker
s Verschiebungsweg, l_o Luftspaltlänge, L Induktivität, U_5 Meßbrücken-Ausgangsspannung

Differentialdrosseln mit Quer- oder Längsanker nach Bild 22b und c ergeben in Meßbrückenschaltungen bei symmetrischer Mittellage des Ankers vor Beginn der Messung die Abgleichdiagonalspannung U_5 = 0. Bei Verschieben des Ankers in Achsrichtung steigt die Spannung U_5 infolge Unsymmetrie mit positiven bzw. negativen Werten an. Bei der Differentialdrossel mit Längsanker fällt die Spannung nach einem Maximum bei weiterem Herausziehen des Ankers schließlich wieder auf Null ab. Im Nutzbereich besteht eine ungefähr lineare Kennlinie U_5 = f(s). [8]

Differentialdrosseln mit Queranker haben <u>Nennmeßwege</u>
s_N = 20 µm bis 1 mm. Differentialdrosseln mit Längsanker mit
s_N = 1 mm bis 500 mm haben bei gleicher Spulen- und Ankerlänge
l_S = l_A Nennmeßwege von $s_N \approx 0,8\ l_A$. So ist z.B. für
l_A = 100 mm der Nennmeßweg s_N = 80 mm bzw. $\pm$ 40 mm bei einer
Meßfühlerlänge von 2 l_S = 200 mm.

Differentialdrosseln werden als mit dem Meßobjekt fest verbundene Wegmeßfühler bzw. Wegaufnehmer, Differentialdrosseln mit gekrümmtem Tauchanker für Drehbewegungen mit Nenndrehwinkeln $\alpha_N \leqq 90^\circ$ verwendet.

2.3.3. Transformatorische Meßfühler

2.3.3.1. Differentialtransformator.

Dieser hat nach Bild 23 eine von einer Trägerfrequenz- oder Netzspannung $\underline{U}_1$ gespeiste Primärspule und zwei gegeneinander geschaltete Sekundärspulen, worin je nach Stellung des Eisenkerns zwei entgegengesetzte, gleich oder verschieden große Wechselspannungen $\underline{U}_2'$ und $\underline{U}_2''$ induziert werden. Die Meßfühler-Sekundärspannung $\underline{U}_2 = \underline{U}_2' - \underline{U}_2''$ wird an den Eingang einer Anpaßschaltung gegeben (s. Abschn. 3.3).

Bild 23 Differentialtransformator
        als induktiver Meßfühler
        a) Schaltung, b) Aufbau
        c) Kennlinie
        s Verschiebungsweg
        U_1 Primär-, U_2 Sekundär-
        spannungen

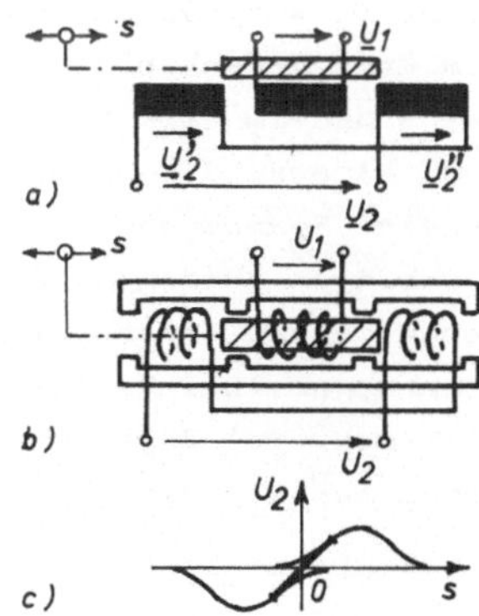

Die Primär- und Sekundärspulen können nebeneinander oder übereinander angeordnet sein und sind in der Schaltung vertauschbar.

<u>Differentialtransformatoren</u> haben bei geeigneter Auslegung des
Kerns und der Primärinduktivität vernachlässigbar kleine Rück-
wirkungskräfte auf den beweglichen Eisenanker und werden für
Wegaufnehmer mit verhältnismäßig einfacher Anpaßschaltung verwendet.

<u>2.3.3.2. Drehmelder</u> (Drehfeldsysteme, Synchros). Diese rotato-
rischen Systeme sind nach Bild 24 Gegeninduktivitäten (Drehtransformator) mit einer drehbaren Rotor(Läufer)-Einphasen-
wicklung und meist drei zweipoligen Stator(Ständer)-Wicklungen
als Mehrphasenwicklung.

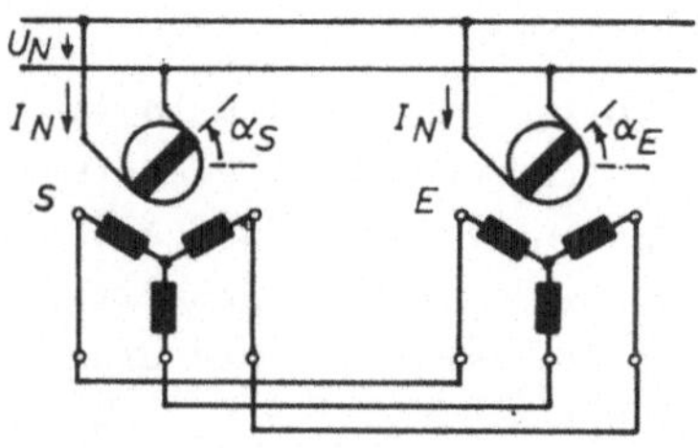

Bild 24 Drehmelder (Drehfeldsy-
steme, Synchros) als in-
duktive Fernmeßgeber
S Sender (Generator)
E Empfänger (Motor)
U_N Erregerspannung
α_S, α_E Rotordrehwinkel

Die von der Erregerspannung U_N = 24 V bis 50 V mit der Frequenz f_N = 50 Hz bis 400 Hz über Schleifringe mit sinusförmi-
gem Erregerwechselstrom I_N gespeisten Rotorwicklungen im Sender S und im elektrisch gleichen Empfänger E erzeugen magnetische Flüsse, die in den Statorwicklungen sinusförmige gleich-
phasige Spannungen induzieren, deren Amplituden vom $\sin \alpha$ der
Rotorlagen abhängen. Für gleiche Rotordrehwinkel $\alpha_S = \alpha_E$ in
Sender S und Empfänger E herrscht Gleichgewicht in den Stator-
spannungen. Bei Verdrehung des Senderrotors folgt ein (oder
auch mehrere) Empfängerrotoren infolge des durch die übertragenen Ausgleichsströme entstehenden Drehmoments.

Die <u>Winkelstellung</u> des Senderrotors läßt sich über 360° dre-
hen und der Empfängerrotor folgt mit einem kleinsten erreich-
baren absoluten Anzeigefehler von etwa $\alpha_F = \pm 0,1°$. Drehmelder haben Wirkleistungen von P = 10 W bis 50 W und Drehmomente
von M = 0,01 Nm bis 0,1 Nm.

Drehmelder werden für die Fernmessung und Fernübertragung von Drehwinkeln $\alpha \lessgtr 360°$ bzw. von Drehmomenten, sowie als Steuergeber für die Fernübertragung von Steuerspannungen (mit getrennten Rotornetzen für die Erreger- und Steuerspannung) verwendet.

2.3.4. Wechselstrom-Meßbrücke für Drosselanordnungen

In einer Wechselstrom-Meßbrücke nach Bild 25 mit vorgegebenen Schaltelementen wird näherungsweise die Speisespannung $U_o = $ const, der Spannungsquellen-Innenwiderstand $R_i = 0$ und der Diagonalwiderstand $R_5 = \infty$ angenommen. Es soll die Diagonalspannung U_5 bestimmt werden.

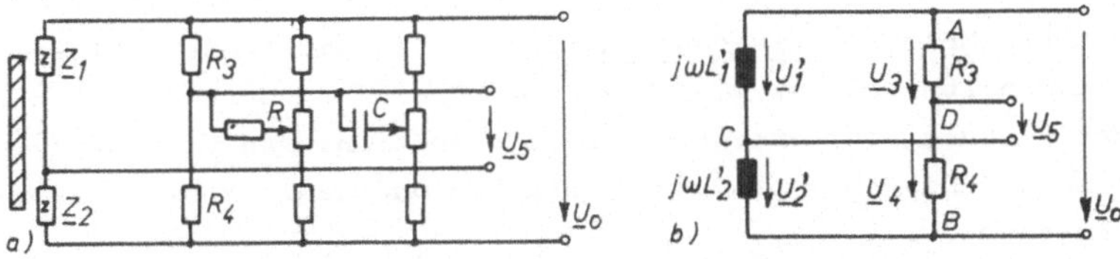

Bild 25 Meßbrücke mit induktiver Differentialdrossel

    a) Meßbrücke mit den Spulen Z_1 und Z_2 mit R- und C-Abgleichzweigen

    b) idealisierte LLRR-Ausschlagmeßbrücke

Vor Beginn der Messung wird der Anker des Meßfühlers Z_{12} symmetrisch gestellt und die Brücke nach Bild 25a mit dem ohmschen R-Zweig nach Betrag und mit dem kapazitiven C-Zweig nach Phase auf die Abgleichdiagonalspannung $U_5 = 0$ abgeglichen.

Während der Messung ändern sich die Meßfühler-Scheinwiderstände Z_1 und Z_2 gegensinnig, z.B. auf $\underline{Z}_1' = \underline{Z}_1 + \Delta\underline{Z}_1$ und $\underline{Z}_2' = \underline{Z}_2 - \Delta\underline{Z}_2$.

Zur Vereinfachung der nachfolgenden Berechnung werden die nicht idealen Drosseln mit $\underline{Z} = R + j\omega L$ näherungsweise durch ideale Drosseln mit $\underline{Z} \approx jX_L = j\omega L$ nach Bild 25b ersetzt.

Aus der Maschenregel $\underline{U}_5 = \underline{U}_1' - \underline{U}_3$ folgt die Diagonalspannung.

Die Teilspannung U_1' ergibt sich aus der Spannungsteilung

$$\underline{U}_1' = \frac{j\,\omega\,L_1'}{j\,\omega\,L_1' + j\,\omega\,L_2'}\,\underline{U}_o = \frac{L_1'}{L_1' + L_2'}\,\underline{U}_o \tag{59}$$

Während der Messung entstehen mit $L_1' = L + \Delta L$ und $L_2' = L - \Delta L$ und $R_3 = R_4 = R$ die Teil- und Diagonalspannungen

$$\underline{U}_1' = \frac{L + \Delta L}{L + \Delta L + L - \Delta L}\,\underline{U}_o = \frac{L + \Delta L}{2\,L}\,\underline{U}_o \tag{60}$$

$$\underline{U}_3 = \frac{R_3}{R_3 + R_4}\,\underline{U}_o = \frac{R}{2\,R}\,\underline{U}_o = \frac{1}{2}\,\underline{U}_o \tag{61}$$

$$\underline{U}_5 = \left(\frac{L + \Delta L}{2\,L} - \frac{1}{2}\right)\underline{U}_o = \frac{1}{2}\,\frac{\Delta L}{L}\,\underline{U}_o \tag{62}$$

Das Ergebnis der <u>Diagonalspannung</u> U_5 ist mit dem der Widerstandshalbbrücke vergleichbar. Die Speisespannung U_o muß bei der Messung konstant sein, da jede Änderung von U_o eine Änderung der Diagonalspannung U_5 ergeben und damit Meßwerte vortäuschen würde.

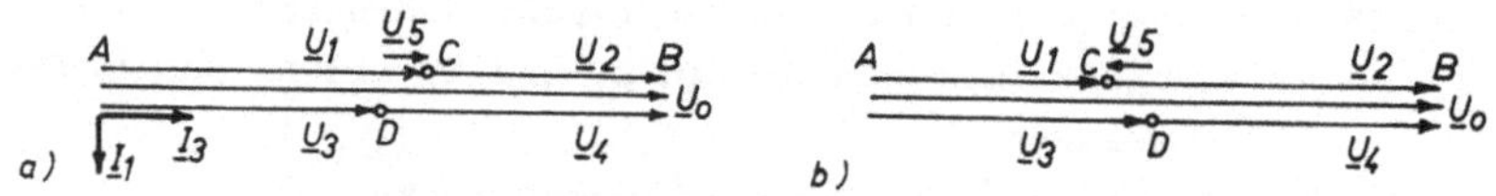

Bild 26 Zeigerdiagramm für eine ideale LLRR-Meßbrücke nach
Bild 25b bei verschiedenen Induktivitätsänderungen
a) $L_1' = L + \Delta L$ und $L_2' = L - \Delta L$
b) $L_1' = L - \Delta L$ und $L_2' = L + \Delta L$

In der <u>idealen</u> LLRR-Meßbrücke hat der Zeiger der Diagonalspannung U_5 bei Betragsänderung der Induktivität L_1 auf $L_1' = L + \Delta L$ nach Bild 26a die gleiche Richtung wie der Zeiger $\underline{U}_o$, d.h. den Phasenwinkel $\varphi = 0°$. Bei Änderung von L_1 auf $L_1' = L - \Delta L$ hat U_5 nach Bild 26b die entgegengesetzte Richtung von der Speisespannung U_o, d.h. einen Phasenwinkel $\varphi = 180°$. Beim Messen einer <u>nicht idealen</u> Induktivität, d.h. eines Scheinwiderstandes in einer Meßbrücke kann die Diagonalspannung U_5 beliebige Richtungen zwischen 0 und 360° annehmen. Bei Betragsbrückenverstimmung ist ihr Phasenwinkel $\varphi = 0^\circ$ oder 180° und bei Phasenverstimmung ist $\varphi = +90^\circ$ oder -90° in Bezug auf die Speisespannung U_o.

2.4. Kapazitive Meßfühler

2.4.1. Prinzip

Für die <u>Kapazität</u> eines Plattenkondensators mit der Dielektrizitätskonstanten ε des Dielektrikums, der Elektrodenfläche A und dem Elektrodenabstand d gilt

$$C = \varepsilon A/d = \varepsilon_r \varepsilon_o A/d \tag{63}$$

Durch <u>physikalische Größen</u> sind die relative Dielektrizitätskonstante ε_r, die Elektrodenfläche A und der Elektrodenabstand d beeinflußbar. Die Verschiebungskonstante (Influenzkonstante) $\varepsilon_o = 0{,}088542 \cdot 10^{-12}$ F/cm ist als Dielektrizitätskonstante des Vakuums konstant.

2.4.2. Ausführungsarten

In Bild 27 sind Ausführungsarten von kapazitiven Meßfühlern mit ihren Kennlinien dargestellt.

<u>Einfach-Plattenkondensator.</u> In einem Kondensator mit gegebenen Werten nach Bild 27a ändert sich bei der Messung die Kapazität $C = \varepsilon A/d$ auf $C' = \varepsilon A/(d + \Delta d)$. Für die <u>Kapazitätsänderung</u> ΔC gegenüber der Anfangskapazität C gilt

$$\Delta C = C' - C = \frac{\varepsilon A}{d + \Delta d} - \frac{\varepsilon A}{d} = \frac{\varepsilon A}{d} \left(\frac{-\Delta}{1 + \Delta}\right) \tag{64}$$

Daraus folgt die <u>nicht lineare</u> relative Kapazitätsänderung

$$\frac{\Delta C}{C} = - \frac{\Delta}{1 + \Delta} = - \frac{\Delta d}{d + \Delta d} = - \frac{\Delta d/d}{1 + \Delta d/d} \tag{65}$$

Die <u>Abstandsempfindlichkeit</u> ist
$$S_d = \Delta C / \Delta d \neq const \tag{66}$$

In einem __kleinen__ Änderungsbereich $\Delta d \ll d$ kann die Kennlinie

$$\Delta C/C \approx - \Delta d/d \qquad\qquad (67)$$

gemäß Bild 27a als annähernd __linear__ angenommen werden.

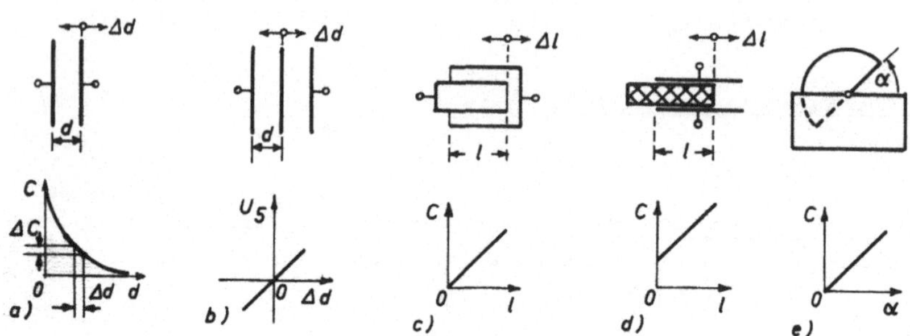

Bild 27 Kapazitive Meßfühler (oben Aufbau, unten Kennlinie)
C Kapazität, U_5 Meßbrücken-Ausgangsspannung
a), b) Einfach- und Differentialkondensator mit Plattenverschiebung Δd (Änderung des Plattenabstands d)
c), d) Zylinder(Topf)- und Mehrschichtkondensator mit Längsverschiebung Δl (Änderung der Fläche A oder der relativen Dielektrizitätskonstanten ε_r)
e) Drehkondensator mit Verdrehung α (Änderung der Fläche A), auch als Differential-Drehkondensator

__Differentialkondensator.__ Dieser hat in Wechselstrommeßbrücken (s. Abschn. 2.4.3) eine __lineare__ Kennlinie und wird als Meßfühler in Feindruck-Aufnehmern verwendet.

__Veränderbare Elektrodenfläche.__ Hierbei verwendet man bei __Längsbewegung__ für eine Beeinflussung der Meßfühlerkapazität z. B. Zylinderkondensatoren nach Bild 27c. Die Kennlinie $\Delta C/C = (1 + \Delta l)/l$ ist mit der Verschiebung Δl linear. Bei __Drehbewegung__ verwendet man zur Winkelmessung Drehkondensatoren nach Bild 27e, wobei man gemäß $C = C_o + k\alpha$ bei entsprechender Schnittform der drehbaren Platten eine lineare Kennlinie der Kapazität C mit dem Drehwinkel α erreichen kann.

<u>Platten- und Zylinder-Kondensator mit verschiebbarem Dielek-</u>
<u>trikum.</u> Als Beispiel wird nachfolgend die Berechnung der ver-
änderlichen Kapazität C von Platten- und Zylinderkondensatoren
nach Bild 28 gezeigt, die sich z.B. durch Änderung der Füllguthöhe x bei der Füllstandmessung ergibt.

Bild 28 Platten- (a) und
        Zylinder-Konden-
        sator (b) mit
        veränderbarer
        Dielektrikum-
        Füllhöhe x

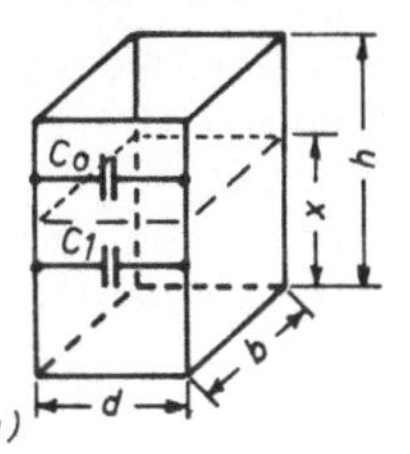

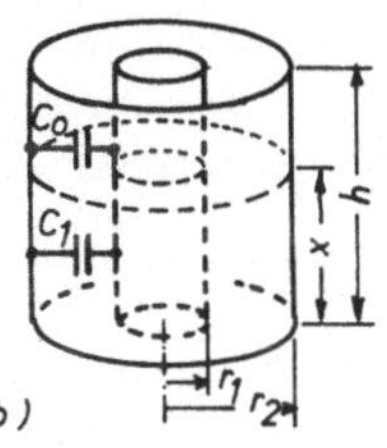

Die <u>Gesamtkapazität</u> $C = C_o + C_1$ mit der Luftteilkapazität C_o
(mit ε_o) und der Füllgut-Teilkapazität C_1 (mit $\varepsilon_1 = \varepsilon_{r1}\varepsilon_o$) der
Behälter (Speichersilos) nach Bild 28a und b wird für den
Platten- und Zylinderkondensator in Abhängigkeit von der Füll-
höhe x nebeneinander berechnet.

<u>Plattenkondensator</u>   <u>Zylinderkondensator</u>

$$C_o = \frac{\varepsilon_o b(h-x)}{d} \qquad (68) \qquad C_o = \frac{2\pi\varepsilon_o}{\ln r_2/r_1}(h-x) \qquad (69)$$

$$C_1 = \frac{\varepsilon_{r1}\varepsilon_o bx}{d} \qquad (70) \qquad C_1 = \frac{2\pi\varepsilon_{r1}\varepsilon_o}{\ln r_2/r_1}x \qquad (71)$$

$$C = \frac{\varepsilon_o b}{d}(h-x+\varepsilon_{r1}x) \quad (72) \qquad C = \frac{2\pi\varepsilon_o}{\ln r_2/r_1}(h-x+\varepsilon_{r1}x) \qquad (73)$$

$$C = \frac{\varepsilon_o bh}{d} + \frac{\varepsilon_o b}{d}(\varepsilon_{r1}-1)x \qquad C = \frac{2\pi\varepsilon_o h}{\ln r_2/r_1} + \frac{2\pi\varepsilon_o}{\ln r_2/r_1}(\varepsilon_{r1}-1)x$$
$$(74) \qquad\qquad\qquad\qquad (75)$$

$$C = C_{leer} + C(x) \quad (76) \qquad C = C_{leer} + C(x) \qquad (77)$$

Die <u>Kennlinie</u> für die Gesamtkapazität $C = f(x)$ steigt nach
Bild 27d für beide Kondensatoren ausgehend von der Kapazität
des leeren Behälters C_{leer} <u>linear</u> mit $C(x)$ an.

2.4.3. Meßschaltungen für kapazitive Meßfühler

__2.4.3.1. Amplitudenmodulation.__ Hierbei werden statische und dynamische Meßgrößen durch Messung der Kapazität C und der Kapazitätsänderungen ΔC des Meßfühlers mit Scheinwiderstands-Wechselstrommeßbrücken z.B. nach Bild 29 erfaßt. Die Meßbrücke wird mit einer Wechselspannung U_0 (Trägerfrequenz) gespeist, die Brückenausgangsspannung U_5 stellt ein __amplitudenmodulier-__ __tes__ Meßsignal dar.

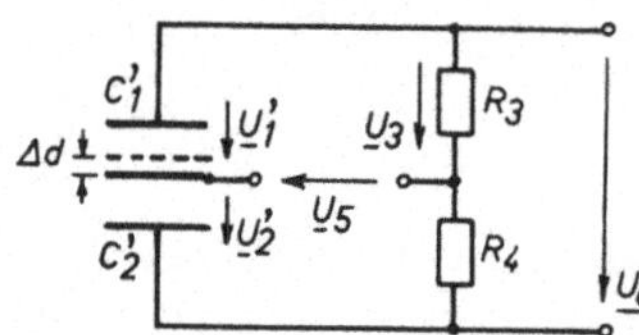

Bild 29 Differentialkondensator $C'_{1,2}$ in einer CCRR-Ausschlagmeßbrücke

Für eine CCRR-Meßbrücke mit gegebenen Werten nach Bild 29 wird nachfolgend die Diagonalspannung $\underline{U}_5$ berechnet.

Vor der Messung gelten für die Brückenschaltelemente bei symmetrischem Brückenabgleich $C_1 = C_2 = C$ und $R_3 = R_4 = R$. Während der Messung ändern sich durch Querverschiebung der Mittelelektrode die Plattenabstände, z.B. d_1 auf $d'_1 = d - \Delta d$ und damit die Halbbrücken-Kapazitäten auf $C'_1 = C + \Delta C$ und $C'_2 = C - \Delta C$.

Mit den Teilspannungen $\underline{U}_3 = \underline{U}_0 R/(R + R) = \underline{U}_0/2$ und

$$\underline{U}'_1 = \frac{\dfrac{1}{j\,\omega\,C'_1}}{\dfrac{1}{j\,\omega\,C'_1} + \dfrac{1}{j\,\omega\,C'_2}}\,\underline{U}_0 = \frac{\dfrac{1}{C + \Delta C}}{\dfrac{1}{C + \Delta C} + \dfrac{1}{C - \Delta C}}\,\underline{U}_0 \qquad (78)$$

folgt aus der Maschenregel $\underline{U}_5 = \underline{U}'_1 - \underline{U}_3$ die __Diagonalspannung__

$$\underline{U}_5 = \left(\frac{C - \Delta C}{2\,C} - \frac{1}{2}\right)\underline{U}_0 = -\frac{1}{2}\frac{\Delta C}{C}\underline{U}_0 \qquad (79)$$

Die Diagonalspannung U_5 entsteht linear mit der Kapazitätsänderung $\Delta C/C$.

Wird der Elektrodenabstand d_1' für die Teilkapazität C_1' wie vorher angenommen kleiner, wird C_1' größer, der kapazitive Widerstand X_{C1}' kleiner, U_1' kleiner und damit $\underline{U}_5$ negativ, d.h. die Diagonalspannung $\underline{U}_5$ zeigt in entgegengesetzte Richtung der Speisespannung $\underline{U}_o$ ähnlich wie im Zeigerdiagramm nach Bild 26b.

Die Berechnungsgleichungen für die Diagonalspannung U_5 für den ohmschen Meßfühler in Halbbrückenschaltung sowie für die Differential-Induktivität und -Kapazität sind ähnlich.

Die CCRR-Meßbrücke wird immer mit einer Spannung mit <u>großer Trägerfrequenz</u> von f_{tr} = (0,5 bis 1) MHz gespeist, z.B. mit f_{tr} = 465 kHz, damit die Blindwiderstände $X_C = 1/\omega C$ der verhältnismäßig kleinen Fühlerkapazitäten C ausreichend klein werden.

<u>Spannungsteiler,</u> die aus einer Reihenschaltung von Meßfühlerkapazität C und Wirkwiderstand R bestehen und mit Gleichspannung gespeist werden, sind nur zur Messung von schnell veränderlichen Vorgängen brauchbar. Diese Schaltung wird auch beim Kondensatormikrophon angewendet.

<u>2.4.3.2. Frequenzmodulation.</u> In der <u>Schwingkreis-Oszillatormeßschaltung</u> bildet die Meßfühlerkapazität C mit der konstanten Induktivität L einer Spule nach Bild 30 einen elektrischen Schwingkreis in einer Oszillatorschaltung.

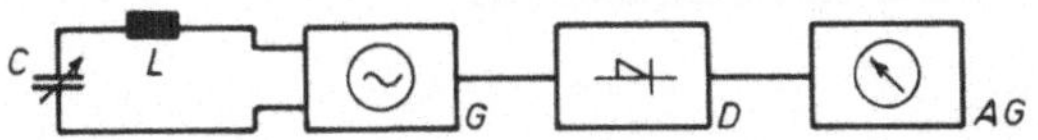

Bild 30 Blockschaltplan für die Messung einer Meßfühlerkapazität C mit Frequenzmodulation
LC Schwingkreis, G Oszillator, D Frequenzdiskriminator
AG Ausgabegerät

Die Oszillatorspannung, deren Amplitude konstant ist und deren Frequenz f sich bei Kapazitätsänderungen verändert, wird in einem Demodulator D in ein analoges Ausgangssignal umgesetzt.

Als Beispiel für einen Demodulator zeigt Bild 31a die Prinzip-schaltung eines Gegentakt-Flanken-Demodulators, der zwei gegeneinander verstimmte Schwingkreise S_1 und S_2 enthält.

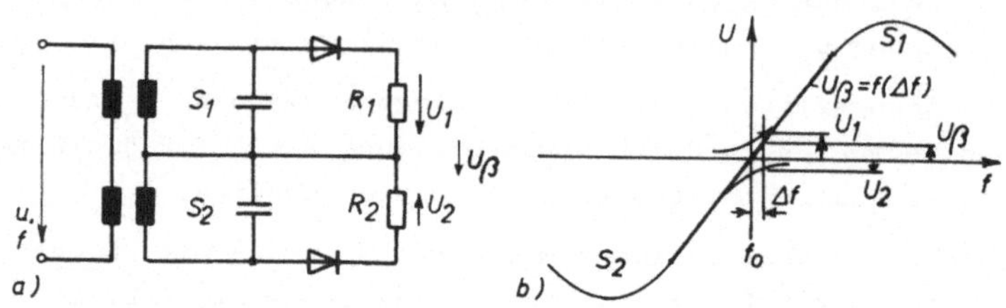

Bild 31 Gegentakt-Flanken-Demodulator

     a) Prinzipschaltung mit den Schwingkreisen S_1, S_2, den Teilspannungen U_1, U_2 und der Ausgangsspannung U_β

     b) Schwingkreiskennlinien S_1, S_2 und Ausgangskennlinie $U_\beta = f(\Delta f)$ bei Frequenzänderungen Δf

Die gegeneinander verschobenen Schwingkreiskennlinien S_1 und S_2 zeigt Bild 31b. Bei Veränderung der Anfangsfrequenz f_o des Meßsignals u um Δf ergibt sich die Ausgangsspannung $U_\beta = U_1 - U_2$. Die Ausgangskennlinie ist im Arbeitsbereich linear

$$U_\beta \sim \Delta f \tag{80}$$

2.5. Aktive elektrodynamische Meßfühler

2.5.1. Prinzip

Im generatorischen Meßfühler entsteht nach dem Induktionsgesetz in N Leitern, die sich im Magnetfeld mit dem magnetischen Fluß Φ bewegen, die induzierte Spannung $u = N \, d\Phi/dt$ oder umgeformt nach dem Generatorprinzip mit der Leiterlänge 1, der Induktion B und der Längsgeschwindigkeit v

$$u = N1Bv \tag{81}$$

Für konstante Spulenwindungszahl N, Leiterlänge 1 und Induktion B gilt lineare Abhängigkeit für Spannung u und Längsgeschwindigkeit v bei Translation sowie für Spannung u und Winkelgeschwindigkeit ω bei Rotation.

2.5.2. Ausführung für Translation

Bild 32 zeigt den Prinzipaufbau von elektrodynamischen (generatorischen) Meßfühlern zur Messung einer translatorischen Geschwindigkeit v bei Längsbewegung mittels induzierter Spannung $u \sim v$.

Bild 32 Elektrodynamische
       Meßfühler, a) be-
       wegte Tauchspule S_b
       b) bewegter Dauer-
       magnet M_b

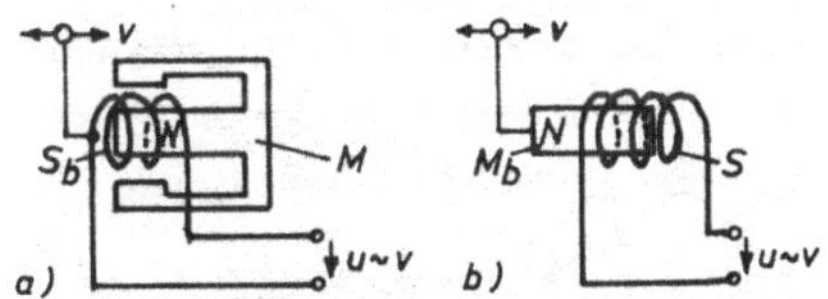

2.5.3. Ausführung für Rotation

<u>Wechselspannungsgeneratoren</u> haben nach Bild 33a im Stator feststehende bewickelte Polkerne und als Rotor umlaufende Dauermagnetanker ohne Schleifringe. Die Spannungskennlinie $u = f(\omega)$ ist gemäß Bild 32c <u>linear</u>.

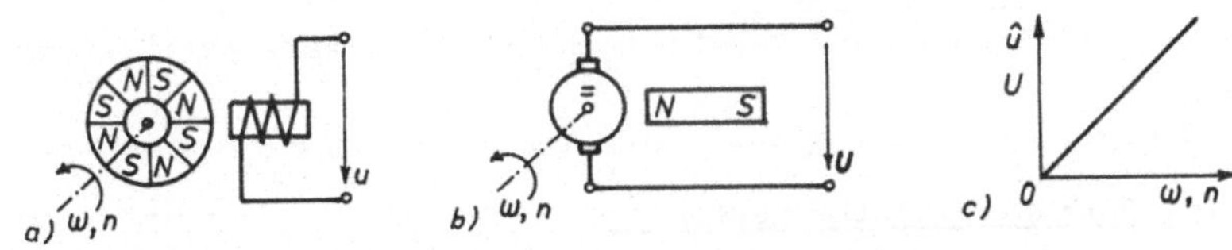

Bild 33 Elektrische Generatoren zur Messung der Drehzahl n
       bzw. der Winkelgeschwindigkeit ω
       a) Wechselspannungsgenerator mit Polrad N-S
       b) Gleichspannungsgenerator mit Permanentmagnet-Erregung N-S
       c) Spannungskennlinie

<u>Mittelfrequenzgeneratoren</u> (ein- bis vierphasig) erzeugen Spannungen mit $n \leq 40$ Perioden und <u>Impulsgeneratoren</u> Spannungen

mit n $\leq$ 1000 Perioden je Umlauf.

Bei Wechselspannungsgeneratoren können die Amplitude û, der Gleichrichtwert $\overline{|u|}$ oder die Frequenz f der erzeugten Spannung u als Maß für die Drehzahl n oder die Winkelgeschwindigkeit ω gelten. Für die <u>Fernübertragung</u> von Drehzahlen n ist die Proportionalität zwischen n und der Frequenz f vorteilhaft, da frequenzanaloge Verfahren weniger störanfällig sind als spannungsanaloge Verfahren.

<u>Wechselspannungsgeneratoren</u> werden als Aufnehmer für die Messung von Drehzahl n, Drehwinkel α oder Winkelgeschwindigkeit ω mit großer Genauigkeit in Regelungsanlagen, bei Werkzeugmaschinen usw. verwendet.

<u>Gleichspannungsgeneratoren</u> mit Kommutator und Permanentmagneterregung erzeugen Spannungen mit drehrichtungsabhängiger Polarität. Die Generatorspannung ist jedoch bei konstanter Winkelgeschwindigkeit ω zeitlich nicht ideal konstant, sondern enthält eine Welligkeit, wodurch bei Differentiation dieser Spannung große Störungen entstehen. <u>Unipolargeneratoren</u> geben eine theoretisch ideale Gleichspannung, jedoch nur von wenigen mV, ab.

<u>Gleichspannungsgeneratoren</u> werden als Drehgeschwindigkeitsaufnehmer in Steuer- und Regelungsanlagen für Wendeantriebe angewendet.

2.6. Piezoelektrische Meßfühler

2.6.1. Wirkungsweise

Bei der mechanischen Beanspruchung einer piezoelektrischen (piezein = drücken, pressen) Kristallscheibe in Richtung einer polaren elektrischen Achse entstehen bei sehr kleinen Verformungen (bei Meßwegen von nur wenigen μm) durch die Verschiebung der Atome elektrische Ladungen.

<u>Direkter longitudinaler Piezoeffekt.</u> Wirkt die Kraft F in
Richtung der polaren elektrischen x_1-Achse nach Bild 34a, so
entstehen durch Annäherung der positiven Si-Ionen bzw. der negativen O_2-Ionen des Quarzkristalls SiO_2 an die Kraftangriffs-
flächen als Elektroden auf den Flächen A entgegengesetzte
elektrische Ladungen +Q und -Q. Eine unbelastete Kristallscheibe ist elektrisch neutral.

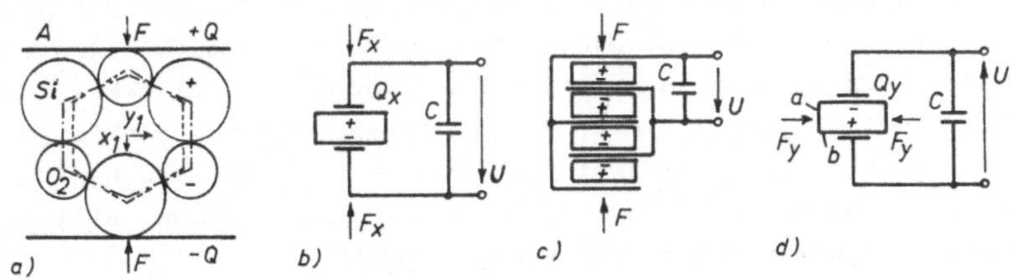

Bild 34 Erklärung des piezoelektrischen Effektes
      a) vereinfachte Strukturzelle eines Quarzes SiO_2
      b) Prinzipschaltung für den direkten longitudinalen
      Piezoeffekt mit der Kraft F_x in x_1-Richtung
      c) Meßfühlerprinzip mit mechanischer Reihen- und elek-
      trischer Parallelschaltung von mehreren Scheiben
      d) Prinzipschaltung für den direkten transversalen
      Piezoeffekt mit der Kraft F_y in y_1-Richtung

Beim direkten <u>longitudinalen</u> Piezoeffekt nach Bild 34a, b, c
entsteht mit der Anzahl n der Quarzscheiben, der piezoelektrischen Zahl (Koeffizient oder Modul) d_{11} und der Kraft F_x in
x_1-Richtung die <u>Ladung</u>

$$Q_x = n \, d_{11} F_x \qquad\qquad\qquad (82)$$

Zur Erhöhung der Ladungsausbeute werden gemäß Bild 34c mehrere
Scheiben kraftmäßig in Reihe und elektrisch parallel geschaltet.

<u>Direkter transversaler Piezoeffekt.</u> Hierbei wirkt nach Bild
34d die Kraft F_y in Richtung der y_1-Achse und erzeugt mit den

Kristallabmessungen a und b die Ladung

$$Q_y = - d_{11}F_y b/a \qquad (83)$$

Beim reziproken Piezoeffekt wird beim Anlegen einer elektrischen Spannung an die Kristallscheibe eine mechanische Spannung erzeugt, die den Kristall verformt.

Als Material für piezoelektrische Meßfühler eignet sich Quarz mit folgenden Eigenschaften: Druckfestigkeit $\sigma = 400\ 000\ N/cm^2$, lineare Kennlinie ohne Hysteresis, sehr große Zeitkonstante bis zu mehreren Stunden, piezoelektrische Empfindlichkeit beim Longitudinaleffekt $S = 2,31\ pC/N$, Temperaturabhängigkeit des piezoelektrischen Koeffizienten etwa $- 2 \cdot 10^{-4}/K$ zwischen $-200\ ^oC$ und $+200\ ^oC$. Außerdem werden Piezokeramiken, Blei-Zirkonat-Titanat und Barium-Titanat verwendet.

2.6.2. Meßschaltung

Die entstehende Ladung Q lädt gemäß Bild 34b die Ersatzkapazität C (gebildet von Meßfühler, Meßkabel und Verstärkereingang) auf eine Spannung

$$U = Q/C \qquad (84)$$

auf. Mit Rücksicht auf eine ausreichend große Zeitkonstante $\tau = RC$ werden Verstärker mit Feldeffekttransistoren mit sehr großem Eingangswiderstand $R \gtrsim 10^{13}\ \Omega$ und sehr kleinen Eingangskapazitäten $C \gtrsim 20\ pF$ sowie hauptsächlich Integrationsverstärker als Ladungsverstärker mit $R \approx 10^{14}\ \Omega$ verwendet (s. Abschn. 3.3.7).

2.6.3. Zeitkonstante

Die Meßsignalspannung u sinkt nach einer Exponentialfunktion mit der Zeitkonstanten $\tau = RC$, die durch die Parallelschaltung der Ersatzkapazität C und des Meßverstärker-Eingangswiderstands R entsteht, ab.

Meßverstärker mit MOS-FET im Eingang. Die Parallelschaltung aus der Eingangs-Ersatzkapazität von z.B. $C = 100\ pF$ (bestehend aus den Kapazitäten für Meßfühler C_M = 1 pF, Kabel C_K = 75 pF für 1 m Länge und Meßverstärkereingang C_V = 24 pF) mit dem Verstärker-Eingangswiderstand R = $10^{14}\,\Omega$ ergibt eine <u>Zeitkonstante</u> τ = RC = 10^{14} (V/A) 10^{-10} As/V = 10^4 s.

<u>Integrationsverstärker als Ladungsverstärker.</u> Hierbei erreicht man je nach Meßbereich Zeitkonstantenwerte von maximal τ = 10^5 s bis 10^6 s entsprechend etwa 1 bis 10 Tagen mit 86 400 s je Tag.

Während der Zeit t = τ fällt die Ladung nach einer Exponentialfunktion auf $1/e \approx 0{,}368$ ihres Anfangswerts ab. Für kurze Meßzeiten t $\ll \tau$ kann näherungsweise mit linearem Ladungsabfall gerechnet werden. So fällt z.B. die Ladung für t = 0,01 τ nur um ca. 1 % vom Anfangswert ab. Bei der Zeitkonstanten τ = 10^5 s (etwa 1 Tag) dauert der lineare Abfall der Ladung um 1 % des Anfangswerts die Zeit t = 10^3 s entsprechend 16,7 min.

2.6.4. Meßfrequenzbereich

Piezoelektrische Meßfühler sind nur für <u>dynamische</u> Messungen geeignet. Der Meßfrequenzbereich beträgt maximal etwa f_M = 10^{-5} Hz bis 10^5 Hz.

Bei großer Zeitkonstante $\tau \approx 10^5$ s sind statische Kalibrierung und quasistatische Messungen mit einigen Minuten Dauer möglich, bei kleinen Zeitkonstanten für dynamische Messungen müßte dynamisch kalibriert werden.

Die untere <u>Grenzfrequenz</u> ist f_u = $1/(2\pi\tau)$. Die obere Meßfrequenzgrenze ist meist durch die Anpaßschaltung bestimmt. Für statische Messungen mit der Meßfrequenz f_M = 0 Hz sind piezoelektrische Meßfühler nicht brauchbar.

Aktive piezoelektrische Meßfühler haben große Empfindlichkeit, größte relative Auflösung von mechanisch-elektrischen Meßfühlern mit Q_Q = 10^{-6}, kleinste Meßwege s $\approx 1\,\mu$m, große Meßfrequenzen bis f_M = 10^5 Hz. Sie werden für Aufnehmer zur Messung von Beschleunigung a, Kraft F und Flüssigkeits- oder Gasdruck p sowie für Kristallmikrophone verwendet.

Bauteile mit dem <u>Piezo-Widerstandseffekt</u> (piezo-resistiver Effekt) gehören zu den passiven Widerstands-Meßfühlern und werden zur Dehnungsmessung verwendet (s. Abschn. 7.1.1).

2.7. Aktive Meßfühler in der Thermodynamik, Optik und Chemie

<u>Thermoelemente.</u> Sie werden als Temperatur-Meßfühler bzw. -Aufnehmer für die Messung von Temperaturen im Bereich von ϑ = (-200 bis +1600) $^{\circ}$C verwendet (s. Abschn. 8).

<u>Photoelektrische Meßumformer.</u> Photoelemente, Photodioden, Phototransistoren, Photothyristoren und Photo-FET sind aktive Lichtempfänger auf Halbleiterbasis für Messungen in der Lichttechnik (s. Abschn. 9).

<u>pH-Elektroden.</u> Diese werden zur Messung des pH-Wertes, d.h. der Wasserstoffionen-Konzentration von Flüssigkeiten, z.B. zur Überwachung von Trinkwasser, Kesselspeisewasser, Reinigungswasser, Abwässer usw. eingesetzt (s. Abschn. 10).

3. Meßkettenschaltungen

3.1. Übersicht

Für Meßketten, bestehend aus Aufnehmer, Anpasser und Ausgeber gemäß Bild 1 gibt es viele Kombinationsmöglichkeiten mit verschiedenen Geräten für die einzelnen Meßkettenglieder. Die Zusammenstellung in Bild 35 soll eine Übersicht über die wichtigsten möglichen <u>Meßkettenschaltungen</u> (ohne Berücksichtigung der Datenverarbeitung) geben. Mit weiteren Anpaßgliedern (z.B. Meßstellenumschalter, Summiergeräte, Modulatoren, Operationsverstärker, Analog-Digital- oder Digital-Analog-Umsetzer) sind noch viele andere Zusammenschaltungen möglich. Die gestrichelt eingezeichneten Verbindungen gelten für besondere Bedingungen oder mit Einschränkungen. Starke Linien bedeuten wichtige Verbindungen.

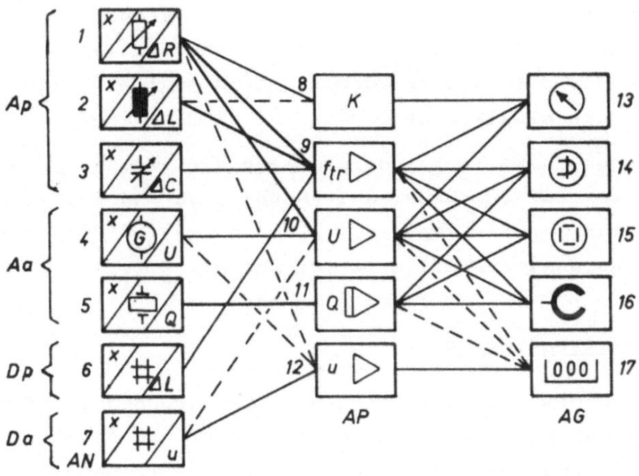

Bild 35 Meßketten-Zusammenschaltungen für Meßeinrichtungen zum
elektrischen Messen nichtelektrischer Größen

1 bis 7 Aufnehmer AN: Ap analoge passive Widerstands-,
induktive und kapazitive Meßfühler, Aa analoge aktive
Generator- und piezoelektrische Meßfühler
Dp digitaler passiver Meßfühler (z.B. durch Zahnrad
sequentiell veränderte Induktivität), Da digitaler aktiver Meßfühler (z.B. Induktionsgenerator)

8 bis 12 Anpaßschaltungen AP (Anpasser): K Kompensator
(manuell oder selbsttätig), f_{tr} Trägerfrequenz-,
U Gleichspannungs-, Q Ladungs- und u Wechselspannungs-
Meßverstärker

13 bis 17 Ausgabegeräte AG (Ausgeber): 13 analoges
oder digitales Anzeigegerät, 14 Zeitfunktionsschreiber
(Zeitdiagramm-Registriergeräte, z.B. Kompensograph,
Schnellschreiber oder Lichtstrahloszillograph,
15 Elektronenstrahl-Oszilloskop, 16 Magnetband-Registriergerät, 17 elektronisches Zählgerät mit digitaler
Ausgabe

In den in Bild 35 verwendeten (noch nicht genormten) Schaltzeichen für die Aufnehmer AN sind die physikalische Eingangsgröße x und die Ausgangsgrößen, z.B. in AN 1 mit WiderstandsMeßfühler die elektrische Größe ΔR, eingetragen.

Zwischen den Meßkettengliedern müssen die Anpassungsbedingungen in Bezug auf das Meßsignal (Meßbereich und Empfindlichkeit) und in Bezug auf die Impedanzen (Spannungs-, Strom- oder Leistungsanpassung) erfüllt sein (s. Abschn. 5.1.1).

3.2. Einheitsmeßumformer

Einheitsmeßumformer sowie Aufnehmerausführungen in Modulbauweise stellen Kombinationen von Aufnehmer und Anpaßschaltung dar, wobei eine deutliche Abgrenzung, d.h. Trennung zwischen den einzelnen Meßgliedern meist nicht erkennbar ist.

3.2.1. Definition

Einheitsmeßumformer sind Einrichtungen, die unter Verwendung einer Hilfsenergie eine physikalische Eingangsgröße (z.B. Kraft, Druck, Differenzdruck, Flüssigkeitsstand, Temperatur usw.) in eine Ausgangsgröße mit einheitlichem Bereich umformen (VDE/VDI 2184, s. Abschn. 1.3). Sie können als feste Kombinationen der beiden ersten Glieder in der Meßkette nach Bild 1 angesehen werden. Meßfühler bzw. Aufnehmer und Anpaßschaltung sind in einem Gerät vereinigt oder voneinander getrennt am Meßort angeordnet. Sie können im allgemeinen nicht so einfach im Meßbereich variiert werden wie Universal-Anpaßschaltungen (Meßverstärker, s. Abschn. 3.3).

In Einheitsmeßumformern werden meistens Meßfühler verwendet, die der Meßgröße proportionale Meßwege oder Meßkräfte verwerten. Als Meßelement für Druckumformer werden je nach Meßbereich und den vorliegenden Betriebsbedingungen Plattenfedern, Balgenfedern oder Rohrfedern verwendet.

Einheitsmeßumformer werden besonders in größeren Anlagen mit zentraler Meßwerterfassung verschiedener Meßgrößen und für Re-

gelung eingesetzt. Für besondere Aufgaben sind sie oft preis-
werter als spezielle Aufnehmer und Anpaßschaltungen zusammen.

3.2.2. Weg/Strom-Einheitsmeßumformer

Im Weg/Strom-Einheitsmeßumformer mit der Prinzipschaltung nach
Bild 36 kann der <u>Weg</u> s ein Maß für weitere physikalische Grössen sein.

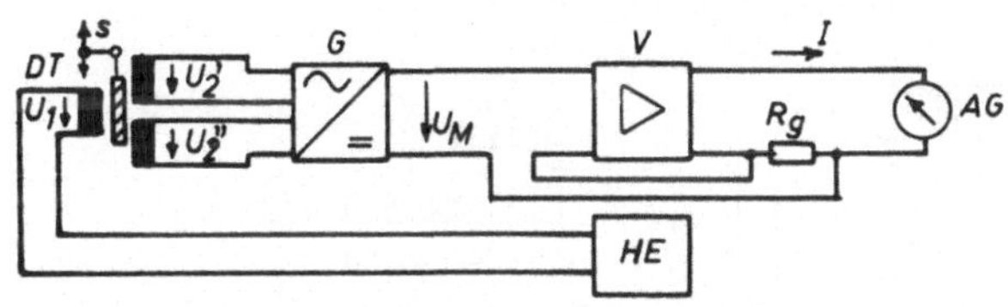

Bild 36 Weg s/Strom I-Einheitsmeßumformer
DT Differentialtransformator mit Primär- und Sekundär-
Wechselspannungen U_1, U_2' und U_2'', G Gleichrichter,
V Verstärker, R_g Stromgegenkopplungswiderstand bzw.
Meßspannen-Einstellwiderstand, AG Ausgabegerät, z.B.
Strommesser, Registrier- oder Regelgerät,
HE Hilfsenergie

Durch eine Verschiebung s des Ankers im Differentialtransformator DT erzeugt die Primärspannung U_1 zwei Sekundärspannungen
U_2' und U_2'', die gleichgerichtet und gegeneinander geschaltet
werden. Die erhaltene Gleichspannung U_M wird mit dem stromge-
gengekoppelten Verstärker V in einen eingeprägten <u>Gleichstrom</u>
I für das Ausgabegerät AG umgewandelt. Für den <u>Weg</u> gilt

$$s \sim U_M \sim I \tag{85}$$

3.2.3. Kraft/Strom-Einheitsmeßumformer

Im Kraft/Strom-Einheitsmeßumformer nach Bild 37, der nach dem
Vergleichsverfahren (Kompensationsverfahren) arbeitet, kann
die <u>Kraft</u> F_M ein Maß für weitere physikalische Größen sein.
Die Kraft F_M bewirkt über den Hebel H im Differentialtransfor-

mator DT eine Ankerverschiebung Δs und damit eine Ausgangsspannung U_2, die im Verstärker V in einen <u>Strom</u> I_K umgewandelt
wird. Dieser Strom I_K ändert sich so lange, bis Gleichgewicht
zwischen Kompensations- und Meßkraft $F_K = F_M$ herrscht. Dann
gilt für die gemessene <u>Kraft</u> F_M

$$\Delta s \sim U_2 \sim I_K \sim F_K = F_M \tag{86}$$

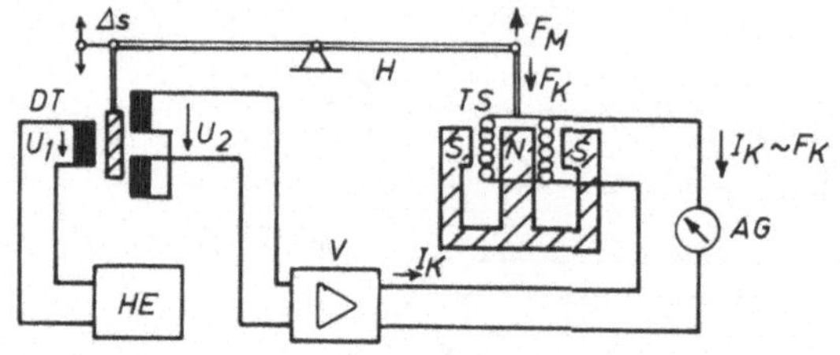

Bild 37 Kraft F_M/Strom I_K-Einheitsmeßumformer
DT Differentialtransformator mit Primär- und Sekundär-
Wechselspannungen U_1 und U_2, H Hebel, V Verstärker,
TS Tauchspule mit permanentem Magnetfeld NS, AG Ausga-
begerät, HE Hilfsenergie, F_K Gegenkraft

<u>Einheitsmeßumformer</u> werden in Meß- und Regelungsanlagen für
statische und quasistatische Meßgrößen verwendet, wie z.B. Weg
s, Winkel α, Kraft F, Flüssigkeits- oder Gasdruck p, Differenzdruck Δp, Flüssigkeitsstandhöhe h und Temperatur ϑ.

3.3. Anpasser

Anpasser (Anpaßschaltungen, Meßverstärker) dienen in einer
Meßkette zur Anpassung der Meßfühler-Signalspannungen in der
Größenordnung von mV an die nachgeschalteten Ausgeber (Daten-
verarbeitungs- oder Ausgabegeräte).

3.3.1. Meßfrequenzbereiche

Für die wichtigsten Anpaßschaltungen sind in Tafel 5 als Übersicht die Meßgrenz- und Trägerfrequenzen zusammengestellt.

Tafel 5 Meßfrequenzbandbreiten und Träger-(Speisespannungs-) Frequenzen von Anpaßschaltungen

Anpaßschaltung	Meßfrequenz-bandbreite f_M in Hz	Trägerfrequenz f_{tr} in Hz
Spannungsteiler (C-Auskopplung)	1 bis $100 \cdot 10^3$	0
Gleichspannungs-Kompensator		
manuell	0	0
selbstabgleichend	0 bis 1	0
Wechselspannungs-Kompensator	0	180
Modulations-Meßverstärker	0 bis 100	$1 \cdot 10^3$
Trägerfrequenz-Meßverstärker		
für kleine Meßfrequenzen	0 bis 10	220
Standard-Ausführung	0 bis 500	$5 \cdot 10^3$
Industrieausführung	0 bis 500	$10 \cdot 10^3$
Universal-Ausführung	0 bis 1500	$5 \cdot 10^3$
für große Meßfrequenzen	0 bis $15 \cdot 10^3$	$50 \cdot 10^3$
für kapazitive Meßfühler	0 bis $25 \cdot 10^3$	$465 \cdot 10^3$
Gleichspannungs-Meßverstärker	0 bis $100 \cdot 10^3$	0
Ladungs-Meßverstärker	0,1 bis $200 \cdot 10^3$	---
Wechselspannungs-Meßverstärker	1 bis $1 \cdot 10^6$	---

Die Meßfrequenz-Bandbreiten werden von den Geräteherstellern nicht immer einheitlich für einen genormten Amplitudenabfall, sondern für unterschiedliche Amplitudenverhältnisse nach Tafel 13 (s. Abschn. 6.3.6) angegeben.

3.3.2. Kompensator

Die in Abschn. 2.2.5.3 beschriebenen selbstabgleichenden Kompensatoren mit Analog- oder Digital-Anzeige (Ausschlagmethode) oder Kompensographen mit Anzeige und Registrierung haben oft Grenzwertkontakte für Ein- und Ausschaltvorgänge in Regelungsanlagen.

3.3.3. Modulations-Meßverstärker

In einem Modulations-Meßverstärker mit Chopperstabilisierung (chopper amplifier) nach Bild 38 wird die Meßspannung U_α im Modulator M in eine Wechselspannung umgesetzt. Die dazu nötige Steuerenergie liefert der Modulationsfrequenzgenerator G. Die gebildete Wechselspannung wird im relativ schmalbandigen Wechselspannungsverstärker (Chopper-Verstärker) V mit seinen niedrigen Driftwerten (s. Abschn. 6.3.4) verstärkt und weiter in dem ebenfalls vom Generator G gesteuerten phasenempfindlichen Demodulator D gleichgerichtet.

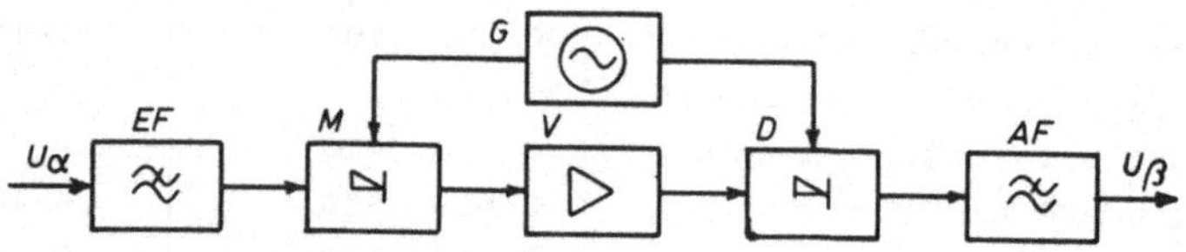

Bild 38 Signalflußplan eines Modulations(Chopper)-Verstärkers

U_α , U_β Signal-Eingangs- und Ausgangsspannung,

EF, AF Eingangs- und Ausgangs-Tiefpaßfilter,

M Modulator, V Wechselspannungsverstärker, D phasen-

empfindlicher Demodulator (Gleichrichter),

G Modulationsfrequenzgenerator

Das Eingangs-RC-Tiefpaßfilter EF dient dazu, die hohen Frequenzanteile aus dem Chopperkanal fernzuhalten. Das Ausgangsfilter AF (RC-Tiefpaß oder aktiver Integrator) dient zur Siebung des demodulierten Nutzsignals. Am Ausgang erhält man über eine eventuell vorhandene Leistungsverstärkerstufe die Ausgangssignalspannung U_β [16].

Mit Modulations(Chopper)-Meßverstärkern zur Verstärkung von kleinsten Gleichspannungen bei großer Stabilität erzielt man besonders kleine Werte der Spannungsdrift von 0,1 μV/K und der Stromdrift von 1 pA/K. Bei der Modulationsfrequenz f_{tr} = 1 kHz erreicht man den Meßfrequenzbereich f_M = 0 bis 100 Hz.

3.3.4. Trägerfrequenz-Meßverstärker

Diese Meßverstärker sind vielseitig anwendbar, da sie gemäß
Bild 35 mit Aufnehmern mit verschiedenen Meßfühlerprinzipien
eingesetzt werden können.

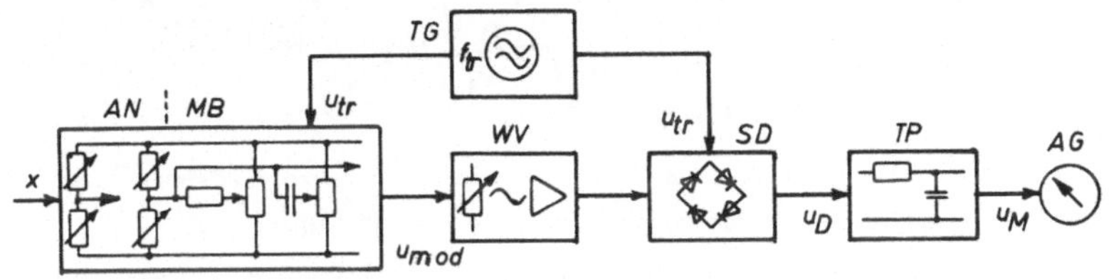

Bild 39 Signalflußplan eines Trägerfrequenz-Meßverstärkers
TG Trägerfrequenzgenerator für die Trägerfrequenz f_{tr},
AN Aufnehmer mit Meßbrücke MB, WV Wechselspannungsver-
stärker mit Abschwächer, SD Synchrondemodulator,
TP Tiefpaß, AG Ausgabegerät, x Meßgröße,
u_{tr}, u_{mod}, u_D, u_M Trägerfrequenz-, modulierte Brücken-
diagonal-, demodulierte und Meßsignal-Spannung

Im Trägerfrequenz-Meßverstärker (carrier frequency amplifier)
nach Bild 39 wird die Wechselspannungs-Meßbrücke MB von ohmschen, induktiven oder kapazitiven Meßfühlern im Aufnehmer AN
zusammen mit der Eingangsschaltung des Trägerfrequenz-Meßverstärkers gebildet. Die Brücke wird mit der Spannung u_{tr} des
Trägerfrequenzgenerators TG gespeist. Die bei der Messung
durch die Brückenverstimmung entstehende Brückendiagonalspannung u_{mod} entspricht einer vom Meßsignal amplitudenmodulierten
Trägerfrequenzspannung. Diese Spannung wird vom Wechselspannungsverstärker WV (mit Abschwächer und Bandpaß) verstärkt und
im phasenempfindlichen Synchrondemodulator SD (phasenempfindlicher Gleichrichter, Ringmodulator, Gleichrichterbrücke), der
eine Schaltspannung u_{tr} vom Trägerfrequenzgenerator TG erhält,
vorzeichenrichtig gleichgerichtet. Die demodulierte Spannung
u_D kann nach Siebung im Tiefpaß TP als Meßsignal u_M in Daten-
verarbeitungs- oder Regelgeräten weiterverarbeitet oder in

Ausgabegeräten AG angezeigt bzw. registriert werden.

<u>Modulation und Demodulation im Trägerfrequenzverstärker.</u> Diese
Vorgänge werden in Bild 40 erläutert.

Bild 40 Zeitverläufe im Trägerfrequenz-Meßverstärker
      a) Meßwertverlauf x mit der Meßfrequenz f_M
      b) modulierte Trägerfrequenzspannung u_{mod} mit der Trä-
         gerfrequenz f_{tr}, P 180°-Phasensprung
      c) demodulierte Trägerfrequenzspannung u_D

Durch einen zeitlichen <u>Meßwertverlauf</u> x(t) nach Bild 40a (z.B.
durch die Änderung eines Meßfühlerwiderstands in der Meßbrük-
ke) entsteht in der Trägerfrequenz-Meßbrücke MB in Bild 39
eine <u>Diagonalspannung</u> u_{mod} gemäß Bild 40b. Bei einem Wechsel
von einem positiven Meßwert x zu einem negativen Wert erhält
die Brückendiagonalspannung u_{mod} durch ihre Richtungsumkehr
bei P einen 180°-Phasensprung. Nach der vorzeichenrichtigen
Gleichrichtung im Synchrondemodulator SD (phasenempfindlicher
Gleichrichter) entsteht die <u>demodulierte</u> Spannung u_D mit positiven und negativen Werten nach Bild 40c, die nach Siebung im
Tiefpaß TP die <u>Meßsignalspannung</u> u_M entsprechend dem Meßwert-
verlauf x(t) ergibt.

Für die Praxis gilt für die <u>Modulation</u> von sinusförmigen Spannungen der Trägerfrequenz f_{tr} mit Spannungen der Meßfrequenz
f_M die <u>Frequenzbeziehung</u>

$$f_{tr} = 5 \ f_{Mmax} \tag{87}$$

Der <u>Wechselspannungsverstärker</u> WV im Trägerfrequenz-Meßverstärker muß ein <u>Frequenzband</u> von mindestens $\Delta f = f_{Mmax} =$
$\pm$ 0,2 f_{tr} durchlassen. Bei Tiefpässen mit sehr steiler Flanke
kann das Frequenzverhältnis f_{tr}/f_{Mmax} kleiner als 5 sein, wie
ein Beispiel f_{tr}/f_{Mmax} = 5 kHz/1,5 kHz = $3,\overline{3}$ erkennen läßt.

Bei der Darstellung von Meßsignalspannungen mit der Frequenz f_M durch <u>Abtastimpulse</u> mit der Abtastfrequenz (Abtastrate) f_{Tr} wäre nach dem Abtasttheorem von Shannon nur das theoretische Frequenzverhältnis $f_{Tr} = 2\ f_{Mmax}$ nötig.

<u>Trägerfrequenz-Meßverstärker</u> haben maximale Dehnungsempfindlichkeit $S_\varepsilon = 10\ \text{mV}/\left[(\mu\text{m/m})/\text{V}\right]$, Brückenspeisespannung $U_o = 1\ \text{V}$ bis 10 V, Betragsnullabgleich-Bereich $\pm\ \Delta U/U_o = \pm$ einige %, eingeprägte Ausgangsspannung $U_\beta = 0$ bis 1 V bis 5 V bis 10 V, eingeprägten Ausgangsstrom $I_\beta = 0$ bis 100 mA.

3.3.5. Gleichspannungs-Meßbrückenverstärker

<u>Operationsverstärker</u> nach Bild 41, die für die Verstärkung der kleinen Diagonalspannungen von gleichspannungsgespeisten Meßbrücken verwendet werden, haben die in Tafel 6 für die beiden Grundschaltungen <u>Invertierer</u> und <u>Nichtinvertierer</u> gegenübergestellten Eigenschaften.

Tafel 6 Vereinfachte Zusammenhänge von Spannung u, Strom i und Widerstand R des invertierenden und nichtinvertierenden Operationsverstärkers

Kenngrößen	Invertierer nach Bild 41b	Nichtinvertierer nach Bild 41c
Eingangsstrom	$i_\alpha = i_1$	$i_\alpha \approx 0$
Strom durch R_1	$i_1 = u_\alpha/R_1$	$i_1 = u_{\alpha 1}/R_1$
Rückführungsstrom	$i_g = i_1$	$i_g = i_1$
Eingangsspannungen		
Minuseingang	$u_{\alpha 1} \approx 0$	$u_{\alpha 1} \approx u_\alpha$
Pluseingang	0	$u_{\alpha 2} \approx u_\alpha$
Spannung am Gegenkopplungswiderstand	$R_g i_g \approx -u_\beta$	$R_g i_g \approx u_\alpha R_g/R_1$
Ausgangsspannung	$u_\beta = -u_1 R_g/R_1$	$u_\beta = u_{\alpha 1} + u_g \approx$ $\approx u_\alpha (1 + R_g/R_1)$
Spannungsverstärkung	$V = -R_g/R_1$	$V = 1 + R_g/R_1$

Die grundsätzlichen Beschaltungsmöglichkeiten von <u>Operations-verstärkern</u> mit Rückführung sind in Bild 41 dargestellt.

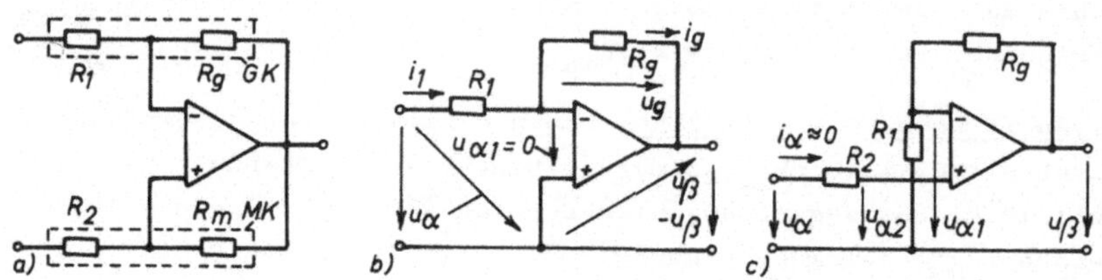

Bild 41 Beschaltungsmöglichkeiten von Operationsverstärkern
a) mit Widerstands-Gegenkopplungszweig GK und Mitkopp-
lungszweig MK, b) Invertierer und c) Nichtinvertierer
mit Spannungen u und Strömen i

<u>Meßbrückenverstärker mit einpolig geerdetem Eingang.</u> In der
Meßbrückenschaltung mit geerdetem Mittelpunkt und erdsymmetri-
scher Speisegleichspannung U_o nach Bild 42 mit den Brückenwiderständen $R_1 = R_2 = R$ und $R_3 = R_4$ entsteht bei der Messung
durch Widerstandsänderung von R_1 auf $R_1' = R(1 + \Delta)$ die <u>Diago-
nalspannung</u> U_α im Bereich von 0,1 mV bis 100 mV je V Speisespannung.

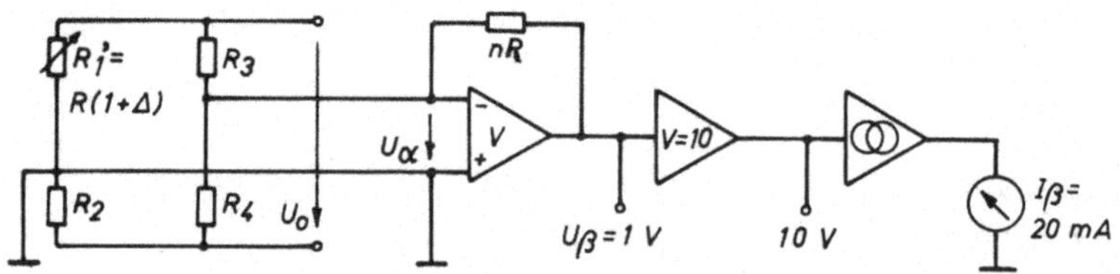

Bild 42 Gleichspannungs-Meßbrückenverstärker mit einpolig geerdetem Eingang mit Ausgangsspannungen U_β und -strom I_β

Am Ausgang des Gleichspannungsverstärkers V (DC-amplifier) ergibt sich mit dem Gegenkopplungswiderstand R_g = nR = 100 R für
die Viertelbrücke eine <u>Ausgangsspannung</u> in der Größenordnung
von U_β = 1 V nach der Beziehung

$$U_\beta \approx n(\Delta R/R)U_o/4 \tag{88}$$

<u>Meßbrückenverstärker mit Differenzeingang.</u> In der Schaltung
nach Bild 43 wird die Meßbrücke mit einer einpolig geerdeten
Speisegleichspannung U_o gespeist. Die Differenzverstärker-Aus-
gangsspannung ist für gleiche Widerstände $R_5 = R_6$ und $R_7 = R_g$

$$U_\beta = - U_\alpha R_g/R_5 \qquad (89)$$

Bild 43 Gleichspannungs-Meß-
        brückenverstärker mit
        Differenzeingang
        U_α, U_β Verstärkerein-
        gangs- und -ausgangs-
        Spannung

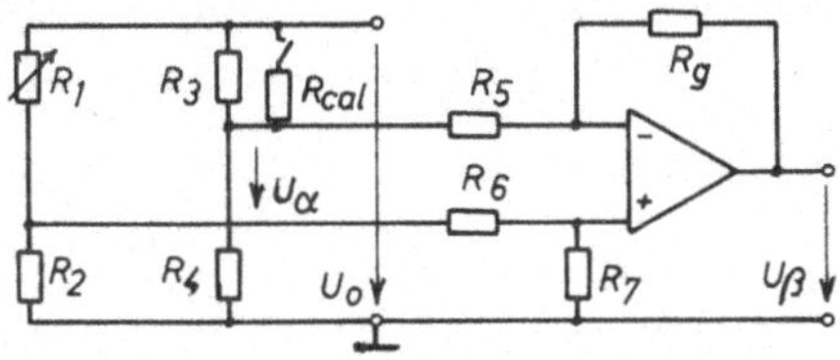

Bei der Messung entsteht in der Schaltung nach Bild 43 mit den
Widerständen R_1 bis $R_4 = R$ und $R_5 = R_6 = 0$ sowie $R_7 = R_g = nR$
bei Brückenverstimmung durch Änderung von R_1 auf $R_1' = R(1 + \Delta)$
die <u>Ausgangsspannung</u>

$$U_\beta \approx - \frac{n/2}{1 + (1/2n)} (\Delta R/R)U_o \qquad (90)$$

Die Meßbrücke kann mit Konstantspannungs- oder -stromquelle
gespeist werden.

Nach Brückenabgleich vor Beginn einer Messung kann durch Parallelschalten eines <u>Kalibrierwiderstandes</u> R_{cal} zum Brückenwi-
derstand R_3 in der Schaltung nach Bild 43 ein definiertes
Gleichspannungssignal $U_{\alpha cal}$ zur Kalibrierung des Meßverstärkers erzeugt werden. Für gleiche Brückenwiderstände R_1 bis
$R_4 = R$ ergibt sich eine Kalibrierspannung

$$U_{\alpha cal} = \frac{R}{4 R_{cal} + 2 R} U_o \qquad (91)$$

In der Praxis wird wegen der oft komplizierten Brückenschaltungen der Kalibrierwiderstand R_{cal} während der Aufnehmerkali-
brierung bei der Herstellung empirisch festgelegt.

3.3.6. Vergleich von Trägerfrequenz- mit Gleichspannungs-Meß-
verstärker

Die Gegenüberstellung in Tafel 7 läßt Unterschiede zwischen
den Kenndaten von Trägerfrequenz- und Gleichspannungs-Meßverstärkern erkennen.

Tafel 7 Eigenschaften von Trägerfrequenz-Meßverstärkern mit
f_{tr} = 5 kHz und Gleichspannungs-Meßverstärkern

Kenngrößen	Trägerfrequenz- Meßverstärker	Gleichspannungs- Meßverstärker
Meßfühlerprinzip	ohmsch, induktiv kapazitiv	nur ohmsch
Meßfrequenzgrenzen	O bis 1,3 kHz	O bis 100 kHz
Meßbereichendwerte	$(10^2$ bis $10^5)\mu m/m$	$(0,1$ bis $100)$ mV
relative Auflösung	10^{-6}	10^{-6}
Linearitätsabweichung	0,02 %	0,05 %
Nullpunktdrift	0,01 μV/K	0,1 μV/K
Schmalbandrauschen	0,05 μV/V	0,5 μV/V
Gegentakt-Störspan- nungsunterdrückung	ja	nein
Kabelkapazitätseinfluß		
bei statischen Messungen	abgleichbar	nein
bei dynamischen "	kaum	ja

Die Darstellung des <u>Frequenzgangs</u> $\hat{u}/\hat{u}_o = f(f)$ zeigt in Bild
44a, daß im Trägerfrequenz-Meßverstärker <u>Gegentakt-Störspan-
nungen</u> (s. Abschn. 5.2.5) wie z.B. Thermospannungen u_ϑ und
Netzstörspannungen u_N, die mehr als die Meßfrequenz-Bandbreite
f_M von der Trägerfrequenz f_{tr} entfernt liegen, durch den Bandpaß im Wechselspannungsverstärker unterdrückt werden. Im
Gleichspannungs-Meßverstärker dagegen werden nach Bild 44b
diese Störspannungen voll verstärkt. Die Thermospannung an den
Verbindungsstellen zwischen zwei verschiedenen Metallen z.B.
im Zuleitungskabel kann u_ϑ = 40 μV/K betragen.

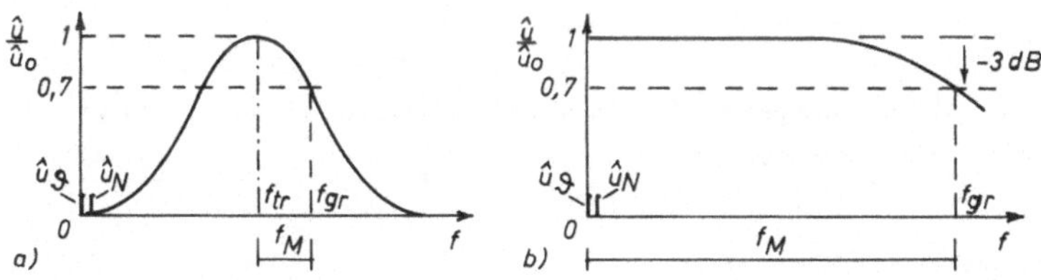

Bild 44 Frequenzgang für Trägerfrequenz- (a) und für Gleich-
spannungs-Meßverstärker (b) mit Trägerfrequenz f_{tr},
Grenzfrequenz f_{gr} und Meßfrequenzbereich f_M
u_ϑ Thermo- und u_N Netzstörspannung

Da Trägerfrequenz- und Gleichspannungs-Meßverstärker nach Tafel 7 für ihre Anwendung Vor- und Nachteile haben, muß für
eine vorliegende Meßaufgabe das günstigere Meßverfahren unter
Berücksichtigung des Meßfühlerprinzips, des Meßfrequenzbe-
reichs und der Genauigkeit gewählt werden.

3.3.7. Ladungs-Meßverstärker

Für piezoelektrische Meßfühler verwendet man Ladungs-Meßver-
stärker (Integrationsverstärker) nach Bild 45.

Bild 45 Prinzipschaltung eines
Ladungsverstärkers
C Eingangs- und C_1 Rückführungskapazität
q Ladung

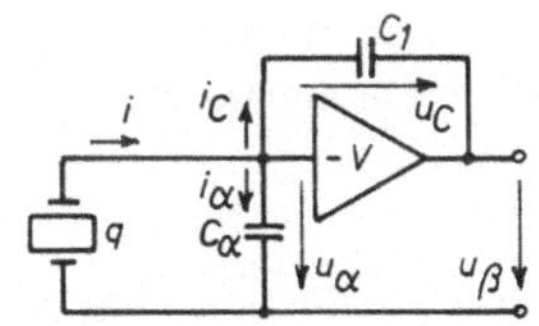

Bei der Berechnung der von der Meßfühlerladung q erzeugten
Ausgangsspannung u_β erhält man ausgehend von der Knotenregel
am hochohmigen Verstärkereingang $i = i\alpha + i_C$ nach Umrechnung
der Ströme $i\alpha$ und i_C (in Abhängigkeit von der Ausgangsspannung
u_β) mit der Eingangskapazität $C\alpha = C_{AN} + C_K$ (gebildet aus Auf-
nehmer- und Kabelkapazität) sowie mit der Rückführungskapazi-
tät C_1 und dem Verstärkungsfaktor V als Ergebnis

$$u_\beta = - q / \left[(C\alpha/V) + C_1(1 + 1/V) \right] \qquad (92)$$

Für einen großen Verstärkungsfaktor $V \geq 1000$ kann mit den Vernachlässigungen $C_\alpha/V \ll C_1$ und $1/V \ll 1$ gerechnet werden. Damit folgt näherungsweise für die von der Eingangskapazität C_α und somit auch von der Kabelkapazität C_K unabhängige <u>Ausgangsspannung</u>

$$u_\beta \approx - q/C_1 \tag{93}$$

Mit der Rückführungskapazität C_1 in der Schaltung nach Bild 45 kann der <u>Meßbereich</u> variiert werden. Durch Parallelschalten eines Widerstands R zu C_1 läßt sich die <u>Zeitkonstante</u> verkleinern, um eine größere Verstärkerstabilität zu erreichen. Bei großen Zeitkonstanten kann die Meßkette statisch oder quasistatisch, bei kleinen Zeitkonstanten muß dynamisch kalibriert werden.

Durch eine stetige Verstärkungseinstellung im Rückkopplungszweig lassen sich unrunde Werte der Meßfühlerempfindlichkeit auf runde Werte einstellen.

3.3.8. Wechselspannungs-Meßverstärker

Wechselspannungs-Meßverstärker (AC-amplifier) mit <u>Kopplungs</u>-Kondensatoren C und -Transformatoren T zwischen den Verstärkerstufen V nach Bild 46 haben keine Nullpunktdrift, da eine Gleichspannung zwischen den einzelnen Stufen nicht übertragen wird.

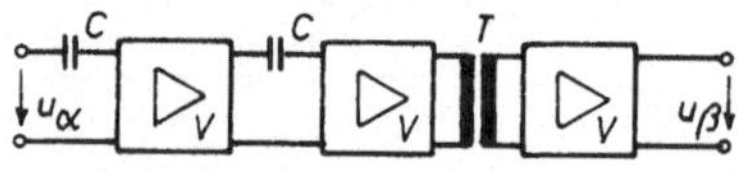

Bild 46 Blockschaltbild eines Wechselspannungs-Meßverstärkers

Wechselspannungs-Meßverstärker haben einen <u>Meßfrequenzbereich</u> von meist nur $f_M = 10$ Hz bis 100 kHz. Sie werden in Meßketten mit aktiven Tauchspul-Meßfühlern für <u>Schwingungsmessungen</u> oder mit Impulsgeber (mit elektrodynamischem oder photoelektrischem Meßfühlerprinzip) zur Drehzahlmessung angewendet.

3.3.9. Meßkabel

Kabeleinflüsse. Bei fast allen Meßaufgaben werden die Meßglieder der Meßkette über Meßsignalkabel miteinander verbunden. Besonders die zwischen Aufnehmer AN und Anpaßschaltung AS erforderlichen Meßkabel beeinflussen mit zunehmender Länge durch ihre ohmschen Widerstände und durch die Kabelkapazitäten und deren Änderungen das Meßsignal bei der Messung und eventuell auch bei der Kalibrierung.

Den Einfluß auf die Verkleinerung des Meßwerts durch Meßkabel kann man durch den theoretisch oder empirisch ermittelten Verlustbeiwert erfassen, indem man den Meßwert mit Kabel durch den Meßwert ohne Kabel dividiert. Durch besondere Meßverfahren und Meßschaltungen lassen sich Kabeleinflüsse mehr oder weniger gut eliminieren.

Meßfühler-Signalleitungen. Analoge passive Meßfühler werden mit zwei- oder mehradrigen, aktive Meßfühler mit zweiadrigen, meist abgeschirmten Meßkabeln mit der Anpaßschaltung verbunden. Die Kabellänge kann je nach Fühlerprinzip und Meßverfahren von maximal einigen Hundert m bis höchstens etwa 10 km betragen. Die Meßschaltung von passiven Meßfühlern wird bei kurzen Meßsignalkabeln meist mit Konstantspannung $U_o = 1$ V bis 10 V und bei Meßkabeln mit großen oder veränderlichen Leitungsaderwiderständen mit Konstantstrom gespeist.

Für aktive piezoelektrische Meßfühler sind besonders hochohmige gut isolierte Meßkabel von maximal nur wenigen m Länge zwischen Meßfühler und Anpaßschaltung zu verwenden.

Mit Hilfe von digitalen Meßverfahren oder mit der drahtlosen Fernübertragung (s. Abschn. 3.6) können Meßsignale über beliebige Entfernungen übertragen werden.

Zweileiterschaltung. In einer Viertelbrücke nach Bild 16a ergibt sich durch die Reihenschaltung der beiden Leitungsaderwiderstände R_L mit dem Meßwiderstand R_M eine verkleinerte bezogene Meßbrücken-Ausgangsspannung

$$\frac{U_5}{U_o} = \frac{1}{4} \cdot \frac{\Delta R_M}{R_M} \cdot \frac{R_M}{R_M + 2\,R_L} \tag{94}$$

Änderungen der Leitungswiderstände R_L durch Temperatureinflüsse wirken sich als Meßsignal-Spannungsänderungen aus.

__Dreileiterschaltung.__ In dieser Schaltung für eine Viertelbrükke nach Bild 47 werden bei gleichen Signalleitungswiderständen R_L Meßfehler durch Temperatureinflüsse kompensiert (VDI/VDE 2635 Bl. 1).

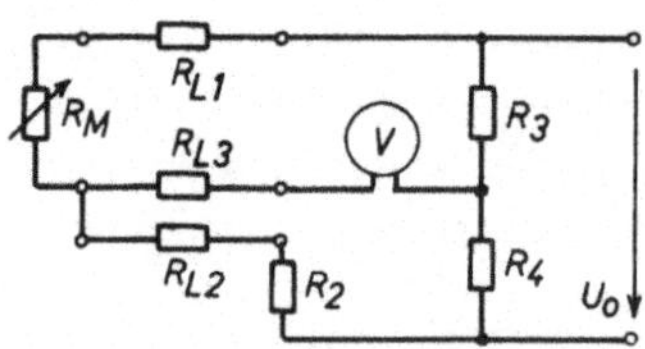

Bild 47 Dreileiterschaltung in einer Viertelbrücke mit Meßwiderstand R_M und Leitungswiderständen R_L

Der Leitungswiderstand R_{L1} liegt in Reihe mit dem Meßwiderstand R_M und der Leitungswiderstand R_{L2} in Reihe mit dem Brükkenwiderstand im benachbarten Brückenzweig.

__Vier- und Fünfleiterschaltung.__ Vollbrücken werden über mindestens vier Leitungsadern oder zur Eliminierung der Leitungswiderstände über Mehrleiterkabel mit fünf bis sieben Adern mit dem Meßverstärker verbunden.

In der __Fünfleiterschaltung__ nach Bild 48 wird die Meßbrücke MB über zwei __Speiseleitungen__ R_L von der Speisespannung U_o erdsymmetrisch gespeist. Die Diagonalspannung U_5 wird über zwei __Meßleitungen__ R_L als Differenzspannung gegen Erde dem Eingang des Differenzverstärkers DV zugeführt. In Verbindung mit Brückenschaltungen bezeichnet man diese Eingangsschaltung als doppelterdsymmetrisch.

Über die fünfte __Regelfühlerleitung__ R_F wird der Oszillator G für eine konstante Brückenspeisespannung U_o nachgeregelt.

Änderungen der Brücken- und Leitungswiderstände gehen nicht in das Meßergebnis ein. Wenn Speise- und Meßleitungen jeweils getrennt mit einem geerdeten Schirm verlegt werden, wirken sich unsymmetrische Kabelkapazitäten auf den Brückenabgleich praktisch nicht aus.

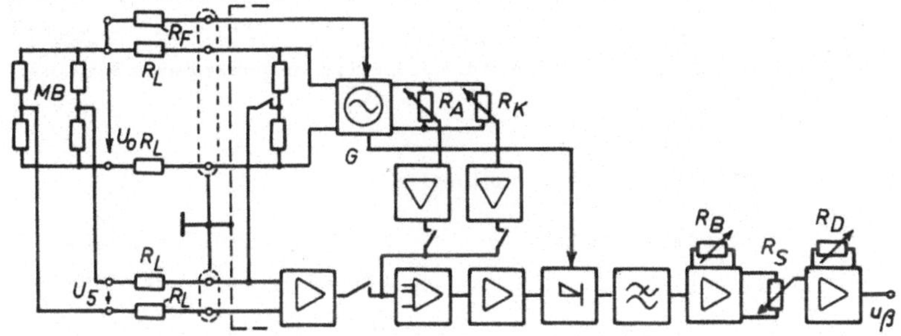

Bild 48 Signalflußplan eines Trägerfrequenz-Meßverstärkers mit
Fünfleiterschaltung für Aufnehmer-Vollbrücke MB

R_L, R_F Leitungsaderwiderstände

R_A, R_K, R_B, R_S, R_D Stellwiderstände für Meßbrücken-Abgleich und -Kalibrierung, Verstärker-Meßbereich und -Empfindlichkeit sowie Dehnungsmeßstreifen-Empfindlichkeit

Sechs- und Siebenleiterschaltung. Werden für die Regelung der Meßbrücken-Speisespannung auf U_o = const zwei getrennte Fühladern und für den Brückenabgleich eine weitere getrennte Ader verwendet, so ergibt sich für den Anschluß einer Halbbrücke die Sechsleitersshaltung und für den Anschluß einer Vollbrücke die Siebenleiterschaltung. Dies gilt sowohl für Konstantspannungs- als auch für Konstantstrom-Speisung.

3.4. Ausgabegeräte

Beim Messen von statischen und dynamischen Meßgrößen verwendet man je nach Aufgabe passende analoge oder digitale anzeigende bzw. registrierende (schreibende oder speichernde) Ausgabegeräte (indicating and recording instruments or storage equipments).

<u>Registrierende Geräte.</u> Für schnell veränderliche Meßgrößen benötigt man Schreiber, Oszillographen, Oszilloskope oder Magnetband-Registriergeräte zum Darstellen, Speichern und Auswerten der Meßvorgänge. Es gibt mechanische, optische, magnetische und elektronische Speicherprinzipien für analoge und digitale Verfahren.

Tafel 8 Registrierende Ausgabegeräte

Analoge Registriergeräte	Meßfrequenz-Bandbreite f_M in Hz	Fehlergrenzen $\pm$ F in %
Kompensations-Punktdrucker	0 bis 0,01	0,25
Galvanometer-Punktdrucker	0 bis 0,01	1
Kompensations-Linienschreiber	0 bis 1	0,25
Galvanometer-Linienschreiber	0 bis 20	1
Schnellschreiber	0 bis 150	2 bis 5
Flüssigkeitsstrahl-Oszillograph	0 bis $1 \cdot 10^3$	2 bis 5
Lichtstrahl-Oszillograph	0 bis $15 \cdot 10^3$	2 bis 5
Elektronenstrahl-Oszilloskop	0 bis $500 \cdot 10^6$	1 bis 5
Abtast-Oszilloskop	einige 10^9	1 bis 5
Speicher-(Storage-)Oszilloskop	einige 10^6	1 bis 5
Analog-Magnetband-Registriergerät (Direkt, FM, PCM)	einige 10^6	1

Digitale Registriergeräte

Fernschreiber (Teletypewriter)
Klarschriftdrucker (mechanisch oder mit 5x7-Punktmatrix)
Datensichtgerät (Display)

Indirekte Ausgeber (Speichergeräte)

Lochkarten- oder Lochstreifenstanzer
Magnetschichtspeicher (Band, Kassette, Platte, Trommel, Dünnschicht, Magnetkernspeicher)
Digital-Magnetbandspeicher (Digital-Kassettenrecorder)

Eine Übersicht über die wichtigsten Registriergeräte mit Angabe der Meßfrequenz-Bandbreite f_M und der Fehlergrenzen F enthält Tafel 8. Bei der Auswahl von Registriergeräten müssen außer dem Meßfrequenzbereich und den Fehlergrenzen noch weitere Kenngrößen, wie z.B. die Registrierart, z.B. Druckkopf, Tinte, Faser- oder Kugelschreiber, Kohlepapier, Metallpapier, thermosensitive oder elektrostatische Verfahren, Flüssigkeitsstrahl-, Lichtstrahl- oder Elektronenstrahl- oder Magnetband-Registrierung, die Vorschubgeschwindigkeit, die maximale Registrierdauer, die Anzahl der Registrierkanäle, die Kosten für das Registriermaterial (Papier, Film, Magnetband usw.) und die Geräteanschaffungskosten sowie die Möglichkeiten der weiteren Datenverarbeitung beachtet werden. Eine Meßwertweiterverarbeitung ist vorteilhaft auf digitaler Basis sowohl bei anzeigenden als auch bei registrierenden Geräten.

Bei analogen Registriergeräten ist für vorgegebene Meßfrequenz f_M und Wellenlänge λ der registrierten Kurve die Vorschubgeschwindigkeit $v = f_M \lambda$ nötig. Allgemein gilt die Forderung $\lambda \geqq 1$ mm.

Das Zeitverhalten eines Registriergerätes mit einem Feder-Masse-System (z.B. Lichtstrahl-Oszillograph) ist durch die Einstellzeit T_E (Beruhigungszeit, settling time, damping time) gekennzeichnet. Dies ist die bei einem Meßsignalsprung vom Gerät benötigte Zeit zum Erreichen des wahren Ausschlags innerhalb von vorgegebenen Grenzen. Für die obere Meßgrenzfrequenz f_M und die Einstellzeit T_E gilt

$$T_E = 1/(2\,f_M) \quad \text{bzw.} \quad f_M = 0,5/T_E \tag{95}$$

Für das Zeitverhalten eines Elektronenstrahl-Oszilloskops EO ist die Meßfrequenz-Bandbreite f_M (bandwidth) bzw. die Anstiegzeit T_A (risetime) maßgebend. Die Meßfrequenz-Bandbreite f_M ist der Frequenzbereich, in dem das Registriergerät innerhalb der angegebenen Genauigkeit arbeitet. Die Anstiegzeit T_A ist die Zeit zwischen 10 % und 90 % des Endwerts einer registrierten Sprungfunktion.

Für Meßfrequenz-Bandbreite f_M und Anstiegzeit T_A gilt

$$T_A = 0,35/f_M \quad \text{bzw.} \quad f_M = 0,35/T_A \quad \text{oder} \quad f_M T_A = 0,35 \qquad (96)$$

Ein idealer Rechteckimpuls wird z.B. an einem 10 MHz-EO bei der Meßfrequenz-Bandbreite f_M = 10 MHz mit der Anstiegzeit T_A = 35 ns dargestellt.

Für die oszillographische Untersuchung von schnellen Übergangsvorgängen mit der Anstiegzeit T_{AM} wählt man zweckmäßig Elektronenstrahl-Oszilloskope mit der Grenzfrequenz

$$f_{MEO} = 5 \cdot 0,35/T_{AM} \qquad (97)$$

Analog-Magnetband-Registriergeräte (magnetic tape recorder) haben meist 7 bis 8 Spuren (Registrierkanäle) mit 6,35 mm = 1/4" oder 12,7 mm = 1/2" Magnetbandbreite oder 14 bis 16 Spuren mit 25,4 mm = 1" Magnetbandbreite. Die Bandgeschwindigkeiten lassen sich oft in 7 binären Stufen (bei jeweiliger Verdopplung) im Verhältnis von maximal 1 : 64 wählen und zwar meist entweder im Bereich $v_1,\ldots,v_7$ = 2,38 cm/s = 15/16 ips (minimal 15/32 ips) ...152,4 cm/s = 60 ips oder $v_2,\ldots,v_8$ = 4,76 cm/s = $[1 + (7/8)]$ ips ... maximal 304,8 cm/s = 120 ips.

Die variablen Bandgeschwindigkeiten ermöglichen eine Zeitdehnung von maximal 1 : 64 oder eine Zeitraffung von 64 : 1 und damit eine Frequenztransformation bei der Meßwertverarbeitung.

Die Eingangsspannungs-Endwerte liegen im Bereich U_α = 0,1 V bis 10 V und die Ausgangsspannungen bei U_β = 1 V.

In Tafel 9 sind für Analog-Magnetband-Registriergeräte die Meßfrequenz-Bandbreiten $f_{8,6,2,1}$ bei den oberen Grenzen der Bandgeschwindigkeiten $v_{8,6,2,1}$ und die Störspannungsverhältniswerte von Meß- zu Störspannung $\nu = U_M/U_S$ für die Direkt-, FM (Frequenz-Modulation mit Mittenfrequenzen f_{mi})- und PCM (Puls-Code-Modulation)-Aufzeichnungsverfahren zusammengestellt.

Beim PCM-Verfahren ist die Abtastrate (A/D-Umsetzungen je Sekunde und Kanal) jeweils etwa 5 mal so groß wie die Meßfrequenz-Bandbreite f_M je Kanal. Bei der Magnetband-Registrierung werden folgende <u>Formate</u> verwendet: NRZ-L, -M, -S, RZ, BIΦ -L, -M, -S, NBΦ -L, -M, -S (s. Abschn. 3.6.8).

Tafel 9 Direkt-, FM- und PCM-Analog-Magnetband-Registrierver-
fahren mit Meßfrequenz-Bandbreiten f_8 bei Bandgeschwindigkeit v_8 = 304,8 cm/s = 120 ips, f_6 bei v_6 =
76 cm/s = 30 ips, f_2 bei v_2 = 4,76 cm/s = $\left[1 + (7/8)\right]$
ips und f_1 bei v_1 = 2,38 cm/s = 15/16 ips, sowie Mittenfrequenzen f_{mi} und Störspannungsabstände $v = U_M/U_S$
nach IRIG 106 - 69

	Aufzeichnungs-verfahren	Meßfrequenz-Bandbreite f_M in Hz	f_{mi} in kHz	v in dB
Di-rekt	Intermediate band	f_8 = 300 bis 600·10³		37
		f_1 = 200 bis 5·10³		34
	Wide band I	f_8 = 400 bis 1,6·10⁶		30
		f_2 = 400 bis 25·10³		24
	Wide band II	f_8 = 400 bis 2·10⁶		22
		f_2 = 400 bis 31,25·10³		19
FM	Low band ± 40 % Hub, ± 1 dB	f_8 = 0 bis 20·10³	108	55
		f_1 = 0 bis 156	0,84	45
	Intermediate band ± 40 % Hub	f_8 = 0 bis 40·10³	216	54
		f_1 = 0 bis 312	1,6875	45
	Wide band Group I ± 40 % Hub	f_8 = 0 bis 80·10³	432	52
		f_1 = 0 bis 625	3,375	40
	Wide band Group II ±30%Hub(+1...-6)dB	f_8 = 0 bis 500·10³	900	35
		f_2 = 0 bis 7,8 10³	14,06	29
PCM		f_6 = 0 bis 2·10³		60
		f_1 = 0 bis 62,5		60

Bei <u>Digital-Magnetband-Speichergeräten</u> (Digital-Kassetten-Re-
corder) beträgt nach IRIG-Norm die maximale <u>Impulsdichte</u> für
eine Spur des Magnetbands etwa 400 Bit/cm = 1000 Bit/Zoll.

3.5. Automatische Meßdatenerfassung

Im Zusammenhang mit der Automatisierung in der Labor-, Prüf-
feld- und Prozeß-Meßtechnik sowie bei Simulierungen und bei
Prozeßsteuerungen und -regelungen ist eine rationelle Meßdatenerfassung, Meßsignalfernübertragung, Meßdatenreduzierung
und Meßwertverarbeitung notwendig.

3.5.1. Meßwert-Erfassungsanlagen

Durch den Einsatz von Meßwert-Erfassungsanlagen (data acquisi-
tion equipment, data logger) und Meßwert-Verarbeitungsanlagen
ergeben sich Einsparungen von Meßgeräten und Ablesepersonal
sowie kürzere Meß- und Auswertzeiten und Verminderung von Fehlern.

Mit automatischen Meßdatenerfassungs- und -verarbeitungs-Sy-
stemen werden z.B. in Kraftwerken die Meßwerte von 3000 bis
6000 Meßstellen zyklisch schnell genug nacheinander abgetastet
und die Meßwerte mit wenigen Geräten bzw. mit zentralen oder
verteilten Prozeßrechnern gespeichert und verarbeitet. In
einer Meßwert-Überwachungseinrichtung mit selektiver Grenz-
wertüberwachung braucht z.B. eine Signalisierung und Registrierung nur dann zu erfolgen, wenn eine Meßgröße den vorgegebenen Toleranzbereich überschreitet. In diesen Meßsystemen
werden die Meßsignale meist auch fernübertragen (s. Abschn.
3.6). Für die Verringerung des Meßgeräteaufwands ist allerdings ein erhöhter Steuergeräteaufwand nötig.

Off-Line-Anlagen dienen hauptsächlich der Erfassung, Registrierung oder Speicherung der von einem Prozeß gelieferten
Meßinformationen. Die Meßwertverarbeitung und -auswertung erfolgt zu einem beliebigen späteren Zeitpunkt nach ausgewählten
Kriterien (s. Abschn. 4). Als Beispiel zeigt Bild 49a den vereinfachten Signalflußplan einer mit einem Steuergerät SG gesteuerten automatischen Off-Line-Meßwert-Erfassungsanlage zum
Ausdrucken der Meßwerte.

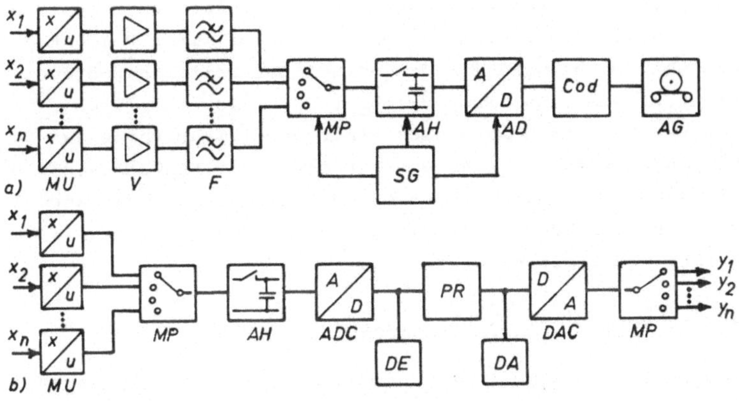

Bild 49 Beispiele für vereinfachte Signalflußpläne von Meßdaten-Erfassungsanlagen mit automatischer zyklischer Abfrage und Digitalisierung der Meßwerte
a) Off-Line-Anlage mit Steuergerät SG
b) On-Line-Anlage mit programmiertem Prozeßrechner PR
(Real Time oder Time Sharing Processor)
$x_1,\ldots,x_n$ Meß- oder Regelgrößen
$y_1,\ldots,y_n$ Ausgangs- oder Stellgrößen
MU Meßumformer, V Meßsignalverstärker, F Tiefpaß(Aliasing)-Filter, MP Multiplexer, AH Abtast-Halteschaltung
(sample and hold), ADC und DAC Analog-Digital- und Digital-Analog-Umsetzer (Converter), Cod Kodierer bzw.
Umkodierer, AG Ausgabegerät, z.B. Streifendrucker oder
Magnetbandregistriergerät, DE und DA Daten-Ein- und
-Ausgabe

On-Line-Anlagen sind Meß- und Regelanlagen, in denen aus den zugeführten Meßinformationen z.B. Steuerbefehle abgeleitet werden, die in den Prozeß in gewisser vorgegebener Weise unmittelbar eingreifen. Zwischen der Meßdatenerfassung und Meßwertverarbeitung steht nicht beliebig viel Zeit zur Verfügung. Beim Real-Time-Verfahren werden die Meßdaten sofort übertragen und verarbeitet.

Als Beispiel zeigt Bild 49b einen vereinfachten Signalflußplan
eines digitalen On-Line-Regelungssystems mit n > 100 Regelkreisen. Dabei wird für den Ablauf der zeitlichen Steuerung
ein programmierter Prozeßrechner PR eingesetzt. Dieser Prozeßrechner berechnet auch nach einem Regelalgorithmus aus den
Eingangsgrößen x die Ausgangsgrößen y für Führungs- und Opti-
mierungsaufgaben. Mit prozeßrechnergesteuerten Meßdaten-Erfassungsanlagen können sowohl analoge als auch digitale Meßwerte
erfaßt und verarbeitet werden.

3.5.2. Bus-System in Meßwert-Erfassungsanlagen

Der zeitliche Ablauf in einem Meßdaten-Erfassungssystem (DIN
44302) wird nur in großen Anlagen mit verhältnismäßig großem
Aufwand über einen Prozeßrechner gesteuert. In kleineren Anlagen lassen sich vorteilhaft Minicomputer verwenden, die sowohl
eine Programmänderung als auch eine Weiterverarbeitung der anfallenden Meßwerte ermöglichen. Mit noch kleinerem Aufwand
lassen sich mit kleinen programmierbaren Steuergeräten oder
mit Mikroprozessoren programmierbare Ablaufsteuerungen auf-
bauen.

Im IEC-Bus nach IEEE-Standard 488/1975 (Digital Interface for
Programmable Instrumentation) mit der Prinzipschaltung nach
Bild 50 können bis zu 15 Meß- und Rechengeräte in sternförmi-
ger oder linearer Anordnung über einen Bus (Datensammelschie-
ne) mit Gesamtübertragungswegen bis 20 m bei Datenraten bis
maximal etwa 2 Megabyte je Sekunde verbunden werden.

Alle Geräte haben definierte gleiche Schnittstellen (Interface) zum empfangen bzw. hören (listen) und senden bzw. geben
(talk) von Signalen. Im asynchronen Start-Stop-Betrieb (Hand-
shake-Betrieb) wird jedes Gerät von einem Steuergerät mit seiner Geräteadresse aufgerufen und erhält einen Steuerbefehl
über die drei Leitungen des Steuer-Bus TC für die Übernahme
von Steuerdaten, z.B. für die Programmierung eines Digitalmul-
timeters auf einen bestimmten Meßbereich über den Daten-Bus
DB.

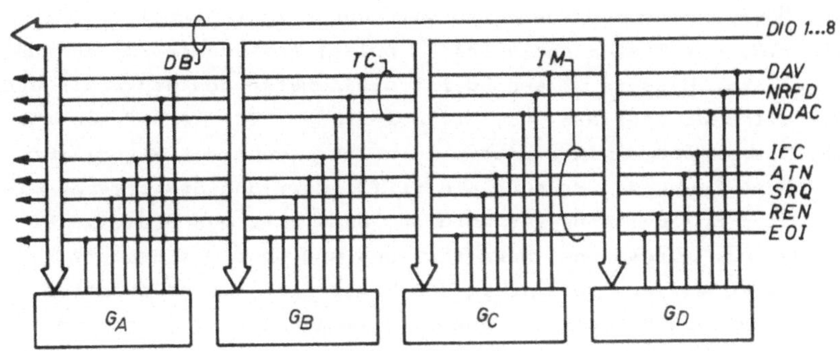

Bild 50 Byteserielles bitparalleles Schnittstellensystem für
programmierbare Meßgeräte DIN/IEC 66.22(IEEE 488-1975)
DB Data Bus mit 8 Datenleitungen DIO 1...8 (Data in/
out, Dateneingabe/Ausgabe, Datenbus)
TC Data Byte Transfer Control (Steuerung für Datenübertragung, Übergabesteuerbus)
IM General Interface Management (Allgemeine Interface-
Steuerung, Schnittstellensteuerbus)
DAV Data-Valid (Daten gültig)
NRFD Not-Ready-for-Data (nicht aufnahmebereit)
NDAC Not-Data-Accepted (keine Daten aufgenommen)
IFC Interface clear (Interface bereit)
ATN Attention (Achtung)
SRQ Service request (Überprüfung erforderlich)
REN Remote enable (nur Fernbedienung möglich)
EOI End or identify (Ende oder Kennung)
G_A Sender-Empfänger-Steuergerät, z.B. Tischrechner
(able to talk, listen and control)
G_B Sender-Empfängergerät, z.B. programmierbares Digi-
talmultimeter (able to talk and listen)
G_C Empfängergerät, z.B. Signalgenerator (listen only)
G_D Sendergerät, z.B. Zähler (only able to talk)
IEC International Electrical Commission
IEEE The Institute of Electrical and Electronics
Engineers, Inc.

Die Übernahme von Steuerdaten wird durch Zeit-Signale (Timing) wie z.B. die Takt-Signale (clock pulse) gesteuert. Zur Ausführung einer Messung müssen zuerst die Adresse des Meßgeräts und anschließend über die drei Steuerleitungen TC die Befehle für den Messungsbeginn gesendet werden. Erst wenn das Signal für die Beendigung der Messung eintrifft, darf das Steuergerät die Meßdaten aus dem Meßgerät abrufen. Dazu gibt das Steuergerät wieder die Adresse des Meßgeräts aus und über die Steuerleitungen TC mehrere Befehle im ISO-7-bit-Code, um nacheinander die einzelnen Ziffern des Meßwerts im ASCII-Code (American Standard Code for Information Interchange) über den Daten-Bus DB abzurufen oder zwischenzuspeichern. Die codierten Daten werden in bitparalleler byteserieller Form über die acht Leitungen des Data-Bus DB von und zu den Geräten übertragen. In ähnlicher Weise erfolgt z.B. das Ausdrucken der Meßwerte in einem Streifendrucker.

Die fünf Interface-Steuerleitungen IM stellen die Übertragung von Informationen innerhalb des Bus sicher.

Zur gleichen Zeit darf immer nur ein Steuergerät (Controller) das System steuern, nur ein Sender (Talker) darf Daten auf den Bus senden, aber bis zu 14 Empfänger (Zuhörer, Listener) können Daten gleichzeitig übernehmen.

3.5.3. Multiplexer

Multiplexer (Meßstellenwähler, Scanner) werden bei der Meßdaten-Erfassung und -Fernübertragung verwendet. Beim Zeitmultiplexer werden bis zu 1000 Analog-Kanäle manuell oder automatisch sequentiell, d.h. zeitlich aufeinanderfolgend, abgefragt und auf den Ausgang geschaltet. Am Ausgang des Multiplexers steht somit ein pulsamplitudenmoduliertes Signal PAM zur Verfügung (s. Bild 54d). Für die Zeitdauer einer nachfolgenden Analog-Digital-Umsetzung für eine Puls-Code-Modulation PCM (s. Abschn. 3.6.8) wird das PAM-Signal in einer Abtast-Halteschaltung (Sample and Hold) festgehalten.

Im Multiplexer wird jede Meßstelle mit zwei-, drei- oder vier-poligen Schaltern entweder manuell oder automatisch mit Schaltrelais' oder mit MOS-FET bzw. C-MOS Mehrkanalschaltern, die sich durch kurze Schaltzeiten und exakte Ein- und Aus-schaltkennlinien auszeichnen, umgeschaltet.

Für die Abtastrate in Zeitmultiplex-Systemen gilt das Abtast-theorem von Shannon, nach dem $n \geq 2$ Abtastungen je Periode eines Sinussignals notwendig sind, um dieses Signal unter the-oretisch idealen Bedingungen in Betrag und Frequenz zu repro-duzieren. Da in der Praxis keine idealen Verhältnisse (Filter usw.) gegeben sind, müssen für die höchsten zu erfassenden Meßfrequenzen $n \geq 5$ Abtastungen je Periode vorgenommen werden.

Für die Auswahl von elektrischen Multiplexern sind folgende Kenngrößen zu beachten: Anzahl der Kanäle, passive oder aktive Meßfühler, Meßschaltung (der Meßbrückenabgleich für jeden Meß-fühler kann z.B. entweder in getrennten Meßschaltungen oder in einer programmierten zentralen Abgleicheinheit vorgenommen werden), Signalform (z.B. Trägerfrequenz- oder Gleichspannung) Eingangsspannungsbereich (input voltage range), Eingangsimpe-danz, Durchlaß- und Sperrwiderstand, Verstärkung, Logikansteu-erung (z.B. TTL-Pegel), Übertragungsgenauigkeit, Übersprechen (Feedthrough) und Nebensprechen (Crosstalk), Einschwingzeit (settling time), Durchgangsrate (through put rate), die dem Reziprokwert der Einschwingzeit entspricht.

3.6. Fernmessung und Telemetrie

3.6.1. Fernmeßanlagen

Fernmessung (remote measurement) nennt man die elektrische Fernübertragung von Meßwerten zwischen zwei ortsfesten Punkten über Leitungen oder Kabel.

Telemetrie ist die Meßwert-Fernübertragung von einem bewegli-chen Meßort zu einer festen oder beweglichen Empfangsstation (telemetering equipment) drahtlos über den Funkweg.

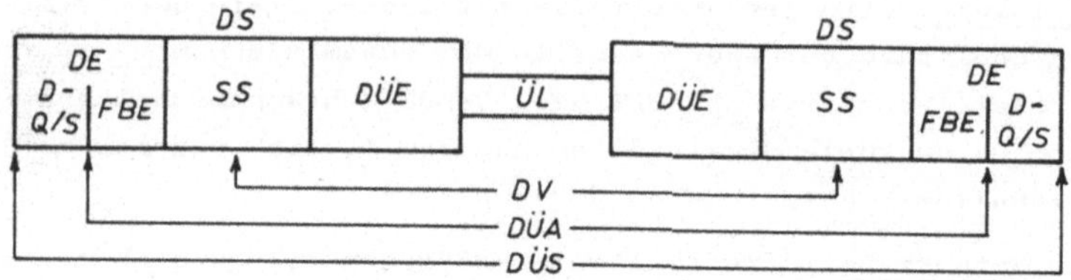

Bild 51 Datenübermittlungssystem nach DIN 44302 Blatt 11

DÜS Datenübermittlungssystem (data communication system)

DÜA Datenübermittlungsabschnitt (data link)

DV Datenverbindung (data connection)

DS Datenstation, Sende- und Empfangsstation (terminal, master and slave station)

DE Datenendeinrichtung (data processing terminal equipment)

D-Q/S Datensignal-Quelle/Senke (data source/sink)

FBE Fernbetriebseinheit

SS Schnittstelle (interface)

DÜE Datenübertragungseinrichtung, Modem (data communication equipment)

ÜL Übertragungsleitung (connection network)

Ein <u>Datenübermittlungssystem</u> besteht nach Bild 51 aus zwei
mit der Übertragungsleitung ÜL verbundenen Datenstationen DS
mit den nach DIN 44302 bezeichneten Teilen. Prinzipiell enthält eine <u>Fernmeßanlage</u> Blöcke für die Erfassung, Umsetzung,
Übertragung, den Empfang der Meßsignale sowie die Erkennung
und Ausgabe der Meßwerte. Die Modulatoren DÜE am Anfang und
Demodulatoren am Ende der Leitung werden Modem genannt und
setzen die Signalspannung in eine für die Übertragung geeigne-
te Signalart um.

Die Gerätezusammenstellung von Fernmeß- und Telemetrieanlagen
ändern sich bei der Anwendung von verschiedenen Meßverfahren.
Es werden ähnliche Bausteine wie in Datenerfassungsanlagen (s.
Abschn. 3.5) verwendet.

Meßwert-Fernübertragungsanlagen werden entweder mit einseitigem oder wechselseitigem Informationsfluß (one way or either way communication) betrieben.

Die Fernmeßtechnik wird auf vielen Gebieten der Forschung und der Technik angewendet, z.B. zur Überwachung und Steuerung von technischen Prozessen, in Stromversorgungsanlagen und -netzen mit zentralen Leitstellen, bei der Verkehrssteuerung, bei der Auto- und Flugzeugentwicklung, in der Medizin, im Umweltschutz, bei der Erdbebenüberwachung, bei der Wetterbeobachtung und in der Raumfahrt.

3.6.2. Analoge Fernmeßverfahren mit Informationsumsetzung in Amplituden-Strukturen

Fernmeß-Intensitätsverfahren mit Hilfsspannung. Hierzu gehören die Weg-Fernmeßverfahren mit Widerstandsmeßfühlern in Spannungsteiler-, Kompensations-, Brücken- und Quotientenmeßschaltungen sowie mit induktiven Meßfühlern und Drehmeldern (s. Abschn. 2.2 und 2.3).

Gleichstrom-Übertragung. Bei analogen Meßverfahren besteht zwischen Meßgröße und Signalgröße jederzeit eine eindeutige Zuordnung.

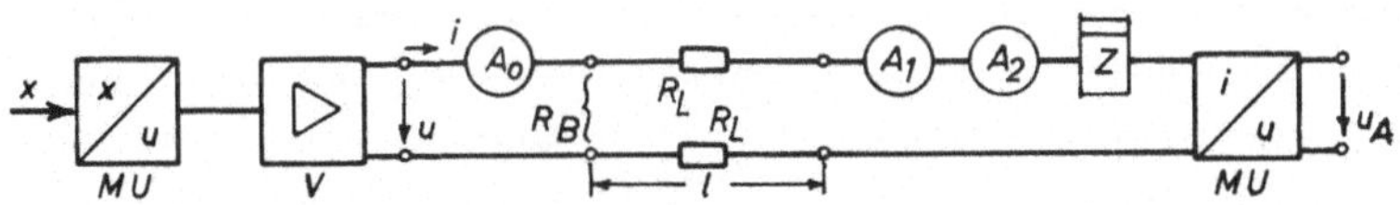

Bild 52 Analoge Gleichstrom-Fernübertragungsanlage

x Meßgröße, u Meßsignalspannung, i eingeprägter Gleichstrom, $A_{0,1,2}$ Meßgeräte, Z Zähler

R_L Leitungswiderstände, R_B Bürdenwiderstand der Ausgabegeräte, 1 Leitungslänge von maximal 20 km bis 80 km

Bei der Gleichstrom-Übertragung nach Bild 52 wird die Meßgröße x im x/u-Meßgrößenumformer MU und über den Verstärker V in ein eingeprägtes Gleichstrom-Meßsignal i für die Ausgabegeräte umgesetzt. Innerhalb des Meßbereichs $x_{min} \leqq x \leqq x_{max}$ ergibt sich mit der Meßgrößenempfindlichkeit S_x und dem Strom i_o bei x_{min} der eingeprägte Meßsignalstrom

$$i = S_x(x - x_{min}) + i_o = f(t) \tag{98}$$

Als <u>Übertragungsleitungen</u> dienen bei eingeprägtem Gleichstrom mit Einheitssignalen nach Tafel 2 galvanisch durchverbundene Doppelmeß- oder Telefonleitungen. Bei Verstärker-Ausgangsleistungen P_β = 1 W bis 2 W verwendet man durch die Leitungs-Spannungsfestigkeit begrenzte Spannungsendwerte U = 10 V. Die maximalen Bürdenwiderstände betragen R_B = U/I = 10 V/20 mA bis 10 V/5 mA = 500 Ω bis 2000 Ω.

<u>Gleichspannungs-Übertragung.</u> Bei diesem Verfahren verwendet man eine <u>eingeprägte Spannung</u> mit Einheitssignalen nach Tafel 2. Durch den Einfluß von Leitungswiderständen und deren Änderungen kann bei stromaufnehmenden Ausgabegeräten die Anzeige gestört werden. Von Vorteil ist, daß alle Empfänger einseitig geerdet werden können.

3.6.3. Analoge Fernmeßverfahren mit Informationsumsetzung in Frequenz-Struktur

<u>Frequenzvariationsverfahren.</u> Hierbei wird der Meßwert in eine proportionale Frequenz umgewandelt (frequenzanaloge Verfahren). Die Frequenzänderung wird meist in Oszillatoren durch Änderung der Schwingkreis-Induktivität oder -Kapazität erzeugt.

<u>Berührungslose frequenzanaloge Meßwert-Nahübertragung.</u> Bild 53 zeigt die Prinzip-Blockschaltung einer berührungslosen induktiven Einkanal-Meßwert-Nahübertragungsanlage für Drehmomentmessungen (s. Abschn. 7.9). Die Widerstandsänderungen der Dehnungsmeßstreifen in der Meßbrücke MB werden in dem Meßumformer MU und NF-FM-Oszillator G in drehmomentproportionale Ausgangsfrequenzen (Frequenzmodulation einer Mittenfrequenz) umgewandelt. Der rotierende Anlagenteil RA wird entweder über eine mitrotierende Batterie B oder über einen schleifringlosen

Drehtransformator mit Gleichrichter mit Strom versorgt.

Im stationären Anlagenteil SA empfängt eine Empfangsspule ES induktiv (oder eine Kondensatorelektrode kapazitiv) die <u>frequenzmodulierte</u> Spannung. Diese wird im Meßempfänger ME in einem Diskriminator in eine meßwertproportionale eingeprägte Ausgangsspannung mit dem Einheitssignal $U_\beta = \pm 1$ V oder ± 10 V bzw. in einen eingeprägten Ausgangsstrom mit dem Einheitssignal $I_\beta = \pm 20$ mA umgesetzt und auf das Ausgabegerät AG gegeben.

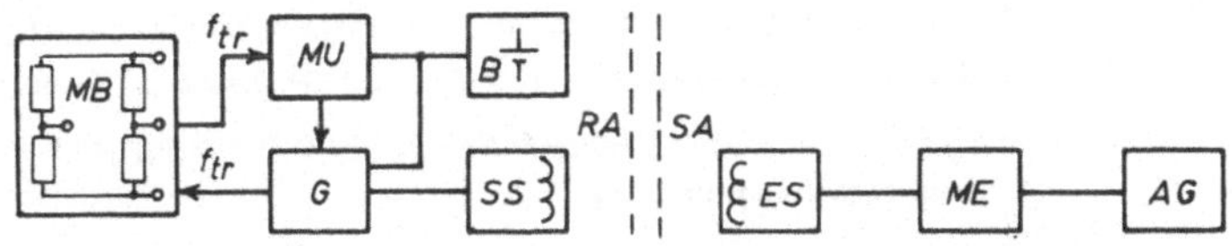

Bild 53 Induktive Einkanal-Meßwert-Nahübertragungsanlage
MB Meßbrücke, f_{tr} Trägerfrequenz, MU Meßumformer, G Oszillator, B Batterie, SS Sendespule, ES Empfangsspule, ME Meßempfänger mit Diskriminator, AG Ausgabegerät, RA rotierender und SA stationärer Anlagenteil

Dieses Verfahren wird zur berührungslosen <u>Nahübertragung</u> der Meßwerte von physikalischen Meßgrößen mit Meßgrenzfrequenzen $f_M = 1600$ Hz, wie z.B. Kraft, Drehmoment und Temperatur mit Dehnungsmeßstreifen, induktiven Meßfühlern oder mit Thermoelementen auf umlaufenden Wellen über Entfernungen von 1 cm bis 100 cm verwendet.

3.6.4. <u>Analoge Impulsverfahren</u>

Die Meßgröße wird mit verschiedenen Verfahren in eine Impulsfolge umgesetzt.

<u>Pulsfrequenz-Verfahren.</u> Gemäß Bild 54a ist die Anzahl der Pulse je Zeiteinheit ein Maß für den Meßwert. Die <u>Pulsfrequenz</u> liegt meist in den Bereichen von 2 bis 12, 5 bis 15 oder 5 bis 25 Pulsen/sec. Da grundsätzlich eine unendlich große Zahl von

Pulshäufigkeiten übertragen werden kann, handelt es sich um
ein analoges, kontinuierlich arbeitendes System.

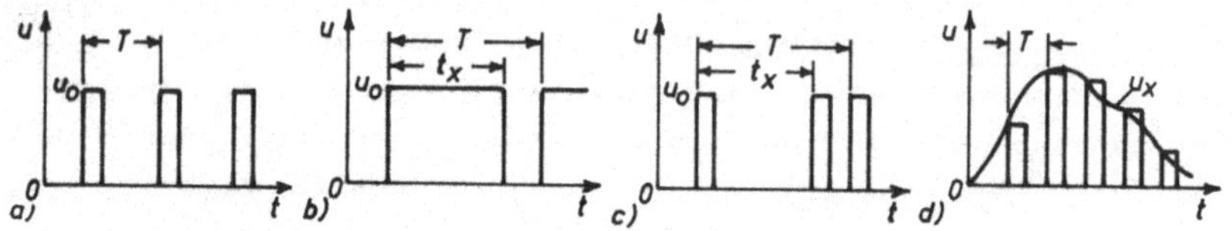

Bild 54 Analoge Fernübertragung mit Impulsfolgen
a) Pulsfrequenzverfahren, b) Pulsdauermodulation PDM,
c) Pulsphasenmodulation PPM, d) Pulsamplitudenmodula-
tion PAM, T Pulsfolgen-Periodendauer, u_o Impuls- und
u_x Meßsignalspannung

Puls-Dauer-Modulation PDM. Die den Meßwerter. proportionalen
Meßsignal-Spannungswerte u_x werden gemäß Bild 54b in Rechteck-
impulse mit konstanter Spannung u_o und unterschiedlicher Im-
pulsdauer $t_x \sim u_x$ umgesetzt. Mit der Grundperiodendauer T wird
im Empfänger der Meßsignal-Spannungswert $u_x \sim t_x/T$ zurückge-
wonnen. Die Pulsfolgefrequenzen $f = 1/T$ sind bei mechanischen
Impulsgebern $f \approx 1$ Hz und bei elektronischen Gebern $f \approx 10$ Hz.
Der Übertragungsfehler beträgt etwa 1 %.

Puls-Phasen-Modulation PPM (Pulslagemodulation). Hierbei wird
ähnlich wie bei PDM die Meßsignalspannung u_x gemäß Bild 54c in
ein Zeitintervall t_x als Abstand zweier kurzdauernder Impulse
umgesetzt.

Mit zunehmender Leitungslänge bevorzugt man die Pulslagenmodu-
lation PPM gegenüber der Pulsdauermodulation PDM.

Puls-Amplituden-Modulation PAM. Aus der analogen Meßsignalspannung $u_x = f(t)$ wird nach Bild 54d eine äquidistante Folge
von Spannungsmomentanwerten herausgegriffen, ähnlich wie bei
einem Abtast-Oszilloskop (Sampling-Prinzip). Die erhaltenen
Impulse sind in ihrer Amplitude proportional zum Meßwert x;
sie sind amplitudenmoduliert.

Dieses **PAM-Signal** entsteht auch beim Zeitmultiplex-Verfahren über einen Abtastschalter. Nach der Übertragung werden bei der Demodulation die Impulsspitzenwerte ermittelt und jeweils kurzzeitig gespeichert. Die entstehende Treppenspannungskurve ist der Originalkurve ähnlich.

Puls-Code-Modulation PCM. Jeder wie bei der PAM abgetastete Zeitwert wird für sich digitalisiert, d.h. durch binär codierte Zahlen ausgedrückt und übertragen. Bei der Demodulation werden die einzelnen Zahlen durch D/A-Umsetzer in proportionale analoge Werte umgesetzt, kurzzeitig gespeichert und bilden eine der Originalkurve ähnliche Treppenkurve. PCM wird hauptsächlich bei Zeitmultiplex-Verfahren angewendet (s. Abschn. 3.6.8).

3.6.5. Frequenzmultiplex-Verfahren.

Eine Meßwert-Übertragungsanlage enthält zur rationelleren Ausnutzung der Anlage meist mehrere Meßkanäle, die beim Frequenzmultiplex-Verfahren gleichzeitig übertragen werden. Hiermit spart man Übertragungskanäle, z.B. Leitungen.

Unterträger-Frequenzmodulation. In diesem Telemetriesystem bewirken nach Bild 55 die Meßsignalspannungen u eine Frequenzmodulation der Unterträgeroszillatoren UO. Alle Unterträgersignale werden in dem Mischverstärker MV addiert, und das Summensignal moduliert die Senderfrequenz von maximal $f_S = 466$ MHz des Senders S mit Maximalleistungen von $P \approx 1$ W. Da sowohl die Unterträger als auch der Hauptträger des Senders frequenzmoduliert sind, spricht man wegen der zweimaligen Frequenzmodulation von einem FM-FM-Verfahren.

Ähnlich wie auf der Senderseite zweimal moduliert wird, muß auf der Empfängerseite durch FM-Demodulatoren (Diskriminator, Ratiodedektor) zweimal demoduliert werden. Die erste Demodulation im Empfänger E liefert die Summe aller Unterträgerfrequenzen, durch NF-Filter UD werden die einzelnen Unterträger herausgefiltert. Ein weiterer Diskriminator nach jedem Filter

liefert eine Meßspannung für den übertragenen Meßwert. Diese
Spannungen mit maximalen Meßfrequenz-Bandbreiten $f_M \approx 5$ kHz
werden auf den Ausgabegeräten AG angezeigt, auf Blatt- oder
Magnetband-Registriergeräten registriert oder auch weiterverarbeitet.

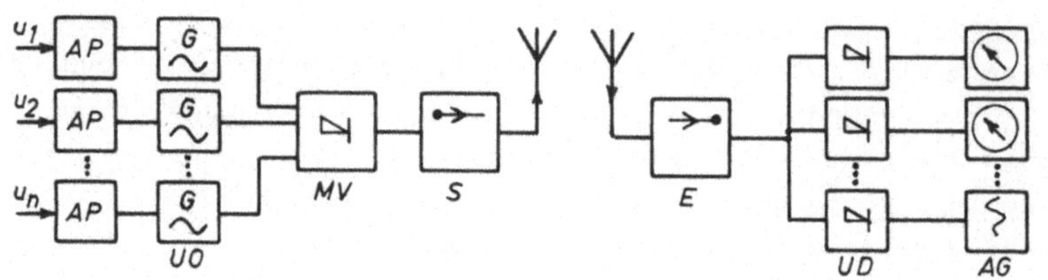

Bild 55 Prinzip-Signalflußplan eines Frequenzmultiplex-Verfah-
rens mit Unterträger-Frequenzmodulation (FM-FM-Teleme-
triesystem)
u Meßsignalspannung, AP Anpasser, UO FM-Unterträger-
oszillator, MV Mischverstärker, S Sender, E Empfänger,
UD FM-Unterträgerdedektor, AG Ausgeber

<u>Frequenz-Multiplexanlagen</u> haben z.B. Unterträgerkanäle mit
konstanter Bandbreite (nach IRIG, Inter Range Instrumentation
Group) für maximale Meßfrequenzen $f_M = 400$ Hz, 800 Hz und
1600 Hz und Senderfrequenzen für Medizin (Biotelemetrie) und
Industrie (nach FTZ-Darmstadt) von $f_S = (37, 169, 433, 456$
und 466) MHz. Als Reichweiten gelten Übertragungsstrecken auf
der Erdoberfläche von s = 30 km, entsprechend einer geometrischen Sichtweite von 75 m Höhe.

Anlagen mit maximalen relativen zulässigen Fehlern von F < 1 %
sind verhältnismäßig teuer.

<u>Unterträger-Amplitudenmodulation.</u> Wenn die Unterträger in
einer Übertragungsanlage nicht frequenz- sondern amplitudenmoduliert sind, entfallen die Driftprobleme, und die Oszillato-
ren und Demodulatoren werden einfacher. Amplitudenstörungen
wirken sich dabei allerdings als Meßfehler aus.

3.6.6. Zeitmultiplex-Verfahren

Wenn bei einer Meßaufgabe auf eine simultane Übertragung aller
Meßwerte verzichtet werden kann, ist es mit einem speziellen
Geräteaufwand oft wirtschaftlicher, sequentielle Zeitmultiplex-Verfahren einzusetzen. Hierbei werden mehrere Meßkanäle
zeitlich nacheinander auf eine Funktionseinheit zur Meßwertübertragung geschaltet.

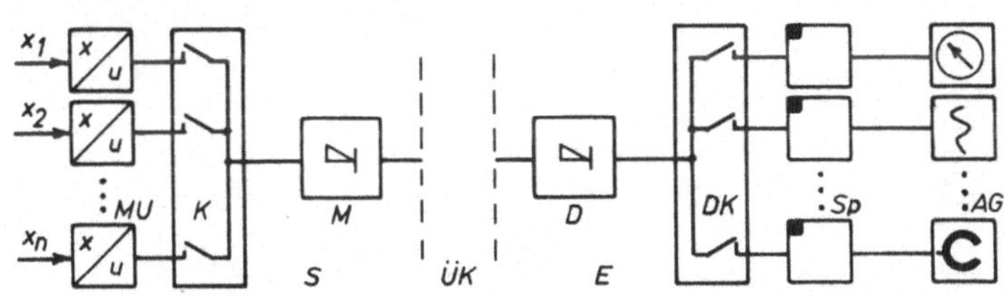

Bild 56 Zeitmultiplex-Übertragungsanlage

     x Meßgrößen, u Meßsignalspannungen, S Sender, ÜK Über-

     tragungskanal, E Empfänger, MU Meßgrößenumformer,

     K Kommutator, M Modulator, D Demodulator, DK Dekommu-

     tator, Sp Speicher, AG Ausgabegerät

Bild 56 zeigt den Prinzip-Signalflußplan einer Zeitmultiplex-
Übertragungsanlage mit analogen Meßwerten mit n Meßkanälen.
Auf der Sender- und Empfängerseite S und E (Kommando- und Un-
terstation) schalten synchron umlaufende Schalter im Kommuta-
tor K und Dekommutator DK die Meßsignalspannungen $u_1, \ldots, u_n$
mit den zugehörigen Ausgabegeräten AG zusammen.

Zeitmultiplex-Abtastung. In Bild 57 ist prinzipiell dargestellt, wie drei Meßsignalspannungen u_1, u_2 und u_3 (a) während
eines Zyklus (Umlauf) des Kommutators (b) jeweils kurzzeitig
abgetastet und übertragen werden (c). Ein mitübertragener Syn-
chronimpuls u_S steuert den Gleichlauf des empfängerseitigen
Dekommutators DK. Die übertragenen Spannungsimpulse werden in
den Speichern Sp der einzelnen Meßkanäle nach Bild 56 kurzzeitig festgehalten, über Tiefpässe zu den Originalspannungskur-
ven interpoliert und den zugehörigen Ausgabegeräten AG zuge-

führt. Die Grenzfrequenz des Tiefpasses sollte gleich der halben Umlauffrequenz des Kommutators sein. Die <u>Pulsfolgefrequenz</u> f_P wählt man in der Praxis mehr als doppelt so groß wie die höchste Fourierkomponente f_{Mmax} der zu übertragenden Meßgrössenfrequenz, und zwar $f_P \geq 5\ f_{Mmax}$.

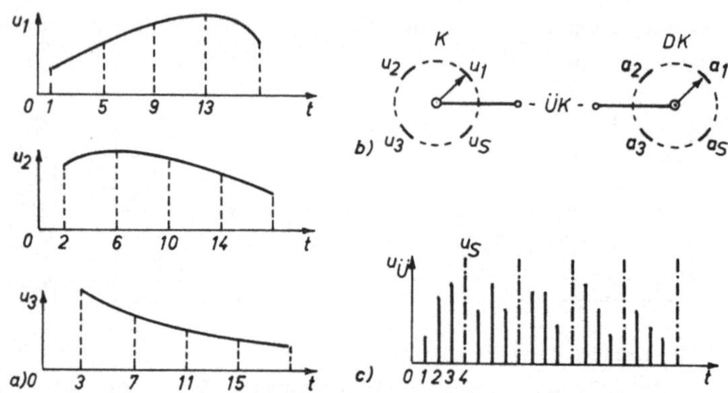

Bild 57 Zeitmultiplex-Abtastung

    a) u_1, u_2, u_3 zeitlich veränderliche Meßsignalspannungen

    b) K Kommutator, ÜK Übertragungskanal, DK Dekommutator

    c) $u_Ü$ sequentiell übertragene Signalspannungen mit Synchronisiersignal u_S

<u>Kommutierung.</u> Schnell veränderliche Meßsignale mit höchsten Frequenzkomponenten f_{Mmax} gibt man entweder auf Kommutatoren mit großer Umlauffrequenz und kleiner Kanalzahl, oder man legt ein solches Signal unter Verwendung von mehreren Kanälen (Bild 58) auf mehrere Kontakte des Kommutators.

Innerhalb eines Abtastzyklus (Datenrahmen, frame) können Meßsignale mit höherer Frequenz nach Bild 58a durch <u>Super(Über)-Kommutierung</u> öfter, und Werte von Signalen mit niedriger Frequenz nach Bild 58b durch <u>Sub(Unter)-Kommutierung</u> nur nach jedem zweiten (oder dritten) Abfragezyklus aufgenommen werden. Die Datenquellen im Subkommutator SK wechseln bei jedem Abtastzyklus des Hauptkommutators HK von 1 nach 2 usw.

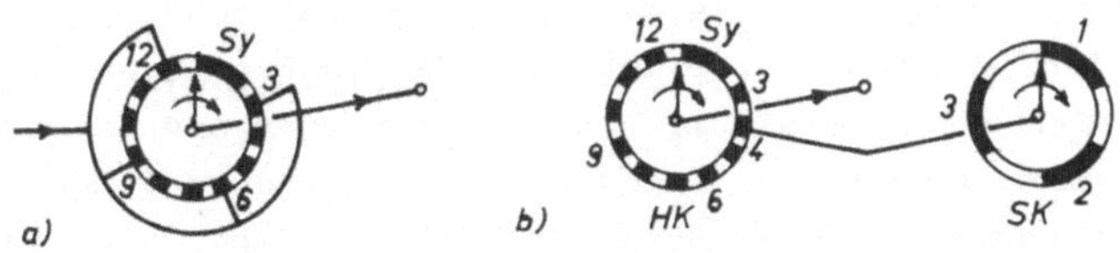

Bild 58 Kommutierung

    a) Superkommutierung von 4 äquidistanten Kanälen

    b) Subkommutierung mit Unterrahmen

    HK und SK Haupt- und Subkommutator

Anwahlmeßwerte, sowie sporadisch auftretende Informationen, wie Meldungen, Befehle usw., können nach Erkennen einmalig übertragen werden. Die unterschiedlichen Daten werden oft ihrer Wichtigkeit entsprechend prioritätsgeordnet übertragen. Eine Zeitmultiplex-Anlage kann auch in einen Kanal einer Frequenzmultiplex-Anlage (s. Abschn. 3.6.5) eingeschaltet werden.

Da die bei den Abtastungen der Meßsignalspannungen entstehenden PAM-Pulse von maximal 600 Baud (Stromschritte, d.h. Impulse je sec) nicht immer über jede Leitung übertragen werden können, z.B. über Telefonleitungen, wendet man für die Übertragung auch andere anschließend beschriebene Verfahren an.

<u>Beispiel 5: Zeitmultiplex-Anlagen.</u> Welche Schalt(Puls)-Folgefrequenzen f_P haben Zeitmultiplex-Anlagen mit Kommutatoren mit n = 15, 30, 60 oder 90 Kanälen bei zugehörigen Umlauffrequenzen f_U = 200, 100, 50 oder 33 1/3 Hz?

Die Schaltfolgefrequenzen betragen für alle Kanäle f_P = n f_U = 3 kHz. Es ergeben sich somit bei allen Kanälen 3000 Abtastungen je Sekunde. Die Meßsignalquellen können umso häufiger abgetastet werden, je niedriger die Kanalzahl des Kommutators ist.

3.6.7. Zeitmultiplex-Verfahren mit Pulsphasenmodulation PPM

Beim PPM-Zeitmultiplex-Verfahren werden die Meßwerte durch den zeitlichen Abstand zweier <u>Impulsvorderflanken</u> i_1 und i_2 definiert. Der erste Impuls i_1 startet im Sender und im Empfänger eine linear ansteigende Spannung. Bei Spannungsgleichheit mit der Meßspannung wird im Sender der zweite Impuls i_2 ausgelöst, der im Empfänger das Ansteigen der Spannung unterbricht. Dieser dem Meßwert entsprechende Spannungsendwert wird einem Speicher zugeführt und ausgegeben. Nach Beendigung der letzten z.B. fünften Abtastung synchronisiert ein verlängerter Impuls die Empfangseinrichtung.

Da der Meßwert nur der <u>Zeitdifferenz</u> zweier ansteigender Impulsflanken proportional ist, entstehen durch Pegelschwankungen keine Fehler.

3.6.8. Zeitmultiplex-Verfahren mit digitaler Puls-Code-Modulation PCM

Für die Meßwertübertragung über große Entfernungen mit großer Kanalzahl wird überwiegend die digitale Signaldarstellung mit Puls-Code-Modulation PCM verwendet. Dabei werden entsprechend dem Signalflußplan in Bild 59 die Meßsignalspannungen u abgetastet, quantisiert und seriell als <u>Datenworte</u> in einen Impulscode übertragen.

Im <u>Empfänger</u> (Demodulator) nach Bild 59b wird der empfangene Bitstrom nach der Synchrontaktgewinnung im Regenerator SyT regeneriert, im Seriell/Parallel-Umsetzer SPC in eine bitparallele Form und vom Digital/Analog-Umsetzer DAC wieder in die Spannungsamplituden der Signalabtastungen umgesetzt. Der Demultiplexer DMP verteilt die Signale auf die zugeordneten Filter F und Ausgangsverstärker V, und man erhält die den Meßwerten x entsprechenden Ausgangsspannungen u_β .

PCM-Anlagen werden entweder <u>On-Line</u> für die Datenübertragung und -verarbeitung oder <u>Off-Line</u> für die Datenregistrierung und anschließende Verarbeitung verwendet.

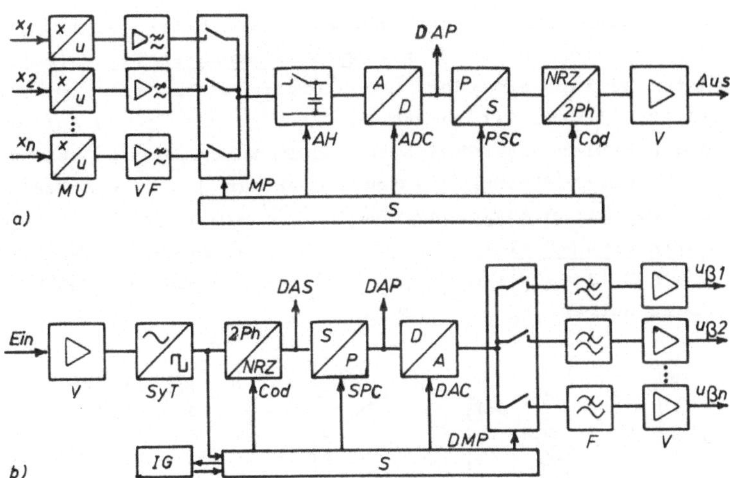

Bild 59 Signalflußplan einer PCM-Datenübertragungsanlage

a) Sender (Modulator), b) Empfänger (Demodulator)

x Meßgrößen, u_β Ausgangsspannungen

MU Meßgrößenumformer, VF Vorverstärker mit Aliasing-Filter, MP Multiplexer, DMP Demultiplexer, AH Abtast-Halteschaltung, ADC Analog/Digital- und DAC Digital/Analog-Umsetzer (Converter), PSC Parallel/Seriell- und SPC Seriell/Parallel-Umsetzer, Cod Code-Umsetzer SyT Synchron-Taktgewinnung (Regenerator), IG Integrator-Generator, S Ablaufsteuerung (Steuerlogik) DAP Digitalausgabe parallel und DAS seriell

<u>Quantisierung.</u> Nach Bild 60a werden nach der Abtastung zu den Abtastzeitpunkten $t_{1,2,...}$ die verschiedenen Amplitudenstufen $u_{1,2,...}$ des analogen pulsamplitudenmodulierten Signals PAM mit einem A/D-Umsetzer in einen <u>Binär-Code</u> umgesetzt. Hierbei entstehen seriell übertragene Datenworte nach Bild 60b bis d aus zweiwertigen Zeichen mit 0- und 1-Stufen.

Ein Wort mit n = 3 bit (Binärstellen, Bezeichnung für Puls

oder Zwischenraum im Wort, Abkürzung von binary digit) löst
den Meßbereich in $j = 2^3 = 8$ Quantisierungsschritte (Amplitu-
denstufen) auf. Die Länge jedes Digitalwortes mit z.B. n = 3,
8,10,12 bit usw. ist maßgebend für die erreichbare Auflösung
und den Fehler des PCM-Systems. Beim Wort mit n = 3 bit entspricht die Auflösung des Meßbereichs in $j = 2^3 = 8$ Stufen
einer relativen Auflösung von $Q = 2^{-3} = 0,125$ und der relative
Quantisierungsfehler durch die A/D-Umsetzerunsicherheit von
$\pm$ 0,5 LSB (least significant bit) bezogen auf den Meßbereich-
endwert beträgt $F_Q = \pm 6,25$ %.

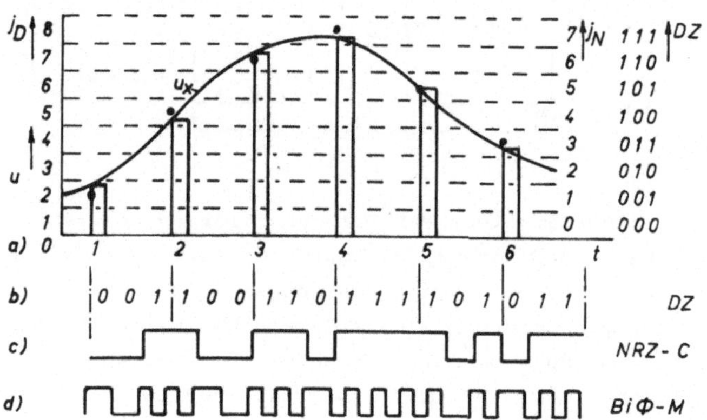

Bild 60 Quantisierung bei der Puls-Code-Modulation PCM
      a) Quantisierung mit t Abtastungen der Meßspannung u_x
      in Dezimal-Amplitudenstufen j_D bzw. numerierten Ampli-
      tudenstufen j_N mit Dualzahlen DZ
      b) Quantisierungscode mit Dualzahlen DZ
      c) Spannungsverlauf im NRZ-C-Code
      d) Spannungsverlauf im BiΦ-M-Code

Eine Übersicht über die in der Meßtechnik verwendeten Werte
für Binärstellen n mit den zugehörigen Quantisierungsschritten
j und der relativen Auflösung Q zeigt Tafel 10.

Tafel 10 Meßwertquantisierung mit verschiedenen Binärstellen

Binärstellen n in bit		7	8	9	10	11	12	14
Quantisierungs-	j	2^7	2^8	2^9	2^{10}	2^{11}	2^{12}	2^{14}
schritte	j	128	256	512	1024	2048	4096	16384
Rel.Auflösung Q in % ≈		0,8	0,4	0,2	0,1	0,05	0,025	0,0125

Die <u>Abtastrate</u> f_p wird für die Meßfrequenz-Bandbreite f_{Mmax} in
der Praxis mit $f_p \approx 5\, f_{Mmax}$ bei einem Klirrfaktor von etwa 1 %
gewählt. Zwischen den Abtastzeitpunkten t_1 und t_2 usw. lassen
sich Werte von anderen Meßkanälen einblenden. Ein Abtastzyklus
bestehend aus einem Synchronwort und je einem Datenwort von
jedem Kanal, wird als <u>Rahmen</u> (frame) bezeichnet. Durch <u>Code-
Sicherungsverfahren</u>, z.B. durch die Paritätskontrolle, können
Übertragungsfehler mit jeder gewünschten Sicherheit ausge-
schlossen werden [16].

<u>Übertragungscode.</u> Zum Übertragen des PCM-Multiplex-Signals
werden besonders die nachfolgend genannten seriellen Binär-
code nach den <u>IRIG-Vorschriften</u> (Inter Range Instrumentation
Group) verwendet.

NRZ-L oder -C (Non return to zero Level or Change), NRZ-S
(NRZ-Space), RZ (Return to zero), BiΦ-L, -M oder -S (Bi-
Phase-Level, -Mark or -Space), DM-NRZ-M oder -S (Delay Modula-
tion NRZ-Mark, Miller or -Space). Die gebräuchlichsten Verfahren sind die NRZ-C-Formate, wobei 1 durch einen bestimmten und
0 durch einen entgegengesetzten Pegel dargestellt wird (Bild
60c) und BiΦ-M-Formate mit Pegeländerung an allen Bit-Anfän-
gen, wobei bei 0 keine zweite Pegeländerung und bei 1 eine
zweite Pegeländerung je 0,5 bit später (Bild 60d) folgt.

Beim ENRZ-Verfahren für eine maximale Bitpackungsdichte ähnlich dem NRZ-Levelverfahren (d.h. dem natürlichen binären
Code) wird jeder Bitgruppe ein Paritätsbit hinzugefügt. Hiermit erreicht man auf Magnetband eine Packungsdichte von maximal 13 kbit/cm = 33 kbit/Zoll, entsprechend Bitraten von mehr

als 1 Mbit/s. Damit erzielt man eine relative Bitfehlerrate von weniger als $F = 10^{-7}$.

Beispiel 6: Meßfrequenzen bei PCM-Übertragung. Es soll untersucht werden, wieviel Quantisierungsschritte j und welche maximalen Meßfrequenzen f_M mit einer PCM-Anlage bei der Übertragung von Digitalworten mit $n_1 = 8$, $n_2 = 10$ und $n_3 = 12$ bit (Binärstellen) bei einer maximal übertragbaren Bitrate von $f_b = 3$ Mbit/s erfaßt werden können.

Die Stufen- bzw. Quantenanzahl ist $j = 2^n$, also wird nach Tafel 10 $j_1 = 256$, $j_2 = 1024$ und $j_3 = 4096$.

Wird eine Meßfrequenz f_M in jeder Periode nur einmal abgetastet, so ist die Periodenbitrate $f_T = n\, f_M$. In der Praxis werden aber während jeder Periode der Meßfrequenz f_M mindestens 5 Abtastungen vorgenommen. Somit ist die gesamte übertragene Bitrate

$$f_b = 5\, n\, f_M \tag{99}$$

Hieraus erhält man die maximalen Meßfrequenzen $f_M = f_b/5n$, also $f_{M1} = (2\ \text{Mbit/s})/(5 \cdot 8\ \text{bit}) = 50\ \text{kHz}$, $f_{M2} = 40\ \text{kHz}$ und $f_{M3} = 33,3\ \text{kHz}$.

4. Elektronische Meßdatenverarbeitung

Hauptaufgaben der Meßdatenverarbeitung sind Meßsignalaufbereitung (Meßsignal-Weiterverarbeitung) und Datenreduktion (Datenverminderung, data reduction, data concentration) von Meßinformationen, um charakteristische Entscheidungsdaten (Kenngrößen) für einen Prozeß zu erhalten.

Hierbei treten folgende Aufgaben auf:
Umwandlung der Informationsdarstellung, Umrechnung von physikalischen Einheiten und Versuchsbedingungen auf Normalbedingungen; Verknüpfung von Meßsignalen durch mathematische Operationen, Erfassung von Zielgrößen durch formelmäßigen Zusammenhang; Ableitung von Grenzwerten, Berücksichtigung von Eichkur-

ven, Erstellung von Diagrammen; Analysen zur Herabsetzung der Geschwindigkeit und der Anzahl der anfallenden Meßdaten sowie der Einflußparameter; Ermittlung von Prozeßkenngrößen und deren Auswirkungen auf die Zielgrößen.

Meßdaten werden in der Meßkette entweder On-Line während der Messung oder Off-Line nach einer Zwischenspeicherung, die mechanisch mit Druckern, optisch mit Diagrammen oder elektrisch z.B. mit Magnetband sein kann, verarbeitet.

Die Meßsignale liegen meist in determinierter Form von konstanten, periodischen oder einmaligen Vorgängen oder in stochastischer Form von zeitlich regellosen Vorgängen vor.

4.1. Rechengeräte

Dies sind Geräte in der Meßkette, die Meßsignale mit Durchführung von Rechenoperationen weiter verarbeiten.

4.1.1. Verknüpfungsgeräte

Verknüpfungsgeräte dienen der Verknüpfung von zwei oder mehreren Meßsignalen (computing elements for several quantities).

Addition und Subtraktion. Für die Summenbildung in Additionsgeräten mit dem Schaltzeichen nach Bild 61a gilt für die Eingangsgrößen x und die Ausgangsgröße y

$$y = -\sum_{i=1}^{n} c_i x_i \tag{100}$$

Für zwei Eingangsspannungen $u_{\alpha 1}$ und $u_{\alpha 2}$ ergeben sich mit den Bewertungsfaktoren c_i die Ausgangsspannungen

$$\text{Additionsgeräte} \qquad u_\beta = c_1 u_{\alpha 1} + c_2 u_{\alpha 2} \tag{101}$$

$$\text{Subtraktionsgeräte} \qquad u_\beta = c_1 u_{\alpha 1} - c_2 u_{\alpha 2} \tag{102}$$

Addierer nach Bild 61b ergeben für n Eingangsspannungen u_α, die an den Eingangswiderständen R_α des invertierenden Eingangs eines idealen Operationsverstärkers liegen, die Ausgangsspannung

$$u_\beta = - R_g \; (u_{\alpha 1}/R_{\alpha 1}) + (u_{\alpha 2}/R_{\alpha 2}) + \dots + (u_{\alpha n}/R_{\alpha n}) \qquad (103)$$

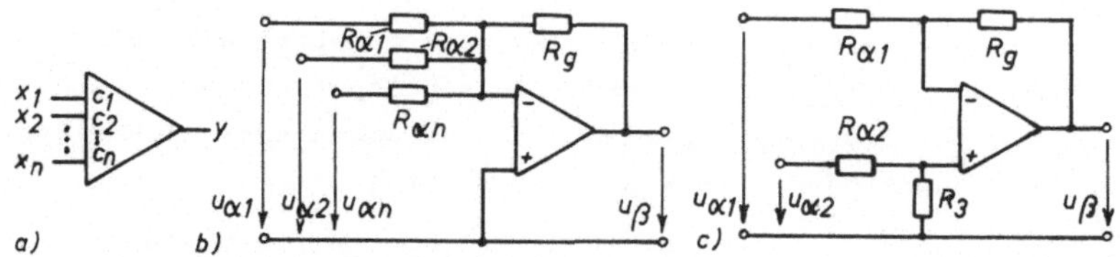

Bild 61 Analoge Addierer und Subtrahierer

     a) Schaltzeichen eines Summierers (DIN 40700)

     b) Invertierender Operationsverstärker als analoger

     Addierer, c) Differenzverstärker als Subtrahierer

     u_α Ein-, u_β Ausgangsspannung

Subtrahierer nach Bild 61c liefern mit einem idealen Differenzverstärker die Ausgangsspannung

$$u_\beta = \frac{R_{\alpha 1} + R_g}{R_{\alpha 1}} \left(\frac{R_3}{R_{\alpha 2} + R_3} \, u_{\alpha 2} - \frac{R_g}{R_{\alpha 1} + R_g} \, u_{\alpha 1} \right) \qquad (104)$$

Für $R_{\alpha 2} = nR_{\alpha 1}$ und $R_3 = nR_g$ wird die Ausgangsspannung

$$u_\beta = R_g(u_{\alpha 2} - u_{\alpha 1})/R_{\alpha 1} \qquad (105)$$

Mit $R_{\alpha 1} = R_g$ ergibt sich eine direkte Subtraktion der Eingangsspannungen mit dem Ergebnis

$$u_\beta = u_{\alpha 2} - u_{\alpha 1} \qquad (106)$$

Bei kleinen Differenzen der beiden Eingangsspannungen $u_{\alpha 1}$ und $u_{\alpha 2}$ können bei endlicher Gleichtaktunterdrückung (s. Abschn. 5.2.6) infolge ungleicher Verstärkungsfaktoren der beiden Eingänge sowie durch Toleranzen der Widerstände in der äußeren Beschaltung des Operationsverstärkers große Fehler auftreten. Eine unendliche Gleichtaktunterdrückung in Bezug auf Fehler durch nicht vernachlässigbare Widerstandstoleranzen kann man mit einer Subtraktionsschaltung mit zwei Operationsverstärkern erreichen.

<u>Elektronische analoge Multiplikation und Division.</u> Für den analogen <u>Multiplizierer</u> mit dem Schaltzeichen nach Bild 62a gilt mit den Eingangsgrößen x die Ausgangsgröße

$$y = x_1 x_2 \qquad (107)$$

Für den <u>Dividierer</u> nach Bild 62b gilt

$$y = x_1/x_2 \qquad (108)$$

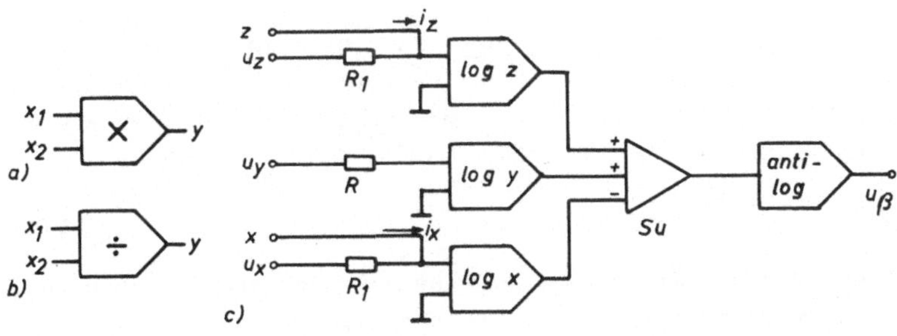

Bild 62 Elektronische analoge Multiplizierer und Dividierer
a) und b) Schaltzeichen von Multiplizierern und Dividierern (DIN 40700 Blatt 18), c) Blockschaltbild für einen Multiplizierer-Dividierer mit Meßsignalspannungen u und Eingangswiderständen R = 90 kΩ, R_1 = 100 kΩ

Die Grundschaltung für einen analogen <u>Multiplizierer-Dividierer</u> zeigt Bild 62c. Die von den Meßsignalspannungen u oder Strömen i in den Logarithmiererschaltungen log x, y, z gebildeten Logarithmen werden in einer Additionsschaltung Su für die Multiplikation addiert oder für die Division subtrahiert. Die Antilogarithmierschaltung anti-log ergibt am Ausgang folgende <u>Übertragungsfunktion</u>

$$u_\beta = \frac{10}{9} \cdot \frac{u_y u_z}{u_x} = \frac{10}{9} u_y \frac{i_z}{i_x} \qquad (109)$$

Mit dieser Grundschaltung lassen sich auch <u>Quadrierer</u> und

<u>Radizierer</u> realisieren.

<u>Spannungsteiler und Meßbrücken.</u> Einfache Multiplikationsschaltungen erhält man mit Spannungsteilern und Meßbrücken (s. Abschn. 2.2.3 und 2.2.4).

In einem unbelasteten <u>Spannungsteiler</u> entspricht bei Variation der Speisespannung u_0 und des an R_0 abgegriffenen Widerstands R_2 die Ausgangsspannung u_2 folgendem <u>Produkt</u>

$$u_2 = u_0 \cdot R_2 / R_0 \tag{110}$$

In der <u>Ausschlag-Viertelbrücke</u> nach Bild 10 ist bei Variation der Speisespannung u_0 und der relativen Widerstandsänderung $\Delta R/R$ die Diagonalspannung u_5 dem <u>Produkt</u> dieser beiden Größen proportional

$$u_5 \approx \frac{1}{4} \cdot \frac{\Delta R}{R} \cdot u_0 \tag{111}$$

Diese Produktbildung kann zur Messung der mechanischen Leistung verwendet werden (s. Abschn. 7.9).

<u>Multiplizierer mit Hallsonde.</u> Bei der Verwendung einer Hallsonde als Multiplizierer befindet sich ein Halbleiterplättchen H mit der Dicke d in einem Magnetfeld mit der Induktion B und wird von einem Steuerstrom i_S durchflossen. Dabei entsteht zwischen Elektroden senkrecht zur Steuerstromrichtung mit der Hallkonstanten R_H die <u>Hallspannung</u>

$$u_H = R_H i_S B / d \tag{112}$$

Die Hallkonstante $R_H = 3\pi/8ne$ beträgt mit der Elementarladung $e = -0,16 \cdot 10^{-18}$ As für Leitermetalle mit $n = 10^{23}$ Elektronen/cm^3 nur etwa $R_H = 10^{-4}$ cm^3/As, für Halbleiter dagegen $R_H = (120 \text{ bis } 600)$ cm^3/As. [10]

Für $R_H = $ const und d = const gilt

$$u_H \sim i_S B \tag{113}$$

Wenn eine Meßgröße x_1 der Steuerspannung u_{M1} und damit dem

Steuerstrom i_S und eine zweite Meßgröße x_2 über einen Meßstrom i_{M2} der magnetischen Induktion B_t proportional gemacht werden kann, so ergibt sich mit $x_1 \sim u_{M1} \sim i_S$ und $x_2 \sim i_{M2} \sim B_t$ als Produkt die <u>Hallspannung</u>

$$u_H \sim i_S B_t \sim x_1 x_2 \tag{114}$$

Bild 63 Schaltbild einer Hallsonde H

mit Hallspannung u_H

$u_{M1} \sim i_S$ Meßspannung proportional Steuerstrom

$i_{M2} \sim B_t$ Meßstrom proportional Induktion

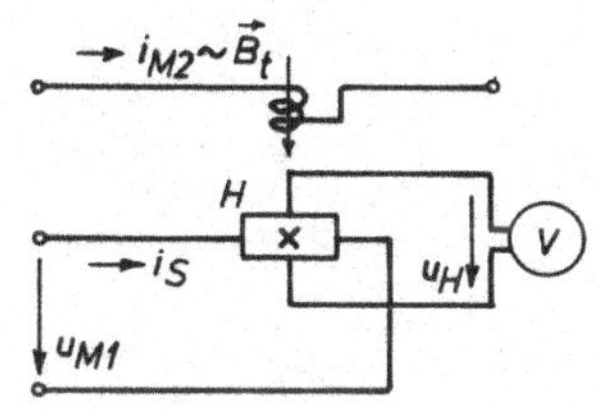

Der <u>Meßfrequenzbereich</u> für die Multiplikation mit der Hallsonde beträgt etwa f_M = 0 bis 200 Hz. Bei größeren Meßfrequenzen entstehen vor allem bei der Erzeugung der Induktion B durch einen Meßstrom i_M Frequenzfehler.

<u>Dividierer mit Quotientenmeßwerk.</u> Mit einem Quotientenmeßwerk (Kreuzspul- oder T-Spulmeßwerk) erhält man nach Bild 18 (s. Abschn. 2.2.5.5) bei Variation von zwei Strömen i_1, i_2 bzw. von zwei Stromkreis-Widerständen ΣR_1, ΣR_2 den Zeigerausschlag

$$\beta \sim i_1/i_2 \sim \Sigma R_2/\Sigma R_1 \tag{115}$$

4.1.2. Funktionsgeräte

Diese Geräte formen ein Eingangssignal nach einer festen, meist mathematischen Beziehung in ein Ausgangssignal um.

<u>Logarithmierer.</u> Zur Erfassung und Registrierung von Meßgrößen über mehrere Dekaden in einem Meßbereich werden Verstärker mit logarithmischer Kennlinie mit der Prinzipschaltung nach Bild 64a verwendet. Im Gegenkopplungszweig des Operationsverstärkers V wird die Emitter-Kollektor-Strecke des Transistors T (Transdiode) gelegt. Wird die in Durchlaßrichtung liegende Diodenstrecke des Transistors mit sehr kleinen Kollektorströmen

I_C = 1 pA bis 0,1 pA im Bereich ihres exponentiellen Kennlini-
enteils betrieben, ist die Ausgangsspannung u_β proportional
zum <u>Logarithmus</u> der Eingangsspannung u_α.

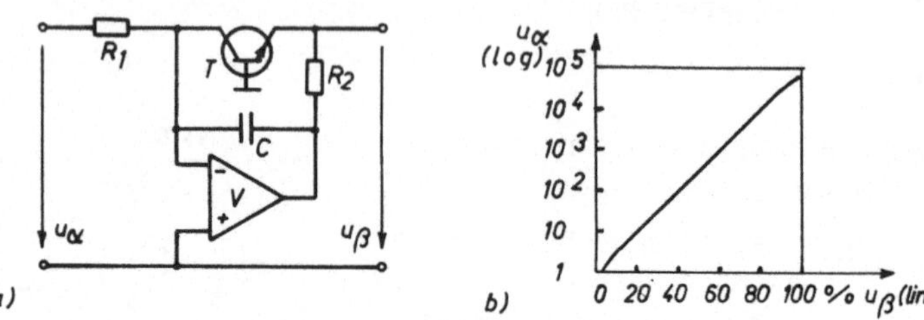

Bild 64 Logarithmischer Verstärker

    a) Prinzipschaltung mit Operationsverstärker V und

    Transistor T, b) Abhängigkeit der Ausgangsspannung u_β

    von der Eingangsspannung u_α

Nach Bild 64b ergibt sich über 5 bis 9 Dekaden ein linearer
Zusammenhang für

$$u_\beta \sim \log u_\alpha \qquad\qquad (116)$$

4.1.3. Zeitgeräte

Diese Geräte bilden das Ausgangssignal in zeitlicher Abhängigkeit vom Eingangssignal.

<u>Integration und Differentiation.</u> Für einen allgemeinen <u>Analog-
Integrierer</u> mit dem Schaltzeichen nach Bild 65a ist mit dem
Anfangswert $y(0)$ und dem Integrationsfaktor k_0 der Ausgangs-
wert

$$y = - k_0 \int_0^{t_1} \sum_{i=1}^{n} c_i x_i(t)dt + y(0) \qquad\qquad (117)$$

Mit einer analogen <u>Integrationsschaltung</u> nach Bild 65b mit
hochohmigem Operationsverstärker mit sehr großer Verstärkung
$(V \approx -\infty)$ mit dem Kondensator C_g im Gegenkopplungszweig und
der Integrationskonstanten U_0 mit dem Schalter S, der zu Inte-

grationsbeginn zu öffnen ist, erhält man bei gleichzeitiger
Addition von zwei Eingangsspannungen $u_{\alpha1}$, $u_{\alpha2}$ aus der Knotenregel $i_{\alpha1} + i_{\alpha2} + i_g = 0$ nach Umrechnungen die Ausgangsspannung

$$u_\beta = - \frac{1}{C_g} \int_{t_1}^{t_2} \left(\frac{u_{\alpha1}}{R_{\alpha1}} + \frac{u_{\alpha2}}{R_{\alpha2}} \right) dt + U_0 \tag{118}$$

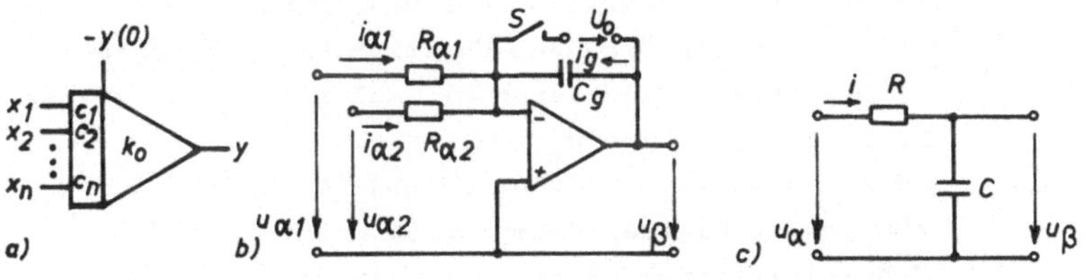

Bild 65 Analoge Integrierer
     a) Schaltzeichen mit den Eingangsgrößen x, Ausgangs-
     größen y und den Bewertungsfaktoren c sowie dem Inte-
     grationsfaktor k_0 (DIN 40700 Blatt 18)
     b) Integrationsschaltung mit Operationsverstärker V
     für zwei Eingangsspannungen $u_{\alpha1}$, $u_{\alpha2}$ mit der Integra-
     tionskonstanten U_0, dem Schalter S und der Ausgangs-
     spannung u_β
     c) RC-Integrationsschaltung

Die einfache analoge <u>RC-Integrationsschaltung</u> nach Bild 65c
ergibt für die Bedingung eines kleinen kapazitiven Blindwider-
stands $X_C \ll R$ und somit für $i \approx u_\alpha/R$ die Ausgangsspannung

$$u_\beta \approx \frac{1}{RC} \int u_\alpha dt \tag{119}$$

Beim <u>digitalen Integrierer</u> nach Bild 66a folgt hinter der Digitalisierung der Meßsignalspannung u_α über einen Spannungs-
Frequenz-Umsetzer u/f die Integration mit einem Zähler Z, u.U.
mit Ausgabe der Spannung u_β.

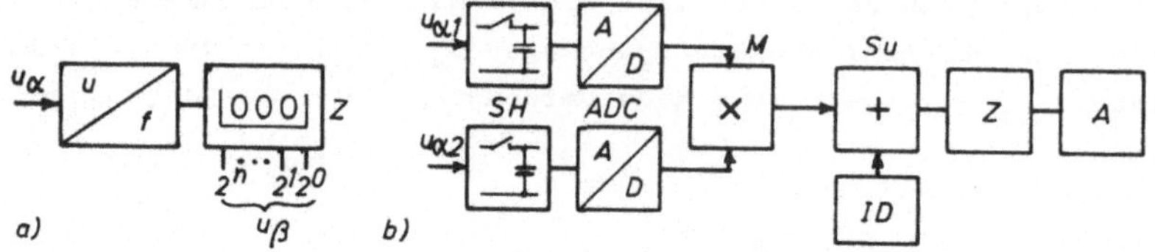

Bild 66 Signalflußpläne für digitale Integration

    a) Digitale Integration der Meßsignalspannung u mittels Spannungs-Frequenz-Umsetzer u/f und Zähler Z

    b) Digitaler Integrierer mit Multiplikation von zwei Eingangsspannungen $u_{\alpha 1}$, $u_{\alpha 2}$

    SH Abtast-Halteschaltung (Sample & Hold)

    ADC Analog-Digital-Umsetzer (Converter)

    M Multiplizierer, Z Zähler, A Anzeige

    Su Addierwerk mit Integrationsdauergerät ID

In der Blockschaltung eines <u>digitalen Multiplizierers</u> mit <u>Integrierer</u> nach Bild 66b werden die beiden Meßsignalspannungen $u_{\alpha 1}$, $u_{\alpha 2}$ mit der Abtast-Halteschaltung mit der Abtastrate von z.B. 10 MHz abgetastet, im Analog-Digital-Umsetzer ADC (Stufenumsetzer) digitalisiert, im Dualcode codiert und dann in der Multipliziereinheit M über eine Addition von dualcodierten Zahlen multipliziert. Das Produkt $u_y = u_{\alpha 1} u_{\alpha 2}$ wird mit dem vom Integrationsdauergerät ID gesteuerten Addierwerk Su aufsummiert, d.h. integriert. Über den Zähler Z wird das Ergebnis im Anzeiger A dezimal ausgegeben.

<u>Differentiationsschaltungen,</u> z.B. mit vertauschten Schaltelementen R und C in den Schaltungen nach Bild 65b und c, sind beim elektrischen Messen nichtelektrischer Größen wegen der Schwierigkeiten durch Bevorzugung von hohen Frequenzstörungen nicht sehr verbreitet.

4.2. Amplitudenmeßgeräte

Diese Geräte dienen zur Ermittlung von Kenngrößen aus den Meß-
signal-Zeitwerten.

4.2.1. Begrenzer und Grenzwertschalter

Begrenzer und Grenzwertschalter werden bei der Regelung und
Überwachung von Meßgrößen, zur Auslösung von Schaltvorgängen
(z.B. für Alarm) bei Über- oder Unterschreiten von bestimmten
Grenzwerten verwendet.

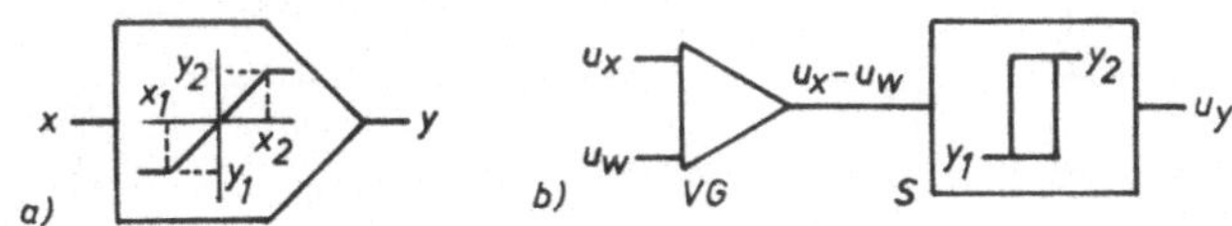

Bild 67 Begrenzer und Grenzwertschalter
a) Schaltzeichen für Begrenzer (DIN 40700 Blatt 18)
b) Grenzwertschalter mit Vergleicher VG und Schalter S
x und $u_{x,w}$ Meßeingangswerte, y und u_y Schaltwerte

Für den <u>Begrenzer</u> (limiter) nach Bild 67a gilt für die Eingangsgrößen x und Ausgangsgrößen y sowie die Steigung S, die
auch ∞ sein kann

$$y = y_1 \qquad \text{für} \quad x \leqq x_1 \tag{120}$$

$$y = S\,x \qquad \text{für} \quad x_1 \leqq x \leqq x_2 \tag{121}$$

$$y = y_2 \qquad \text{für} \quad x \geqq x_2 \tag{122}$$

In anzeigenden Meßgeräten mit <u>Grenzkontakten</u> wird durch berührungslose, rückwirkungsfreie induktive oder lichtelektrische
Zeigerabtastungen zwischen dem einstellbaren Grenzwert(Sollwert)-Zeiger und dem Meßwerkzeiger ein Schaltrelais ein- und
ausgeschaltet.

In einem <u>Grenzwertschalter</u> (Zweipunktregler) nach Bild 67b
werden im Vergleicher VG die Meßsignalspannung u_x (Regelgröße)
und eine zweite Meßsignalspannung u_w (Vergleichs- oder Füh-

rungsgröße) miteinander stetig verglichen. Das Ausgangssignal $u_x - u_w$ (Reglerabweichung) wirkt auf den Schalter S, dessen Ausgangssignalspannung u_y nur zwei verschiedene Werte annehmen kann und der Stellgröße y im Regelkreis entspricht.

4.2.2. Spitzenwertmessung

Eine einfache Schaltung zur Messung des Meßsignalspannungs-Spitzenwerts $\hat{u}$ ergibt sich mit der Einweggleichrichtung nach Bild 68a.

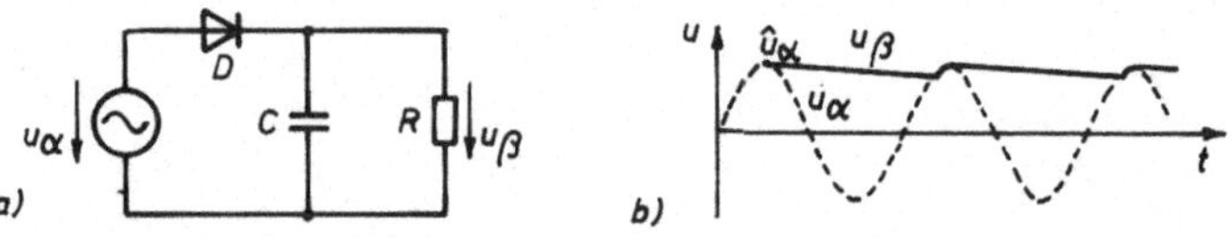

Bild 68 Spitzenwertmessung mit Einweggleichrichter
    a) Schaltung mit Diode D, Ladekondensator C und Belastungswiderstand R, b) zeitlicher Verlauf der Ein- und Ausgangsspannungen u_α und u_β

Nach Erreichen der Amplitude $\hat{u}_\alpha$ hat sich der Kondensator C über die Diode D aufgeladen und versucht, den Amplitudenwert $\hat{u}_\alpha$ mit u_β nach Bild 68b zu halten. Bildet man den Belastungswiderstand R als FET-Schalter aus, so hat man eine Abtast-Halteschaltung (Sample & Hold). Für $R \to \infty$ wird die Ausgangsspannung $u_\beta = \hat{u}_\alpha$ konstant gehalten. Während der negativen Meßspannungs-Halbschwingung kann man bei kurzzeitig kleinem Widerstand $R \approx 0$ den Kondensator C stoßartig auf $u_\beta = 0$ entladen.

4.2.3. Linearer Mittelwert einer Zeitfunktion

Den linearen Mittelwert $\bar{u}$ einer stochastischen (regellosen) Zeitfunktion u nach Bild 69a berechnet man für eine ausreichend große Integrationszeit T aus

$$\bar{u} = \frac{1}{T} \int_0^T u \, dt \tag{123}$$

Wenn bei einer periodischen Zeitfunktion die Integrationszeit T_1 nicht einem ganzzahligen Vielfachen der Periodendauer T_M der niedrigsten vorkommenden Meßfrequenz entspricht, hat der gemessene Mittelwert gemäß der Darstellung in Bild 69b einen Fehler, der erst bei ausreichend großer Meßzeit (Integrationszeit) $T \gg T_M$ vernachlässigbar klein wird.

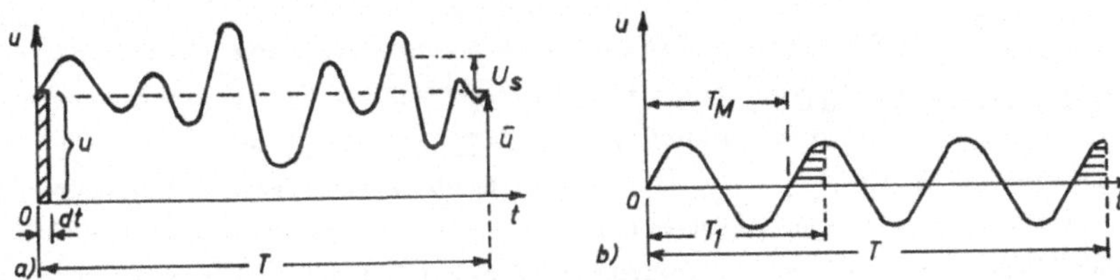

Bild 69 Zeitlich veränderliche Spannung u

     a) stochastische Zeitfunktion u mit linearem Mittelwert $\bar{u}$ und Effektivwert U_s des Wechselspannungsanteils (bezogen auf $\bar{u}$), b) Sinusfunktion mit Periodendauer T_M und Meßzeiten T_1 und T

Meßtechnisch läßt sich der lineare Mittelwert einer zeitabhängigen Meßgröße mit integrierenden Meßgeräten (s. Abschn. 4.1.3) ermitteln. So kann man den Mittelwert u z.B. einfach mit einem trägen Drehspulmeßwerk messen, das bei kleiner Eigenfrequenz f_0 gegenüber der kleinsten Meßfrequenz f_{Mmin}, d.h. für $f_0 \ll f_{Mmin}$ den linearen Mittelwert $\bar{u}$ nach Gl. (123) bildet.

4.2.4. Statistische Analysen

Die <u>Standardabweichung</u> s einer endlichen Stichprobenanzahl x_i bzw. σ einer unendlich großen Stichprobenanzahl, d.h. der Grundgesamtheit eines stochastischen (regellosen) Vorgangs kennzeichnet die statistische Schwankung (als Merkmalwert) der Zeitwerte um den Mittelwert $\bar{x}$ und wird berechnet nach

$$s = + \sqrt{\frac{1}{n-1} \sum_{i=1}^{n} (x_i - \bar{x})^2} \qquad (124)$$

Ebenso als quadratischer Mittelwert definiert ist der __Effektivwert__ U_s des Wechselspannungsanteils $u_s = u - \bar{u}$, der um den Gleichanteil (linearer Mittelwert) $\bar{u}$ einer stochastischen Zeitfunktion u nach Bild 69a schwankt. Dieser Effektivwert ist

$$U_s = \sqrt{\frac{1}{T} \int_0^T (u - \bar{u})^2 dt} \tag{125}$$

Infolge der Proportionalität $U_s \sim s$ kann eine Maßzahl für die __Standardabweichung__ s eines regellosen zeitlichen Spannungsverlaufes $u = f(t)$ durch Messung des __Effektivwerts__ des Wechselspannungsanteils u_s z.B. mit einem Drehspulmeßwerk mit Thermoumformer, mit Dreheisenmeßwerk oder elektrodynamischem Meßwerk bei Kompensation oder Eliminierung des Gleichanteils $\bar{u}$ ermittelt werden.

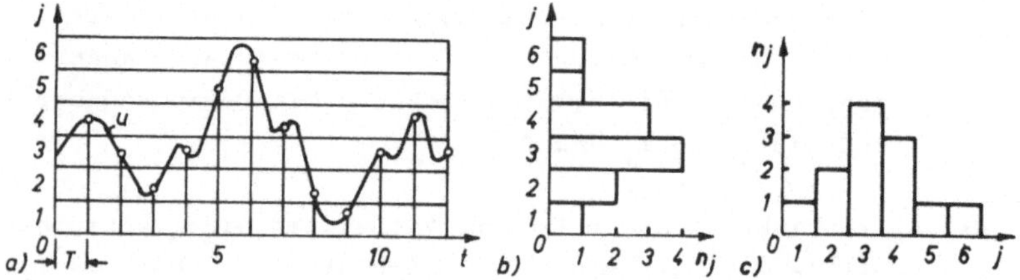

Bild 70 Klassierung mit dem Stichprobenverfahren (DIN 45667)
a) Stochastische Zeitfunktion u mit Klassennummer j über der Zeit t, b) Histogramm (Säulen-Darstellung) mit der Klassennummer j über der absoluten Klassenbesetzungszahl n_j und c) umgekehrt n_j über j

__Häufigkeitsverteilungen__ von zeitlich regellos verlaufenden Meßspannungssignalen werden bei elektronischer statistischer Auswertung mit __Klassiergeräten__ nach folgenden Verfahren (DIN 45 667) ermittelt:

Stichproben-, Verweildauer-, Spitzenwert-, Klassendurchgangs-, Spannen- und Spannenpaar-Verfahren.

Beim __Stichprobenverfahren__ werden die Zeitwerte des Meßspannungssignals u nach Bild 70a in wählbaren, gleichmäßigen (oder

auch regellos schwankenden), zeitlichen Abständen T festge-
stellt (abgetastet) und in k Klassen von der Breite w mit den
Klassennummern j gezählt. Man wählt die Klassenbreiten des
Merkmals $w \leqq \sigma/3$, die Anzahl der Klassen $k = \sqrt{n}$ meist mit
$k = 10...20$ und die Stichprobenanzahl $n = 100...100000$ (DIN
55 302) für jede Auswertung.

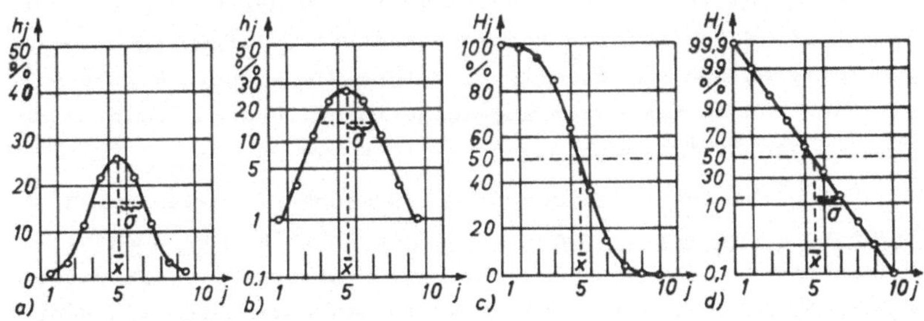

Bild 71 Klassenhäufigkeit $h_j = f(j)$ in linearer Darstellung
(a) und mit Wahrscheinlichkeitsskala (b) im Häufigkeitspapier mit Klassennummern j der Merkmalsteilung
sowie Häufigkeitssummen $H_j = f(j)$ in linearer Darstellung (c) und mit Wahrscheinlichkeitsskala (d) im Wahr-
scheinlichkeitsnetz

Als <u>Ergebnis</u> des Stichprobenverfahrens zeichnet man bei der
Zählung der absoluten Klassenbesetzung n_j, d.h. der Anzahl
der Meßwerte innerhalb der Grenzen der betreffenden Klasse j,
ein <u>Histogramm</u> (Stufendiagramm mit Säulendarstellung) nach
Bild 70b oder c oder bezogen auf die Gesamtzahl der Meßwerte
die <u>Klassenhäufigkeitsverteilung</u> (Glockenkurve) $h_j = f(j)$ nach
Bild 71a oder b.

Beim Aufsummieren der absoluten Besetzungszahlen (Anzahl der
Meßwerte, die kleiner oder gleich der oberen Grenze der be-
trachteten Klassen sind), erhält man die absolute Summenbeset-
zung oder, bezogen auf die Gesamtzahl der Meßwerte, die <u>Summen-
häufigkeit</u> $H_j = f(j)$ nach Bild 71c oder d.

In der <u>Klassenhäufigkeit</u> (Glockenkurve) nach Bild 71a und b werden die relativen Häufigkeiten h_j (in % der Anzahl n der Beobachtungswerte) entweder linear oder mit Wahrscheinlichkeitsskala im Häufigkeitspapier über den Klassenmitten j aufgetragen. Für die Summenhäufigkeit nach Bild 71c und d werden die aufsummierten Besetzungszahlen bezogen auf die Gesamtzahl n als Häufigkeitssummen H_j - beginnend mit der höchsten Klasse bis zur jeweiligen Klasse aufsummiert - an der Untergrenze jeder Klasse j (am unteren Merkmalsgrenzwert) aufgetragen. Beim Aufsummieren von der niedrigsten gegen die höchste Klasse wird an jeder oberen Klassengrenze aufgetragen, und es ergibt sich eine um den Zentralpunkt gespiegelte Kurve.

Wenn die erhaltenen Klassen- oder Summenhäufigkeiten durch Gaußsche Normalverteilungskurven angenähert werden können, lassen sich leicht charakteristische Kennwerte für die untersuchten Zeitfunktionen ermitteln. Im Diagrammpapier mit Wahrscheinlichkeitsskala nach Bild 71b und d lassen sich die Häufigkeitskurven besser zeichnen und auswerten als bei linearer Darstellung nach Bild 71a und c.

Aus der Klassenhäufigkeit (Glockenkurve nach Bild 71a oder b) kann man bei der maximalen Häufigkeit h_{jmax} den Mittelwert $\bar{x}$ und bei $h_j = 0{,}606\ h_{jmax}$ die Standardabweichung $\pm\,\sigma$ in der Klasseneinteilung ablesen.

Aus der Summenhäufigkeit nach Bild 71c oder d erhält man für $H_j = 50$ % den Mittelwert $\bar{x}$ und zwischen $H_j = 84{,}13$ % und $15{,}87$ % die Standardabweichung $\pm\,\sigma$ als Maß für die Streuung.

4.3. Frequenzgeräte

4.3.1. Frequenzanalyse

Um für die Ermittlung von Frequenzinhalten einer Meßsignalspannung u die zeitabhängige Darstellung $u = f(t)$ nach Bild 72a in eine frequenzabhängige Darstellung $u = f(f_M)$ nach Bild 72b zu überführen, werden mathematisch Transformationen (mit Hilfe der Fourier-Reihe, des Fourier-Integrals und des

Laplace-Integrals) und meßtechnisch <u>Frequenzanalysen</u> durchgeführt.

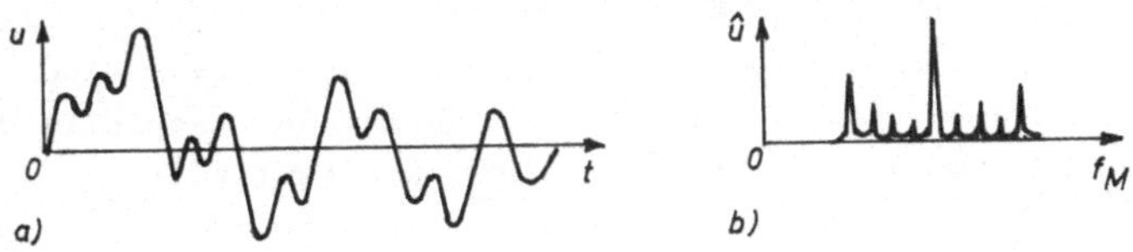

Bild 72 Meßsignalspannung, a) in zeitabhängiger Darstellung
u = f(t) im Zeitbereich, b) in frequenzabhängiger Darstellung mit Scheitelwert $\hat{u} = f(f_M)$ im Frequenzbereich

Bei der elektronischen <u>Frequenzanalyse</u> erhält man von einer
Meßsignalspannung u(t) nach Bild 72a das <u>Frequenzspektrum</u>
(Frequenz-Histogramm) $\hat{u} = f(f_M)$ nach Bild 72b nicht nur von
harmonischen, sondern von allen enthaltenen Frequenzen, jedoch
ohne Aussage über die Phasenlage der Teilfrequenzen. Eine stochastische (regellose) Meßsignalspannung liefert ein kontinu-
ierliches Frequenzspektrum.

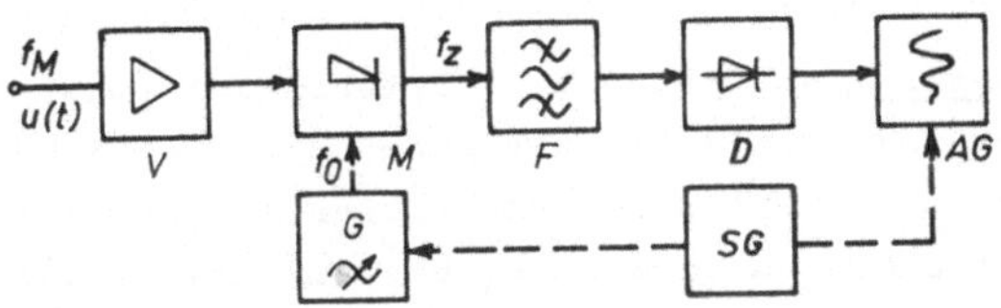

Bild 73 Signalflußplan eines Frequenzspektrum-Analysators
u(t) Meßspannung mit der Frequenz f_M, f_O variable Frequenz des Oszillators G, $f_z = f_M - f_O$ Zwischenfrequenz
V Verstärker, M Mischstufe, F Filter, D Gleichrichter,
AG Ausgabegerät, SG Steuergerät

In einem elektronischen <u>Frequenzspektrum-Analysator</u> werden von
der Meßsignal-Eingangsspannung u entweder zeitlich nacheinander durch ein Filter oder gleichzeitig parallel durch viele
Filter jene spektralen Frequenzanteile durchgelassen, die innerhalb eines schmalen Frequenzbandes Δf liegen.

Bild 73 zeigt den Signalflußplan eines Frequenzspektrum-Analysators, und zwar des <u>Suchtonanalysators</u>. Durch Verändern der Oszillatorfrequenz f_O während der Analysendauer von einigen Minuten ergeben von dem Frequenzgemisch der Meßsignalspannung $u(t)$ einzelne Frequenzanteile f_M nacheinander (seriell) die feste Zwischenfrequenz $f_z = f_M - f_O$. Die Amplituden dieser Zwischenfrequenz werden über das Filter F (mit der festen Durchlaßfrequenz f_z) und den Gleichrichter D vom Ausgabegerät AG je nach Betriebsart in Spitzen- oder Effektivwerten als Maß für die Meßfrequenzanteile f_M angezeigt bzw. registriert. Der Oszillator G und das Ausgabegerät AG (Registriergerät oder Oszilloskop) werden von einem Steuergerät SG proportional der gesuchten Meßfrequenzanteile f_M gesteuert.

Bei Analysatoren mit konstanter <u>Absolutbandbreite</u> wird die Filterbandbreite Δf des Filters F während des Durchstimmens konstant gehalten. Bei Analysatoren mit konstanter prozentualer <u>Relativbandbreite</u> ist $\Delta f/f_M = $ const, so daß die Absolutbandbreite Δf von der abgestimmten Meßmittenfrequenz f_M abhängig ist.

<u>Echtzeitanalysator.</u> Sehr schnelle Fouriertransformationen erreicht man mit einem Echtzeitanalysator, der nach Bild 74 über 30 (bis maximal etwa 400) parallele Filter F (z.B. Terzfilter mit Bandmittenfrequenzen $f_M = 20$ Hz bis 20 kHz) simultan mißt. Der in jedem Kanal über den Gleichrichter D ermittelte Effektivwert der Meßsignalspannung $u(t)$ wird einem Speicher Sp zugeführt, und dann werden alle Kanäle über einen Multiplexer MP auf ein Schirmbildsichtgerät als Ausgabegerät AG geschaltet. Speicher Sp, Multiplexer MP und Ausgabegerät AG werden vom Steuergerät SG gesteuert.

<u>Echtzeitanalysatoren</u> eignen sich besonders für nichtstationäre Vorgänge, da nach sehr kurzen Zeiten von je 10 bis 20 ms ein neues Spektrum dargestellt wird. Die Meßfrequenz-Bandbreite von NF-Analysatoren beträgt $f_M = 0,1$ Hz bis 100 kHz in mehreren Bereichen. Die Frequenzauflösung (Bandbreite der Selektionsfilter) liegt bei Absolutbandbreiten im Bereich von 1 Hz

bis 1000 Hz und bei prozentualen Relativbandbreiten bei 0,1 %
bis 30 %. Der Dynamikbereich, d.h. das maximal zulässige Amplitudenverhältnis zwischen Spannungen von verschiedenen Teilfrequenzen, beträgt 100 dB.

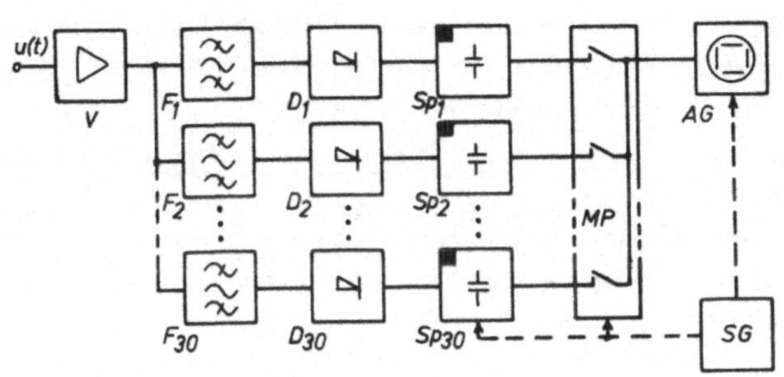

Bild 74 Echtzeitanalysator-Blockschaltbild für die Frequenz-
analyse der Meßsignalspannung u(t)
V Eingangsverstärker, F Filter, D Detektor, Sp Speicher, MP Multiplexer, AG Ausgabegerät, SG Steuergerät

<u>Anwendung von Frequenzspektrum-Analysatoren.</u> Hauptanwendungs-
gebiete sind Schwingungsuntersuchungen und Ermittlung von Re-
sonanzfrequenzen und Störschwingungen im Maschinenbau, Fahr-
zeugbau, Bauwesen und in der Akustik.

Für die Untersuchung von periodischen Schwingungssignalen mit
vielen vollkommen <u>stabilen</u> harmonischen Spektralanteilen bevorzugt man den Analysator mit konstanter Absolutbandbreite;
für <u>nicht stabile</u> Schwingungen ist ein Analysator mit konstanter Relativbandbreite geeignet. Für allgemeine Untersuchungen
genügen ost Analysen mit großer Bandbreite, z.B. einer Terz
mit $\Delta f/f_M \approx 23$ % oder sogar einer Oktave mit $\Delta f/f_M \approx 70$ %.

Ein vorhandener Analysator mit vorgegebener Bandbreite kann
für andere Frequenzanalyse-Bereiche eingesetzt werden, wenn
die Frequenzen der Meßsignalspannung mit einem Magnetband-Registriergerät durch Variation der Bandgeschwindigkeit zwischen
Aufnahme und Wiedergabe bis zu einem Verhältnis von 64 : 1

oder 1 : 64 transponiert werden (s. Abschn. 3.4.2).

4.3.2. Korrelationsanalyse

Fouriertransformationen können sowohl mit der Frequenz- als auch mit der Korrelationsanalyse durchgeführt werden. Somit ergeben beide Verfahren die gleichen Informationen des Signals, jedoch in verschiedener Art.

Mit der **Auto-** und der **Kreuz-Korrelationsanalyse** werden Zusammenhänge von **stochastischen** (regellosen) oder **periodischen** Zeitfunktionen in der Regelungstechnik, Schwingungstechnik, Akustik, Aerodynamik, Medizin und in der Radioastronomie untersucht.

Autokorrelationsanalyse. Sie dient zur Ermittlung von inneren Zusammenhängen einer stochastischen Zeitfunktion $u_1(t)$ nach Bild 75a.

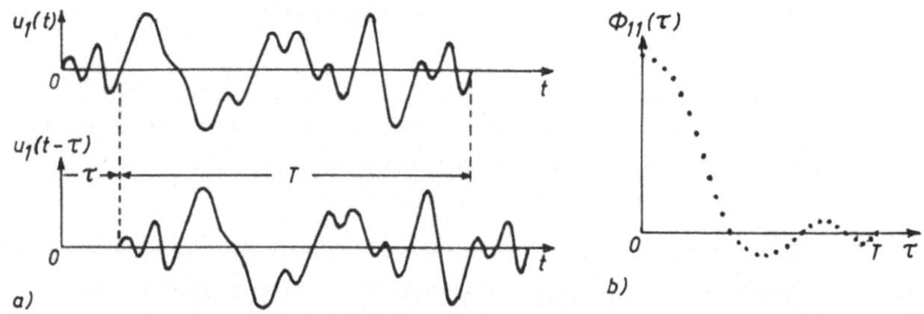

Bild 75 Stochastische Zeitfunktion $u_1(t)$ und $u_1(t-\tau)$ mit der Verschiebungszeit τ und der Integrationszeit T (a) und Autokorrelationsfunktion $\Phi_{11}(\tau)$ (b)

In einem elektronischen **Korrelationsanalysator** mit dem Prinzip-Signalflußplan nach Bild 76 wird in der Schalterstellung S_1 die Meßsignalspannung $u_1(t)$ mit der in der Verzögerungseinheit VE um die veränderbare Verschiebungszeit τ verschobene Zeitfunktion $u_1(t-\tau)$ nach Bild 75a im Multiplizierer M multipliziert. Das Produkt wird im Integrierer I über eine hin-

reichend lange Integrationszeit T gemittelt zur <u>Autokorrela-</u>
<u>tionsfunktion</u>

$$\Phi_{11}(\tau) = \frac{1}{T} \int_{0}^{T} u_1(t)\, u_1(t-\tau)\, dt = \overline{u_1(t)\, u_1(t-\tau)} \quad (126)$$

Im elektronischen Korrelator nach Bild 76 werden somit die in
der Definitionsgleichung (126) enthaltenen Vorgänge "Verschieben, Multiplizieren und Mitteln" meßtechnisch ausgeführt.

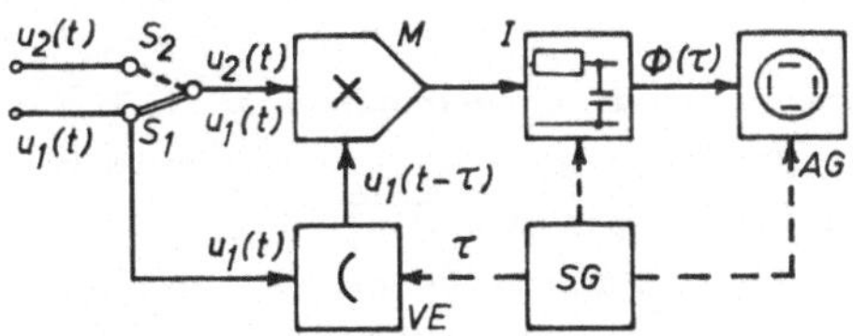

Bild 76 Prinzip-Signalflußplan eines elektronischen Korrela-
tors zur Auto- bzw. Kreuzkorrelationsanalyse der Meßsignalspannungen u_1 und u_2 (Schalterstellung S_1und S_2)
VE Verzögerungseinheit, M Multiplizierer, I Integrierer, AG Ausgabegerät, SG Steuergerät

Die erhaltenen einzelnen Mittelwerte Φ_{11} werden in Abhängigkeit von der Zeitverschiebung τ in einem Sicht- oder Registriergerät als Ausgabegerät AG dargestellt. Die Vorgänge in
der Verzögerungseinheit VE, im Integrierer I und im Ausgabegerät AG werden vom Steuergerät SG gesteuert.

Als Ergebnis erhält man für jede Zeitverschiebung τ einen
Punkt der <u>Autokorrelationsfunktion</u> $\Phi_{11}(\tau)$ nach Bild 75b als
Maß für die Ähnlichkeit der Meßsignalfunktion $u_1(t)$ zu ihrer
eigenen zeitverschobenen Darstellung $u_1(t-\tau)$. Diese Funktion $\Phi_{11}(\tau)$ hat bei $\tau = 0$ ein Maximum (entsprechend dem qua-
dratischen Mittelwert) und strebt bei zunehmendem τ um so
schneller gegen Null, je regelloser der untersuchte Vorgang
ist.

Für periodische Anteile der Meßsignalfunktion $u_1(t)$ mit der
Periodendauer T zeigt die Korrelationsfunktion Φ_{11} für jede

Verschiebungszeit $\tau = T$ weitere positive Maxima, weil dabei immer größte Ähnlichkeit für die periodischen Anteile der Meßsignalfunktion zu ihrer zeitverschobenen Darstellung besteht.

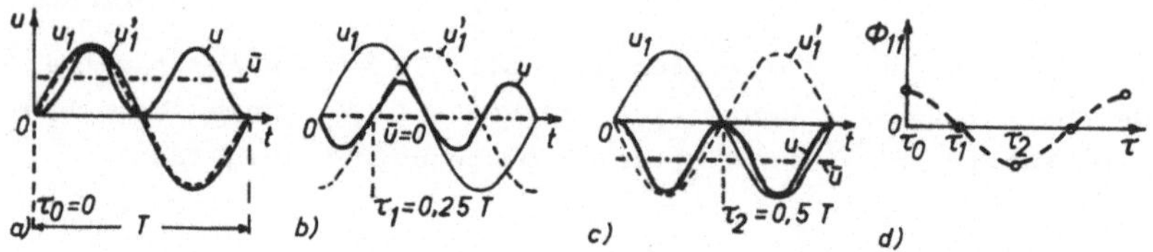

Bild 77 Autokorrelation einer Sinusspannung u_1 mit zeitlich verschobener Spannung $u_1' = u_1(t - \tau)$ sowie dem Produkt $u = u_1 u_1'$ und Mittelwert $\bar{u} = \overline{u_1 u_1'}$
T Periodendauer, τ Verschiebungszeit   (a, b, c)
$\Phi_{11}(\tau)$ Autokorrelationsfunktion   (d)

Die Bildung der Autokorrelationsfunktion $\Phi_{11}(\tau)$ ist in der Darstellung in Bild 77a bis d für einen rein periodischen Vorgang $u_1(t)$ und $u_1' = u_1(t - \tau)$ für die Verschiebungszeiten $\tau = (0, \quad 0,25 \text{ und } 0,5)T$ im Verlauf des Produkts $u = u_1(t)\, u_1(t - \tau)$ und dessen Mittelwert $\bar{u} = \overline{u_1 u_1'}$ prinzipiell zu erkennen.

<u>Kreuzkorrelationsanalyse.</u> Diese liefert gegenüber der Autokorrelationsanalyse Informationen über die Wechselbeziehung zwischen zwei verschiedenen, aber gleichzeitigen, stochastischen zeitabhängigen Meßsignalspannungen $u_1(t)$ und $u_2(t)$.

Meßtechnisch wird bei der Ermittlung der <u>Kreuzkorrelationsfunktion</u> $\Phi_{12}(\tau)$ der Produktmittelwert der beiden um die veränderbare Verschiebungszeit τ gegeneinander verschobenen Funktionen $u_2(t)$ und $u_1(t - \tau)$ gebildet zu

$$\Phi_{12}(\tau) = \frac{1}{T} \int_0^T u_1(t - \tau)\, u_2(t)\, dt = \overline{u_1(t - \tau)\, u_2(t)} \quad (127)$$

Die Kreuzkorrelationsfunktion $\Phi_{12}(\tau)$ wird mit einem elektronischen Korrelator nach Bild 76 in der Schalterstellung S2 ermittelt. Aus dem Ergebnis erkennt man die Frequenzzusammenhänge der beiden Meßsignalspannungen $u_1(t)$ und $u_2(t)$.

Die Funktionen $\Phi_{11}(\tau)$ bzw. $\Phi_{12}(\tau)$ werden für verschiedene Verschiebungszeiten τ in Echtzeit (On-Line) oder auch nach einer Zwischenspeicherung, z.B. mit einem Magnetband-Registriergerät, nach der Messung (Off-Line) ermittelt. Produkt- und Mittelwert können punktweise in analoger oder in digitaler Form gebildet werden. Während einer Analyse werden etwa 100 bis 1000 Punkte für eine Auto- bzw. Kreuzkorrelationsfunktion ermittelt.

Anwendung. Mit elektronischen Korrelationsanalysatoren lassen sich Auto- und Kreuzkorrelations-, Signalmittelwerte- und Wahrscheinlichkeitsverteilungs-Analysen durchführen.

Die Autokorrelationsfunktion $\Phi_{11}(\tau)$ als Ergebnis einer Analyse liefert eine Aussage über periodische Anteile, die in einem stochastischen Signalverlauf eingebettet sind. Ihre Ähnlichkeit mit der Funktion $(\sin x)/x$ hat keine besondere Bedeutung.

Die Kreuzkorrelationsmeßtechnik ermöglicht z.B. Untersuchungen der Systemeigenschaften von Prozeßsteuerungen in Produktionsbetrieben. Dabei werden die Übertragungseigenschaften des zu untersuchenden Systems nicht speziell über den Frequenzgang oder die Impulsantwort mit dem Nachteil des Abschaltens der Anlage bestimmt, sondern das System wird ohne Unterbrechungsstörung des Betriebes mit einem amplitudenmäßig kleinen Breitbandrauschen (mit einem Frequenzspektrum von Null Hz bis zu sehr hohen Frequenzen ähnlich wie bei einer Impulsfunktion) angeregt. Die Kreuzkorrelation zwischen Anregungsrauschen und Systemantwort schaltet die Beeinflussung des Meßergebnisses durch Störsignale aus und liefert die gewünschte Impulsantwort des Systems.

Korrelationsverfahren eignen sich auch für Geschwindigkeits- und Durchflußmessungen.

5. Meßketten-Schaltungsarten und Störspannungen

Zur Lösung von vielseitigen Meßproblemen lassen sich unter Beachtung verschiedener Bedingungen mit serienmäßigen Geräten (als Meßkettenglieder) Meßketten in vielfältigen Kombinationen, also in Meßsystemen, zusammenstellen.

5.1. Meßkettenglieder

5.1.1. Anpassungsbedingungen der Meßkettenglieder

Bei der Zusammenschaltung der Meßkettenglieder in der Meßkette müssen folgende Anpassungsbedingungen beachtet werden, um optimale Gerätekombinationen zu bekommen.

Empfindlichkeiten S_{AN} von Aufnehmer, S_{AP} von Anpasser (Anpassungsschaltung) und S_{AG} von Ausgeber (Ausgabegerät) ergeben die Meßketten-Gesamtempfindlichkeit

$$S = S_{AN}\, S_{AP}\, S_{AG} \tag{128}$$

Meßbereichendwerte der Meßglieder müssen der Meßaufgabe angepaßt werden.

Signalarten, wie Gleich- oder Wechselspannung, analog oder digital, müssen verarbeitet werden können.

Eingangs- bzw. Ausgangswiderstände bestimmen Spannungsanpassung mit eingeprägter Spannung für große Eingangswiderstände $R_\alpha \geqq 1 \text{ k}\Omega$ und Stromanpassung mit eingeprägtem Strom für kleine Eingangswiderstände $R_\alpha \leqq 1 \text{ k}\Omega$ des folgenden Meßkettengliedes, sowie Leistungsanpassung bei gleichen Ausgangs- und Eingangswiderständen zwischen zwei Meßkettengliedern.

Temperaturverhalten ermöglicht mit gegensinnigem Temperatureinfluß von Meßgliedern Temperatureinflußfehler zu kompensieren (s. Abschn. 6.3.4).

Potentialverhältnisse der Meßquelle und Anzahl der Verbindungsleiter (s. Abschn. 3.3.10), Erdungsverhältnisse in der Meßschaltung und in den Folgegeräten (s. Abschn. 5.1.2) sowie

Gegentakt- und Gleichtakt-Unterdrückung (s. Abschn. 5.2) sind
zu berücksichtigen.

5.1.2. Geerdete und isolierte Meßquellen-, Meßverstärker- und Ausgabegeräte-Arten

Die nachfolgende Übersicht zeigt die grundsätzlichen Möglichkeiten der Zusammenschaltung von Meßquelle (Meßfühlerschaltung), Meßverstärker (Anpaßschaltung) und Meßdatenverarbei-
tungsgerät bzw. Ausgabegerät bezüglich der Erdungsverhältnisse
der Geräte.

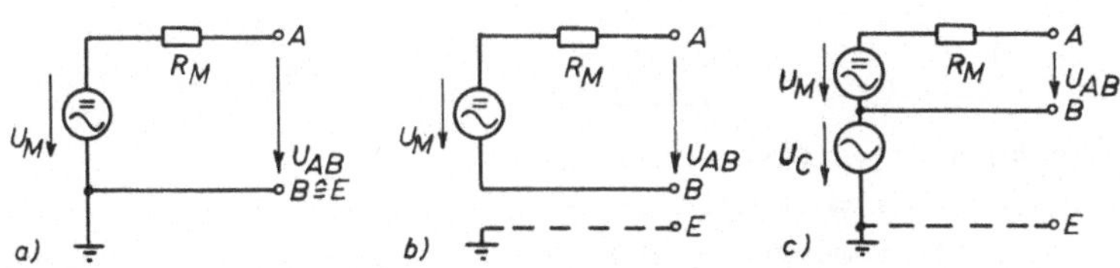

Bild 78 Asymmetrische Meßquellen U_M mit Erdpunkt E, Meßquel-
leninnenwiderstand R_M und Klemmenspannung U_{AB}
a) einseitig geerdet, b) von Erde isoliert, c) auf
Gleichtaktspannung U_C liegend (s. Abschn. 5.2.6)

Meßquellen können auf sechs Grundarten, und zwar auf asymmetrische Arten nach den in Bild 78a bis c oder auf symmetrische
Arten nach den in Bild 79a bis c dargestellten Schaltungen zu-
rückgeführt werden.

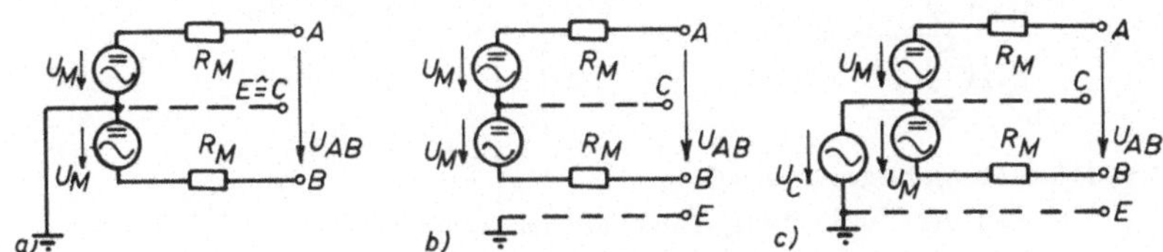

Bild 79 Symmetrische Meßquellen U_M mit Erdpunkt E, Innenwiderstand R_M und Klemmenspannung U_{AB}
a) Mittelpunkt geerdet, b) von Erde isoliert
c) auf Gleichtaktspannung liegend

Bei <u>asymmetrischen</u> Meßquellen nach Bild 78b ist die Erdung der
Klemmen A oder B meist möglich, nach Bild 78c ist die Erdung
von A oder B unzulässig. Bei <u>symmetrischen</u> Meßquellen nach
Bild 79a ist die Erdung von A oder B unzulässig, nach Bild 79b
ist die Erdung vorzugsweise von C möglich und nach Bild 79c
ist die Erdung von A, B oder C unzulässig.

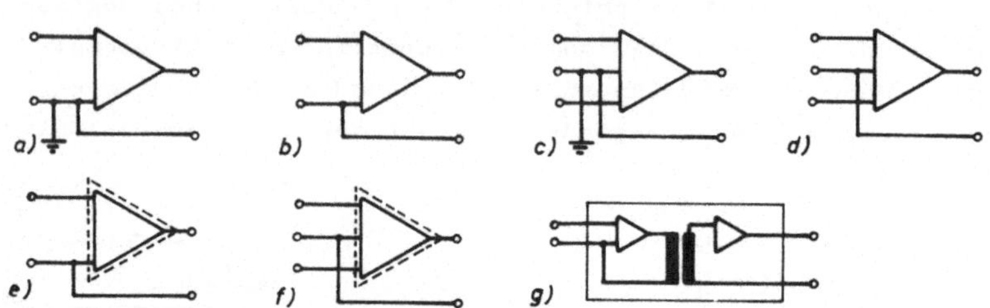

Bild 80 Meßverstärkerarten

    a) asymmetrisch, geerdet, b) asymmetrisch, isoliert,
    c) symmetrisch, im Mittelpunkt geerdet, d) symmetrisch,
    isoliert; alle ungeschirmt, e) asymmetrisch, isoliert
    und f) symmetrisch, isoliert; beide geschirmt,
    g) Isolierverstärker

Geerdete oder isolierte <u>Meßverstärkerarten</u> lassen sich nach
den in Bild 80a bis g gezeigten sieben verschiedenen asymme-
trischen, symmetrischen, geerdeten, isolierten bzw. geschirm-
ten Typen ordnen.

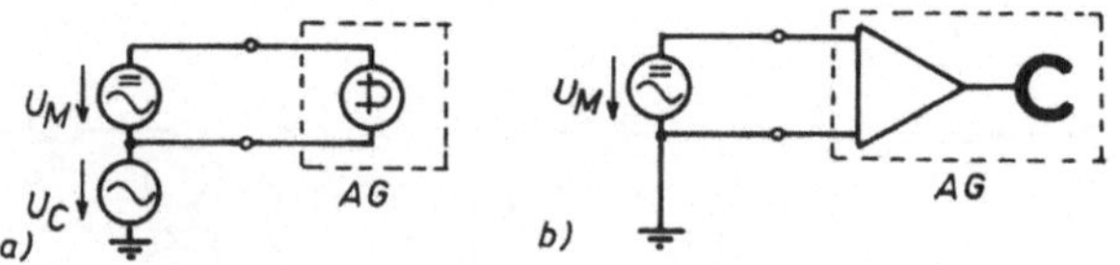

Bild 81 Ausgabegeräte AG

    a) mit von Erde isoliertem Eingang
    b) mit einseitig geerdetem Eingang

Bei <u>Ausgabegeräten</u> unterscheidet man die in Bild 81a und b gezeigten, isolierten oder einseitig geerdeten Arten.

5.1.3. Meßglieder-Kombinationen

Aus der in Tafel 11 dargestellten Beurteilungsübersicht von
Meßglieder-Kombinationen mit verschiedenen Arten von Meßquellen nach Bild 78 und 79, Meßverstärkern nach Bild 80 und Ausgabegeräten nach Bild 81 lassen sich mit den in der Tabellen-
legende genannten Bedeutungen die optimalen Gerätekombinationen für jeden besonderen Anwendungsfall auswählen.

Tafel 11 Beurteilung von Meßglieder-Kombinationen (SIEMENS)
Q_1 bis Q_6 Meßquellen nach Bild 78a bis c und Bild 79a
bis c, V_1 bis V_7 Meßverstärker nach Bild 80a bis g,
A_1 und A_2 Ausgabegeräte nach Bild 81a und b

	V_1		V_2		V_3		V_4		V_5		V_6		V_7
Q_1	2	2	1	2	1	2	1	2	1	2	1	3	1
Q_2	1	2 4	1	2 4	4	2 4	1	4	1	4	1	4	1
Q_3	5	5	3	5	2 3	2 3	3	5	3	5	3	5	3
Q_4	5	5	1	5	1	2	1	2	1	5	1	2	1
Q_5	4	4	5	5	4	2 4	1	4	1	4	1	4	1
Q_6	5	5	5	5	3	2 3	3	5	3	5	1	3	3
	A_1	A_2	A_1	A_2	A_1	A_2	A_1	A_2	A_1	A_2	A_1	A_2	A_1, A_2

Für die Gerätekombinationen bedeuten die Ziffern in Tafel 11:

1 ohne Einschränkung möglich
2 bedingt möglich, da durch die zwei Erdpunkte Erdschleifen
  mit Störungen bei Potentialdifferenzen zwischen den beiden
  Erdpunkten entstehen
3 bedingt möglich; für die Gleichtaktspannung müssen die Iso-

lationsfestigkeit des Verstärkers und des Folgegerätes und
die Gleichtaktunterdrückung ausreichend sein
4 bedingt anwendbar, aber nur dann, wenn die Meßquelle geerdet
werden kann
5 nicht möglich, da Kurz- bzw. Erdschlüsse auftreten

5.2. Störspannungen in der Meßkette

In der Meßkette können infolge von internen oder externen
Störeinflüssen die Meßsignalspannungen bzw. -ströme durch
Störspannungen bzw. -ströme überlagert sein. [5]

5.2.1. Interne elektrische Langzeitstörungen

Diese Eigenstörungen können die nachfolgend genannten Ursachen
haben.

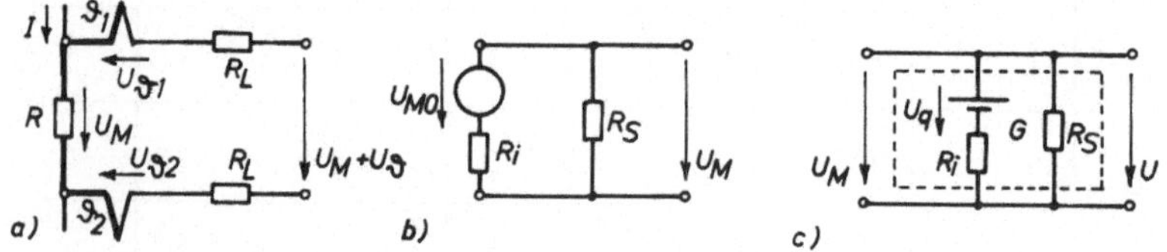

Bild 82 Beeinflussung der Meßspannung U_M durch interne Lang-
zeitstörungen
a) Thermoelektrische Spannung $U_\vartheta = U_{\vartheta 1} - U_{\vartheta 2}$ zwischen
Shunt R aus Konstantan und Kupferleiter R_L
b) Isolationswiderstand R_S der Meßleitungen zwischen
Meßsignalleerlaufspannung U_{MO} (mit Innenwiderstand R_i)
am Anfang und U_M am Ende der Leitung
c) Galvanisches Element G mit Quellenspannung U_q, Innenwiderstand R_i und Isolationswiderstand R_S

Thermoelektrische Spannungen entstehen in einem Stromkreis mit
verschiedenen Metallen als Stromleiter nach Bild 82a, wenn die
Verbindungsstellen unterschiedliche Temperaturen ϑ_1 und ϑ_2
aufweisen. Der Meßspannung U_M überlagert sich die Differenz-

thermospannung $U_\vartheta = U_{\vartheta 1} - U_{\vartheta 2} = 1\ \mu V$ bis $100\ \mu V$ zu $U_M + U_\vartheta$.

<u>Isolationswiderstände</u> und bei Wechselspannungen auch Kapazitä-
ten zwischen den Leitern (oder auch gegen Erde) können nach
Bild 82b die Meßsignal-Leerlaufspannung U_{MO} auf die Klemmenspannung $U_M = U_{MO} R_S/(R_i + R_S)$ verkleinern.

<u>Galvanische Elemente</u> können durch Feuchtigkeit und Salze als
Elektrolyt mit kleinem Isolationswiderstand R_S nach Bild 82c
zwischen den blanken Leitern gebildet werden. Dadurch können
galvanische Störspannungen U_q von einigen 100 mV entstehen.

<u>5.2.2. Interne kurzzeitige Störungen</u>

Nachfolgend werden die wichtigsten Ursachen für interne, kurz-
zeitige (transiente) Störungen beschrieben.

<u>Schaltungseinflüsse</u> können Rückwirkungen von einem Meßsignal
auf ein anderes Meßsignal oder auf einen elektrischen Regler
ausüben; sie können meist durch Änderung der Zusammenschaltung
vernachlässigbar klein gemacht werden.

<u>Schaltvorgänge</u> senden u.U. Störimpulse aus, die weiter uner-
wünschte Schaltvorgänge auslösen können. Diese Schaltimpulse
lassen sich meist durch Zuschalten von Kondensatoren oder Dioden verkleinern.

<u>Mikrophoniestörungen</u> entstehen z.B. durch mechanische Erschüt-
terungen, durch Änderungen von Kontaktübergangswiderständen
oder von Kapazitäten bzw. Induktivitäten von Kabeln.

<u>Piezoeffektstörungen</u> können entstehen, wenn mechanische Kräfte
im Dielektrikum beim Knicken eines Kabels wirken. Dabei werden
elektrische Ladungen von etwa $Q = 10^{-10}$ As influenziert. Bei
der Kabellänge $l = 5$ m und der spezifischen Kabelkapazität
$C/l = 100$ pF/m ergibt sich dann z.B. bei der Kabelkapazität
$C = 500$ pF die Spannung $U = Q/C = 10^{-10}$ As$/(500 \cdot 10^{-12}$ F$) =$
200 mV.

<u>Elektrostatische Störspannungen</u> können beim Reiben von iso-

lierten Teilen verschiedener Stoffe, wie z.B. Luft, Isolatoren oder Metallen, entstehen.

Widerstandsrauschspannungen ergeben sich nach der Nyquist-Formel $U = (4\ k\ T\ R\ \Delta f)^{1/2}$. So erhält man mit der Boltzmann-Konstanten $k = 1{,}3804 \cdot 10^{-23}$ Ws/K z.B. bei dem ohmschen Widerstand R = 1 MΩ und der absoluten Temperatur T = 300 K innerhalb der Beobachtungsbandbreite $\Delta f \approx$ 100 Hz die Rauschspannung

$$U \approx \left[4 \cdot 1{,}3804 \cdot 10^{-23}\ (\text{Ws/K}) \cdot 300\ \text{K} \cdot 1 \cdot 10^{6}\ \Omega \cdot 100\ \text{Hz} \right]^{1/2}$$
$$\approx 1{,}3\ \mu\text{V}$$

5.2.3. Externe elektrische Störungen

Diese Störungen gelangen in Form von <u>Gleichspannungen</u> durch galvanische Kopplung oder <u>Wechselspannungen</u> bzw. elektrische <u>Impulse</u> durch galvanische, induktive oder kapazitive Kopplung aus benachbarten elektrischen Anlagen in die Meßkette.

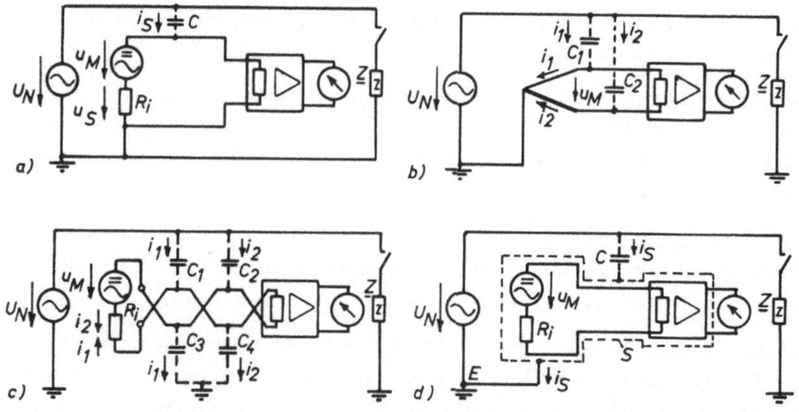

Bild 83 Kapazitive Störströme i in Kopplungskapazität C, Meßsignalquelle u_M mit Innenwiderstand R_i, verursacht durch die Netzspannung U_N
a) Störspannung u_S infolge des Störstroms i_S
b) und c) Störströme i_1 und i_2 kompensieren sich
d) Abschirmung S mit Erdung E

<u>Induktive Störspannungen</u> werden durch das Magnetfeld um einen stromdurchflossenen Leiter neben einer Meßleitung in diese Schleife induziert. Sie lassen sich hauptsächlich durch Verdrillen oder Abschirmen der Leitungen unterdrücken, ähnlich wie in Bild 83c und d dargestellt.

<u>Kapazitive Störspannungen</u> entstehen nach Bild 83a durch den Spannungsabfall

$$U_S \approx U_N R_i \omega C \tag{129}$$

des kapazitiven Netzstroms $I_S \approx U_N/X_C = U_N \omega C$ im Meßsignalquellen-Innenwiderstand R_i.

Die Störströme i_1 und i_2 kompensieren sich nach Bild 83b bei ungefähr gleichen Teilkopplungskapazitäten $C_1 \approx C_2$ und nach Bild 83c infolge der gleichen Kopplungskapazitäten $C_1 = C_2$ und $C_3 = C_4$. In der Schaltung nach Bild 83d hat der Störstrom i_S keine Störwirkung, da er über die Abschirmung S zur Erde E fließt.

<u>Beispiel 7: Kapazitive Störspannung.</u> Es ist zu ermitteln, welche kapazitive Störspannung U_S entsteht, wenn zwei nicht abgeschirmte Leitungen parallel nebeneinander die Meßspannung u_M und die Netzspannung U_N nach Bild 83a führen.

Gegeben sind Kabellänge $1 = 10$ m, Kabeladerradius $r = 0,5$ mm, Meß- und Netzkabel-Aderabstand $d = 10$ mm, Netzspannung $U_N = 220$ V, Netzfrequenz $f = 50$ Hz und Meßquellen-Innenwiderstand entweder niederohmig mit $R_i = 100\ \Omega$ oder hochohmig.

Die Kapazität der Doppelleitung zwischen den Meß- und Netzkabeladern beträgt nach $[10]$

$$C = \pi\, \varepsilon_r\, \varepsilon_o\, 1/\ \ln(d/r) =$$

$$= \pi \cdot 0,88542 \cdot 10^{-11}\ (F/m) \cdot 10\ m/\left[\ln(10\ mm/0,5\ mm)\right] =$$

$$= 92,85\ pF$$

Für die Netzfrequenz $f = 50$ Hz ergibt sich mit $\omega = 314\ s^{-1}$ der kapazitive Blindwiderstand $X_C = 1/(\omega C) = 34,28\ M\Omega$.

Die Störspannung ist für die niederohmige Meßquelle nach Gl. (129)

$$U_S \approx U_N \, R_i \, \omega \, C = 220 \text{ V} \cdot 100 \ \Omega \cdot 2 \cdot \pi \cdot 50 \text{ s}^{-1} \cdot 92{,}85 \text{ pF} =$$
$$= 641{,}7 \ \mu V$$

Bei hochohmigen Meßsignalquellen würde z.B. für die Annahme gleicher Widerstände $R_i = X_C$ die Störspannung $U_S = U_N / \sqrt{2} \approx$ 156 V, d.h. untragbar groß werden.

Maßnahmen zur <u>Verringerung</u> der kapazitiven Störspannungen sind hauptsächlich:

<u>Vergrößerung</u> des <u>Abstands</u> zwischen den Leitern gemäß Bild 83b. Hierdurch ergeben sich kleinere, symmetrische Teilkapazitäten C_1 und C_2. Somit wird die Kopplungskapazität kleiner, die Symmetrie der Teilkapazitäten C_1 und C_2 wird größer, und die Störspannung nimmt etwa mit dem Reziprokwert des Quadrates des Leiterabstands ab.

<u>Verdrillen</u> der Meßsignal- oder Netzleitung (oder beider Leitungen) nach Bild 83c erzeugt gleiche Kopplungskapazitäten $C_1 = C_2$ und $C_3 = C_4$, so daß sich die Teilstörströme $i_1 = i_2$ kompensieren.

<u>Abschirmung</u> S (guard) der Meßkette nach Bild 83d mit Erdung E.

5.2.4. Erdspannungen

Diese Störspannungen entstehen infolge von Erdströmen durch den Erdwiderstand $R_E = 0{,}1 \ \Omega$ bis $1 \ \Omega$. Sie betragen z.B. zwischen zwei Erdungspunkten im Abstand von 100 m etwa $U_E = $ 100 mV Wechselspannungsanteil mit 10 mV Gleichspannungsanteil bis maximal $U_E = 1$ V bis 10 V. In geerdeten Schaltungen nach Bild 84a können sie Störspannungen im Leitungswiderstand R_{L2} erzeugen.

Maßnahmen gegen Erdspannungseinflüsse werden vor allem durch Erdung zentral an nur einem Sammelpunkt E ohne Erdschleifen sowie durch Abschirmungen S, z.B. nach Bild 84b, getroffen.

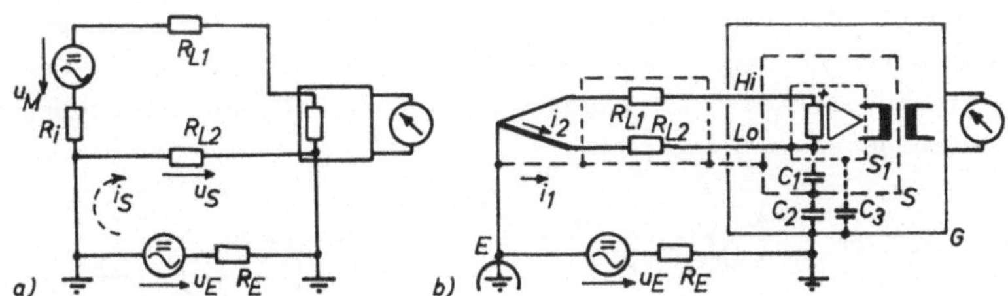

Bild 84 Einfluß von Erd-Störspannungen u_E in Meßketten

     a) Meß-Störspannung u_S am Leitungswiderstand R_{L2}

     b) sehr gute Störspannungs-Unterdrückung mit einem an

     einer fremdspannungsarmen Erde E geerdeten Schirm S

In der Schaltung nach Bild 84a hat die Erd-Störspannungsquelle u_E mit dem Quellenwiderstand R_E einen Erdschleifenstrom i_S zur Folge, der am Meßsignal-Leitungswiderstand R_{L2} die Meß-Störspannung u_S erzeugt. In der Schaltung nach Bild 84b fließt der von der Erd-Störspannungsquelle u_E herrührende Störteilstrom i_1 ohne Störwirkung über die Abschirmung S (guard, shield), und der Störteilstrom i_2 durch den Leitungswiderstand R_{L2} und die Kopplungskapazität C_3 zum Gehäuse G stört kaum, da er sehr klein ist.

5.2.5. Gegentakt- oder Serien-Störspannungen

Meß- und Störspannungen können sich in verschiedener Weise überlagern.

Gegentakt-Störspannungen u_D (normal or differential mode voltage) sind symmetrisch zu den Meßverstärker-Eingangsklemmen mit der Meßsignalspannung u_M in Reihe geschaltet und überlagern somit nach Bild 85a und b die Meßsignalspannung u_M. Gegentakt-Störspannungen entstehen z.B. durch die Oberspannungen einer Netzgleichrichter-Stromversorgung oder durch den Strom über den Kopplungskondensator C des Netzgeräts nach Bild 85c.

Durch Abschirmungen, Filterschaltungen oder z.B. durch doppelt erdsymmetrische Brücken- und Verstärkerschaltungen (mit erd-

symmetrischer Brückenspeisung und Differenzverstärkereingang)
oder durch besondere Meßverfahren, wie z.B. durch Mittelung
über eine Periode der Störfrequenz, können Gegentakt-Störspannungen unterdrückt werden.

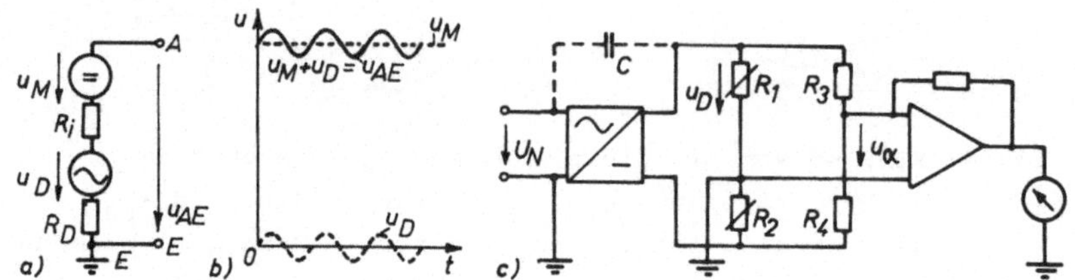

Bild 85 Gegentakt- oder Serien-Störspannung u_D
    a) Ersatzschaltung für die Reihen- oder Serienschal-
    tung der Meßsignalspannung u_M mit der Störspannung u_D
    b) zeitlicher Spannungsverlauf der resultierenden Ge-
    gentaktspannung $u_{AE} = u_M + u_D$ an den Meßverstärker-
    Eingangsklemmen AE (u_M als Gleich- und u_D als Wechsel-
    spannung angenommen)
    c) In dieser Meßkettenschaltung ergibt sich über den
    Kopplungskondensator C eine Serien-Störspannung u_D in
    der Widerstandsmeßbrücke R_1 bis R_4

<u>Gegentakt-Unterdrückungsfaktor.</u> Dieser Faktor (normal mode re-
jection factor or ratio NMRR)

$$F_D = U_{ohne}/U_{mit} \geqq 1 \tag{130}$$

ist definiert durch das Verhältnis der Störspannung ohne Entstörung U_{ohne} zu der nach der Entstörung verbleibenden Störspannung U_{mit}. Der Gegentakt-Unterdrückungsfaktor kann viele
Zehnerpotenzen bis über $10^8 \triangleq 160$ dB erreichen.

<u>5.2.6. Gleichtakt-Störspannungen</u>

Die Gleichtakt-Störspannung u_C (common mode disturbing voltage) tritt zwischen den Klemmen der Meßsignalquelle und Erde

auf, und zwar entweder asymmetrisch nach Bild 86a oder symmetrisch nach Bild 86c. Gleichtakt-Störspannungen gegen Erde werden erzeugt durch induktive und kapazitive Einstreuung von magnetischen und elektrischen Feldern in die Meßfühler- und Meßleitungs-Schaltung, durch die Kapazität des Netztransformators, durch die Speisespannung der Meßfühlerschaltung, sowie durch Erd-, Kriech- und Ausgleichsströme innerhalb der Meßkettenschaltung.

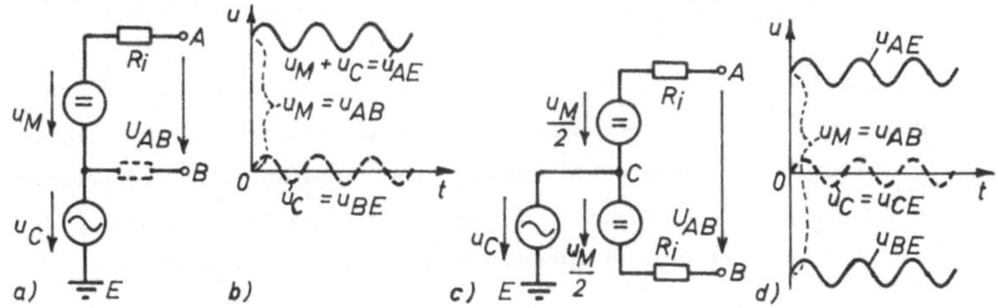

Bild 86 Gleichtakt-Störspannung u_C

  a) Ersatzschaltung für eine asymmetrische Meßquellenspannung u_M in Reihe mit der Gleichtaktspannung u_C

  b) zeitlicher Spannungsverlauf der Klemmenspannungen

$$u_{AB} = u_M = u_{AE} - u_C$$

  c) Ersatzschaltung für eine symmetrische Meßquelle u_M mit Gleichtaktspannung u_C

  d) zeitlicher Spannungsverlauf der Spannungen von (c)

In einer gegenüber Erde idealen <u>symmetrischen</u> Meßfühler- und Meßverstärkereingangs-Schaltung verursacht eine Gleichtakt-Störspannung theoretisch keinen Meßfehler, da sie an beiden Meßverstärker-Eingangsklemmen A und B eines Differenzverstärkers gleiche Amplitude und Phasenlage nach Bild 86b und d hat.

In der Praxis wird jedoch wegen ohmscher oder kapazitiver Unsymmetrien des Meßkreises, der Leitungsführung und des Verstärkereingangskreises gegenüber Erde die Gleichtakt-Störspannung in eine mehr oder weniger störende Gegentaktspannung, z. B. nach Bild 84a, durch eine Erdstörspannung in einer Erdschleife umgesetzt.

Durch Verdrillen der Meßleitungen nach Bild 83c sowie Abschirmung der Meßkabel und der Meßverstärker-Eingangsschaltung nach Bild 84b wird eine sehr große Gleichtaktunterdrückung erreicht.

<u>Gleichtakt-Unterdrückungsfaktor.</u> Dieser Faktor (common mode rejection factor or ratio CMRR)

$$F_C = \frac{V_D}{V_C} = \frac{u_{D\beta}/u_{D\alpha}}{u_{C\beta}/u_{C\alpha}} \geqq 1 \tag{131}$$

ist definiert durch das Verhältnis der Spannungsverstärkung V_D für die Gegentaktsignalspannung u_D (Meßsignalspannung bei einpolig geerdetem Verstärkereingang) zur Spannungsverstärkung V_C für die Gleichtaktspannung u_C. Für gleiche Gleichtakt- und Gegentakt-Anteile der Ausgangsspannungen $u_{C\beta} = u_{D\beta}$ wird

$$F_C = u_{C\alpha}/u_{D\alpha} \tag{132}$$

Der Gleichtakt-Unterdrückungsfaktor F_C wird oft für einen unsymmetrischen Quellenwiderstand im Meßkreis von 1 kΩ angegeben. Er nimmt mit zunehmender Frequenz der Gleichtakt-Betriebsspannung ab.

In der Praxis lassen sich mit guten Meßverstärkern kleine Gegentakt- bzw. Differenz-Meßspannungen von mV auf hohen Gleichtaktpotentialen von mehreren 100 V messen; denn man erreicht maximale Werte der Gleichtaktunterdrückung in der Größenordnung $F_C = 10^2 \ldots 10^8$ entsprechend 40...160 dB.

Der Störspannungsabstand (signal-noise-ratio SNR) von elektronischen Geräten wird im logarithmischen Verhältnismaß in dB angegeben.

6. Empfindlichkeit, Auflösung und Fehler

6.1. Meßkettenempfindlichkeit

Für die Ermittlung der Empfindlichkeiten (sensitivity) und der
Signalwerte einer Meßkette oder deren Meßglieder ist es zweckmäßig, den Meßkettensignalflußplan (VDI/VDE-Richtlinie 2600
Blatt 3) durch Eintragung von Formelzeichen oder auch Zahlenwerten für die Meßsignale und Stromversorgungen gemäß Bild 87
zu ergänzen. Eine Doppellinie in den Blöcken bedeutet eine
galvanische Trennung der Signale.

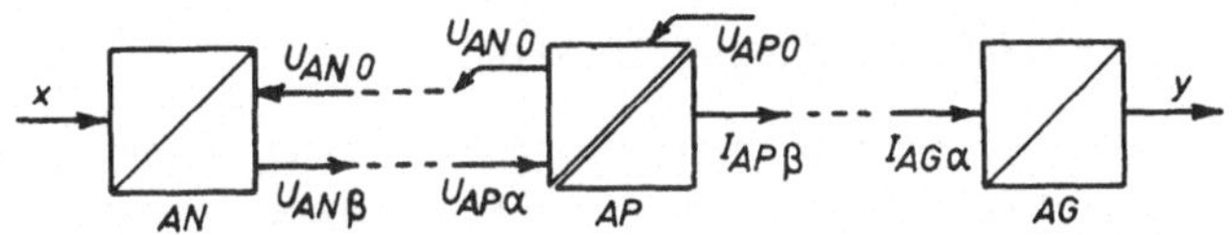

Bild 87 Meßketten-Signalflußplan mit Signal- und Stromversor-
       gungs-Angaben für Aufnehmer AN, Anpasser AP und Ausge-
       ber AG
       x, $U_{AN\beta}$, $U_{AP\alpha}$, $I_{AP\beta}$, $I_{AG\alpha}$, y Signalein- und -aus-
       gangsgrößen mit Index α für Eingang und β für Ausgang,
       U_{ANO}, U_{APO} Stromversorgungs-Speisespannungen

Allgemein ist die <u>Meßempfindlichkeit</u> definiert durch (DIN 1319
Blatt 2)

$$S = \frac{\text{Änderung der Ausgangsgröße}}{\text{Änderung der Eingangsgröße}} = \frac{\text{Wirkung}}{\text{Ursache}} \qquad (133)$$

Meßglieder mit <u>linearer</u> (bzw. linearisierter) Kennlinie haben
die Empfindlichkeit S = Ausgang/Eingang = const.

6.1.1. Aufnehmer-Empfindlichkeit

<u>Passive</u> <u>Meßfühler</u> mit den Nennendwerten (Meßbereichendwert) x_M
für die Aufnehmer-Eingangsgröße und $U_{AN\beta}$ für die Ausgangsgröße
haben als Katalogangabe die Aufnehmer-Empfindlichkeit

$$S_{ANp} = U_{AN\beta} / x_M \quad \text{je Volt Speisespannung} \tag{134}$$

oder anders geschrieben

$$S_{ANp} = (U_{AN\beta} / v)/x_M = U_{AN\beta} / x_M v \tag{135}$$

Die wirksame Empfindlichkeit von passiven Aufnehmern für die vorgeschriebene Speisespannung U_0 ist

$$S_{ANw} = S_{ANp} U_0 \tag{136}$$

__Aktive Meßfühler__ haben die Empfindlichkeit

$$S_{ANa} = U_{AN\beta} / x_M \tag{137}$$

6.1.2. Meßketten-Gesamtempfindlichkeit

Mit der wirksamen Aufnehmer-Empfindlichkeit S_{ANw}, der Anpasser-Empfindlichkeit S_{AP} und der Ausgeber-Empfindlichkeit S_{AG} ist die Meßketten-Empfindlichkeit

$$S_M = S_{ANw} S_{AS} S_{AG} \tag{138}$$

Hieraus lassen sich je nach Problemstellung die Empfindlichkeiten der gesamten Meßkette oder einzelner Meßkettenglieder ermitteln. Eine praktische Hilfe erhält man durch Eintragung der Signal- und Stromversorgungs-Wertangaben in den Signalflußplan nach Bild 87.

Die Meßdatenverarbeitung ist hier mit ihren Empfindlichkeiten und Maßstäben wegen ihrer Besonderheit nicht berücksichtigt. Sie kann an irgend einer Stelle der Meßkette On-Line (in Echtzeit) oder Off-Line (nach der Messung) eingeschaltet werden.

6.1.3. Auswertung von Messungen

Als Grundlage für die Auswertung von Messungen dient die __Kalibrierkurve__ (d.h. die punktweise Ermittlung der Ausgangsgrösse y in Abhängigkeit von der Eingangsgröße x in Kurvenform) für die einzelnen Meßglieder oder für die gesamte Meßkette. Bei __nichtlinearer Kennlinie__ muß immer über die Kalibrierkurve

(Grundform der Kennlinie nach Bild 88b) ausgewertet werden.

Bei <u>linearer</u> <u>Kennlinie</u> mit der Meßgrößen-Empfindlichkeit $S_x = y_{cal}/x_{cal} = $ const erhält man aus dem zugehörigen Ausgangswert y mit Hilfe des Koeffizienten $C_x = 1/S_x = x/y$ für einen Meßwert

$$x = C_x y \tag{139}$$

Für die Praxis ist zu empfehlen, während einer Messung mit verschiedenen Meßgeräte-Empfindlichkeiten zuerst allgemein mit der Empfindlichkeit S_x zu arbeiten, da größeren Empfindlichkeiten größere Zahlenwerte (und nicht reziproke Werte wie beim Koeffizienten) entsprechen. Die Empfindlichkeit S_x wird außerdem für die Ermittlung des Maßstabs von Diagrammen benötigt. Ausgewertet wird nach der Messung mit dem Koeffizienten C_x.

Für den Koeffizienten wird das Formelzeichen C (und nicht K) gewählt, da das Formelzeichen K in der Regelungstechnik meist die Empfindlichkeit (Proportionalbeiwert nach DIN 19 226) und in der Meßtechnik jedoch oft den Empfindlichkeitskehrwert Koeffizient (DIN 43 740) bedeutet.

<u>Beispiel 8: Dynamische Kraftmessung mit Registrierung.</u> Der zeitliche Verlauf einer veränderbaren Kraft F_M wird mit einer vorhandenen Meßeinrichtung registriert. Man ermittle die Empfindlichkeit der gesamten Meßkette und den Kraftmaßstab für das Oszillogramm für zwei verschiedene Meßverstärker-Empfindlichkeiten für folgende gegebene Größen:

Kraft-Aufnehmer mit den Nennwerten Kraft $F_M = 100$ N, Meßfühlerschaltungs-Ausgangsspannung $U_{AN\beta} = 1$ mV je Volt Speisespannung, vorgegebene Speisespannung $U_{ANO} = 10$ V, Meßverstärker (Anpasser)-Empfindlichkeit a) klein $S_{AP} = 1$ mA/mV, b) groß $S_{AP} = 2$ mA/μV, Lichtstrahloszillograph (Ausgeber) mit Nennstrom $I_{AG\alpha} = 10$ mA und Ausschlag $y = 100$ mm.

Berechnet werden für die beiden Verstärkereinstellungen die Meßketten-Empfindlichkeiten $S_M = S_{ANw} S_{AP} S_{AG}$, die auch zum Eintragen der Maßstäbe, d.h. zum Auftragen von Abschnitten für

runde Zahlenwerte der Meßgröße auf der Oszillogrammordinatenachse benötigt werden, sowie die Koeffizienten und die Kraft-
endwerte.

Die <u>Meß</u>glieder-<u>Empfindlichkeit</u> beträgt für den <u>Aufnehmer</u>

$$S_{ANw} = U_O S_{AN} = U_O U_{AN} \beta /(F_M V) = 10 \ V \cdot 1 \ mV/(100 \ N \cdot V) =$$

$$= 0,1 \ mV/N = 100 \ \mu V/N$$

Die <u>Ausgeber-Empfindlichkeit</u> ist

$$S_{AG} = y/I_{AG} \alpha = 100 \ mm/10 \ mA = 10 \ mm/mA$$

a) Für die <u>Meßkette</u> mit <u>kleiner</u> Empfindlichkeit gilt

$$S_M = 0,1 \ (mV/N) \cdot 1 \ (mA/mV) \cdot 10 \ (mm/mA) = 1 \ mm/N$$

Da sich dieses Empfindlichkeitsergebnis nicht als Maßstab zum
Eintragen in das Oszillogramm eignet, wird geändert in

$$S_M = 1 \ \frac{mm}{N} \cdot \frac{10}{10} = 10 \ \frac{mm}{10 \ N}$$

Für den Kraftmaßstab auf der Oszillogrammordinatenachse werden
in Abschnitten von je 10 mm runde Vielfache von 10 N ange-
schrieben. Für die Auswertung des Oszillogramms gilt der Koeffizient $C_F = 1/S_M = 1 \ N/mm$.

Der Oszillogramm-Vollausschlag wird erreicht bei dem Kraftendwert

$$F_M = C_F y = 1 \ (N/mm) \cdot 100 \ mm = 100 \ N$$

b) Für die <u>Meßkette</u> mit <u>großer</u> Empfindlichkeit gilt

$$S_M = 100 \ (\mu V/N) \cdot 2 \ (mA/\mu V) \cdot 10 \ (mm/mA) = 2000 \ mm/N$$

Für den Kraftmaßstab wird geändert in

$$S_M = 2000 \ \frac{mm}{N} \cdot \frac{0,01}{0,01} = 20 \ \frac{mm}{10 \ mN}$$

Der Kraft-Koeffizient für die Auswertung ist $C_F = 0,5 \ mN/mm$.
Bei Oszillogramm-Vollausschlag ist der Kraftendwert

$$F_M = C_F y = 0,5 \ (mN/mm) \cdot 100 \ mm = 50 \ mN$$

6.2. Auflösung

Die Auflösung (resolution, definition) wird absolut oder relativ angegeben und nachstehend mit der Zeit t als Beispiel beschrieben.

Absolute Auflösung t_Q ist das kleinste Meßquant, also die
kleinste erfaßbare bzw. unterscheidbare Meßwertstufe (Teil der
Meßgröße). t_Q gilt sowohl für analoge als auch für digitale
Meßgeräte. Bei digitalen Meßmethoden wird t_Q auch LSD (least
significant digit) oder LSB (least significant bit) genannt.

Relative Auflösung Q_t, die auf den Meßbereichendwert t_M bezogen wird, ist definitionsgemäß

$$Q_t = t_Q/t_M \tag{140}$$

In Firmenunterlagen kann man oft nur aus den angegebenen Ein-
heiten erkennen, ob es sich um die absolute Auflösung mit der
Einheit der Meßgröße, oder um die relative Auflösung mit der
Einheit 1 handelt. Je größer die relative Auflösung ist, um so
kleiner ist hierfür der Zahlenwert, ähnlich wie eine größere
Genauigkeit auch einem kleineren Zahlenwert entspricht.

Zwischen der Empfindlichkeit S und der relativen Auflösung Q
muß eindeutig unterschieden werden. Die Begriffe Ansprechwert,
Meßschwelle oder Reizschwelle, entsprechend dem Verhältnis
eines ersten, deutlich erkennbaren Unterschieds der Anzeige zu
der verursachenden Änderung der Meßgröße (DIN 1319) dürfen
nicht mit der Empfindlichkeit verwechselt werden.

Bei einer Meßbereich-Variationsmöglichkeit von $10^3 : 1$ erreicht man bei analogen Meßgeräten mit 100 Skalenteilen bei
der Schätzung von 1/10 Skalenteil eine relative Auflösung von
$Q = 10^{-6}$. Wertangaben für die relative Auflösung bei digitalen
Meßverfahren enthält das nachfolgende Beispiel 9.

Beispiel 9: Relative Auflösung von Digital-Multimetern. Für
eine Übersicht des Zusammenhangs zwischen dem relativen Fehler

F_U und der relativen Auflösung Q_U bei Spannungsmessungen sollen mehrere Digital-Multimeter mit verschiedenem Anzeigeumfang bei gleichem relativem Fehler $F_U = 10^{-3}$ angenommen und F_U mit Q_U verglichen werden.

Tafel 12 Vergleich des relativen Fehlers F_U mit der relativen Auflösung Q_U von Digital-Multimetern

Anzeige-		Rel. Auflösung	Rel. Fehler	Vergleich
Stellen	Umfang	$Q_U \approx$	$F_U =$	$F_U/Q_U \approx$
3 stellig	999	10^{-3}	10^{-3}	1
3 1/2 "	1999	$0{,}5 \cdot 10^{-3}$	10^{-3}	2
4 "	9999	10^{-4}	10^{-3}	10
4 1/2 "	19999	$0{,}5 \cdot 10^{-4}$	10^{-3}	20
5 "	99999	10^{-5}	10^{-3}	100
6 "	999999	10^{-6}	10^{-3}	1000

Die relative Auflösung ist bei Geräten mit 3 bis 3 1/2 Stellen bzw. mit 999 bis 1999 Meßschritten nach Tafel 12 noch zweckmäßig. Mit 4 bis 4 1/2 Stellen wäre sie bei dem angenommenen Fehler normalerweise übertrieben und nur dann zu empfehlen, wenn gerade die kleinen Meßwertstufen besonders interessieren. Der zu wählende relative Auflösungswert hängt somit von der Aufgabenstellung ab. Meßgeräte größerer Auflösung müssen entsprechend kleinere Fehler aufweisen.

Anstelle der Bezeichnung "3 1/2, 3 3/4 stellig usw." wäre die Angabe von Anzeigeumfang, Anzeigebereich, Anzeigeziffern, Stufen-, Quanten- oder Meßschrittanzahl oder Zählbereich (counts) mit z.B. j = 999, 1499, 1999 oder 3000 usw. immer eindeutiger.

6.3. Meßfehler

6.3.1. Definitionen

Da die _Genauigkeit_ von Meßgeräten durch die Angabe des _Fehlers_ erfaßt wird (VDE 0410, VDI/VDE 2600 Blatt 4), sind nachstehend die Definitionen der verschiedenen Fehlerarten für eine Meßgröße mit dem Formelzeichen a als Beispiel zusammengestellt.

Ausgegebener (angezeigter) Wert der Meßgröße a_x, richtiger (wahrer) Wert der Meßgröße a_n, Meßbereich-Endwert a_M

Absoluter Fehler $a_F = a_x - a_n$, _relativer_ Fehler $F_{arel} = a_F/a_n$

Relativer _Anzeigefehler_ $F_{aA} = a_F/a_M$ (Angabe meist in %)

Die _Korrektion_ entspricht dem relativen Anzeigefehler mit entgegengesetztem Vorzeichen.

Fehlergrenzen (Güteklasse) $F_{aK} = \overset{+}{-} F_{aA}$ max zul

Die für Meßgeräte vom Gerätehersteller gewährleisteten Fehlergrenzen F_{aK} geben den an jeder Stelle der Skala maximal zulässigen relativen Anzeigefehler und auch die Einflußeffekte bei festgelegten Prüfbedingungen (in Prozent des Meßbereich-Endwertes) an. Der Begriff "Genauigkeit" ist besonders bei Zahlenangaben von Fehlern zu vermeiden.

Klassenbezeichnung (Genauigkeitsklasse nach VDE 0410)
0,1 - 0,2 - 0,5 - 1 - 1,5 - 2,5 - 5

Die Fehler von Meßergebnissen werden durch die _Meßunsicherheit_ erfaßt.

6.3.2. Fehlerquellen und Fehlerarten

Fehlerquellen (VDI/VDE 2600 Blatt 4) sind Unvollkommenheiten des Meßgegenstands, der Meßgeräte und der Meßverfahren; hinzu kommen Folgefehler durch Einflüsse der Umwelt (z.B. Temperatur, Luftdruck, Feuchtigkeit, Spannung, Frequenz und fremde elektrische oder magnetische Felder) und der Beobachter sowie durch deren zeitliche Veränderungen.

<u>Systematische Fehler.</u> Diese entstehen durch Unvollkommenheiten der Meßgeräte, der Meßverfahren und des Meßgegenstands, sowie durch <u>erfaßbare</u> Einflüsse der Umwelt (z.B. Temperatur ϑ , Druck p) und durch subjektive Einflüsse der Beobachter. Sie machen das Ergebnis <u>unrichtig</u>. Erfaßbare systematische Fehler sollen durch <u>Korrekturen</u> ausgeschaltet werden.

<u>Zufällige Fehler.</u> Diese entstehen durch <u>nicht direkt erfaßbare</u> und nicht beeinflußbare Änderungen der Meßgeräte (z.B. Reibung) des Meßgegenstands, der Umwelt (z.B. durch Erschütterungen) und der Beobachter. Sie machen das Ergebnis <u>unsicher</u>. Sie sind im Einzelnen nicht erfaßbar, sie können aber in ihrer Gesamtheit mit der <u>Statistik</u> und <u>Fehlerrechnung</u> erfaßt, gekennzeichnet und ausgeglichen werden.

<u>Fehlerfortpflanzung.</u> Hierbei ermittelt man für ein Meßergebnis, das eine Funktion von mehreren Meßgrößen (Meßwerten) x_1, x_2,.. mit bekannten systematischen Fehlern Δx_1, Δx_2,... ist, den Meßergebnisfehler Δy nach dem totalen Differential

$$\Delta y = \frac{\partial y}{\partial x_1} \Delta x_1 + \frac{\partial y}{\partial x_2} \Delta x_2 + \ldots \tag{141}$$

<u>Meßunsicherheit</u> bei zufälligen Fehlern ist mit Vertrauensfaktor t, Anzahl der Messungen n, Standardabweichung s und zusätzlich nicht erfaßbarem und nur abschätzbarem systematischem Fehler F $\left[16\right]$

$$u = \pm \, (|\frac{t}{\sqrt{n}}|s + |F|) \tag{142}$$

<u>Meßergebnis.</u> Dieses ergibt sich aus dem korrigierten Meßgrößen-Mittelwert $\bar{a}_E$ und der Meßunsicherheit u

$$y = \bar{a}_E \pm u \tag{143}$$

Da der <u>Gesamtfehler</u> einer Meßkette in der Praxis meist kleiner ist als die entsprechende Summe aller Einzelfehler der Meßkettenglieder, weil sich die Fehler einzelner Glieder teilweise kompensieren können, müssen die Fehler-Einflußgrößen aller

Meßglieder bekannt sein und bei der Fehlerbetrachtung berücksichtigt werden.

6.3.3. Kennlinien-Linearitätsfehler

Die <u>Kennlinie</u> eines Meßgeräts stellt die im Beharrungszustand
vorhandene Abhängigkeit der Ausgangsgröße y von der Eingangsgröße x dar. Erwünscht sind meist lineare Kennlinien für verschiedene Meßbereiche nach Bild 88a.

Eine ausgegebene (gemessene) Kennlinie, die annähernd linear
ist, z.B. nach Bild 88b, wird in der Praxis wenn möglich durch
eine lineare Kennlinie (Sollkennlinie, Gerade) ersetzt, damit
man bei der Messung und Auswertung mit einer konstanten Empfindlichkeit S arbeiten kann (VDI/VDE 2600, DIN 19 226, VDE/
VDI 2183, 2184 und 2191).

Bild 88
Lineare (a) und nicht-
lineare (b) Nennkenn-
linien y_1 und $y_2 = f(x)$
für zwei Meßbereiche
(Endwerte mit Index M)

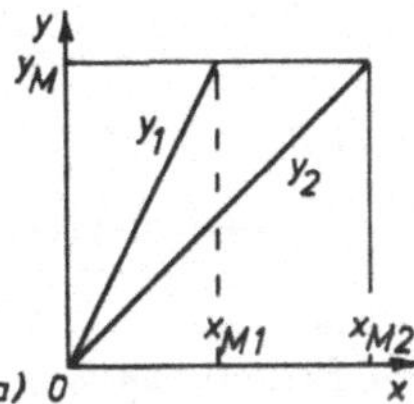

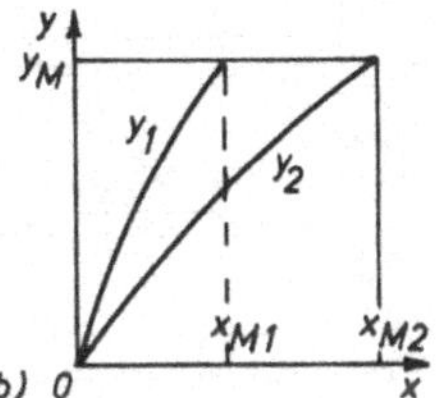

Bei Ermittlung des <u>Linearitätsfehlers</u> (linearity error), d.h.
der Abweichung der ausgegebenen (gemessenen) Kennlinie von der
Nennkennlinie (Gerade) wird je nach Vereinbarung eines der
folgenden Verfahren angewandt. Die größte Abweichung ist dann
der maximale Linearitätsfehler. [2]

<u>Festpunktmethode.</u> Durch die Anfangs- und Endpunkte der gemes-
senen Kennlinie $y_a = f(x)$ nach Bild 89a wird eine Gerade
$y_b = S \, x$ als Sollkennlinie gelegt. Die größte absolute bzw.
relative Abweichung $y_{Fmax} = (y_a - y_b)_{max}$ bzw. $F_{max} = y_{Fmax}/y_M$
wird als Linearitätsfehler angegeben.

<u>Minimum der quadratischen Abweichung.</u> Bei dieser Minimummetho-
de wird die gemessene Kurve $y_a = f(x)$ durch den Nullpunkt und

zur Sollkennlinie $y_b = S \, x$ nach Bild 89b so gelegt, daß die Summe der Quadrate der Abweichungen der gemessenen Kurve von der Sollkennlinie ein Minimum wird.

<u>Toleranzbandmethode.</u> Die gemessene Kennlinie $y_a = f(x)$ wird nach Bild 89c so gelegt (günstigste Lage der Fehlerkurve), daß die Summe der Quadrate der Abweichungen Δy der gemessenen Kennlinie von der Sollkennlinie (Gerade) $y_b = S \, x$ ein Minimum wird mit $\left[\, \Sigma \, (\Delta y)^2 \,\right]_{min}$.

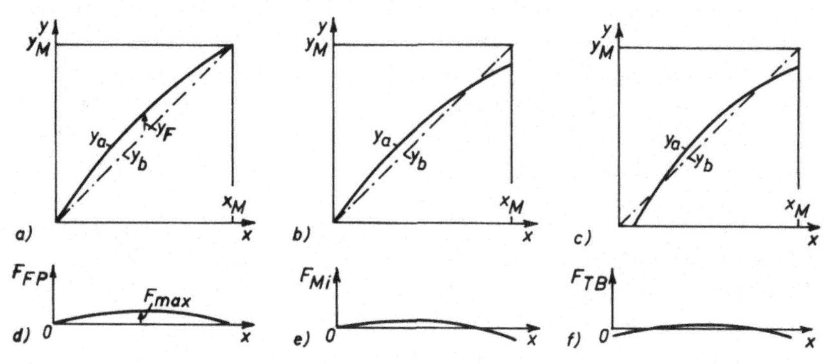

Bild 89 Bestimmung des Linearitätsfehlers

  a, b, c) Kennlinien-Linearisierung mit absolutem Linearitätsfehler $y_F = y_a - y_b$

  d, e, f) relativer Linearitätsfehler $F = y_F / y_M$

  a, d) Festpunktmethode FP, b, e) Minimummethode Mi,

  c, f) Toleranzbandmethode TB

  x Eingangs-Meßgröße, y Ausgangsgröße mit Endwerten x_M und y_M, $y_a = f(x)$ gemessene Kennlinie, $y_b = S \, x$ lineare Sollkennlinie mit der Steigung S

Aus dem Verlauf der <u>Fehlerkurven</u> $F = f(x)$ nach Bild 89d, e, f läßt sich die jeweils verwendete Methode der Bestimmung des Linearitätsfehlers erkennen.

Für Präzisionsmessungen kann der Linearitätsfehler durch eine <u>Kalibrierkurve</u> berücksichtigt werden.

6.3.4. Temperatureinflußfehler

__Empfindlichkeitsfehler.__ Der Einfluß der Temperatur auf die Meßempfindlichkeit (Übertragungsbeiwert, Sensitivity, transfer coefficient) ist in Bild 90a als Drehung der Kennlinie um den Nullpunkt (Steigungsänderung) erkennbar. Alle Meßwerte erfahren dabei eine prozentual gleiche Änderung.

Bild 90
Temperatureinfluß auf
die Kennlinie $y = f(x)$
bei verschiedenen Tem-
peraturen ϑ
a) Empfindlichkeitsfehler
b) Nullpunktfehler

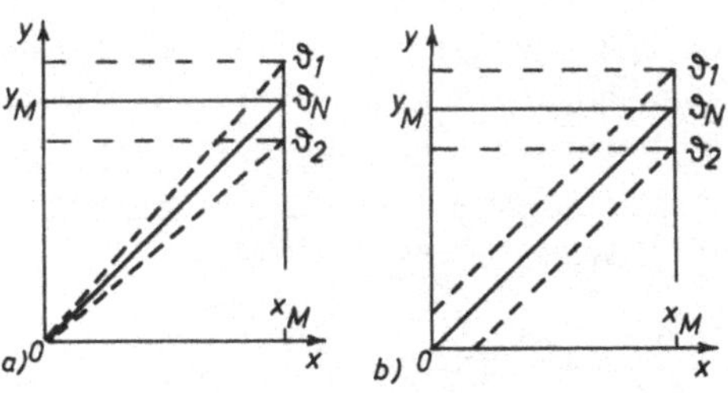

Der Empfindlichkeitsfehler (gain error) wird oft für Temperaturänderungen $\Delta\vartheta = 10$ K in % oder bei sehr kleinen Fehlern auch in ppm (parts per million) vom Sollwert angegeben. Innerhalb des Temperaturbereichs $\vartheta = (+ 10 \text{ bis } + 40)$ °C ist z.B. der Temperatureinflußfehler $F_{gain} = 0,1$ % bis 1 % je 10 K.

__Nullpunktfehler.__ Beim Nullpunktfehler (offset error) durch Temperatureinfluß verschiebt sich nach Bild 90b die Sollkennlinie parallel zu ihrer Sollage.

Dieser Fehler wird absolut oder relativ (in % oder in ppm, bezogen auf einen festgelegten Meßbereich) mit Angabe des Temperaturänderungsbereichs von meist $\Delta\vartheta = \vartheta_1 - \vartheta_2 = 1$ K oder 10 K oder auch als __Langzeitdrift__ über 48 h nach einer Einlaufzeit von 1 h bei $\vartheta = (25 \pm 5)$ °C angegeben, z.B. $F_{off} = 0,01$ % bis 0,1 % je 10 K.

6.3.5. Hysteresis und Umkehrspanne

Bei vorhandener Hysteresis in einem Meßglied entsteht ein Anzeigeunterschied im Ausgabegerät - die Umkehrspanne - bei langsamer stetiger oder schrittweiser Einstellung auf den gleichen Meßeingangswert von unten nach oben (zunehmend) und von oben nach unten (abnehmend). Für quantitative Angaben der Umkehrspanne bedarf es einer speziellen Meßvorschrift.

6.3.6. Zeitverhalten

__Dynamische Eigenschaften.__ Zur Kennzeichnung der Güte des Meßgeräte-Zeitverhaltens, d.h. des zeitlichen Verlaufes der Ausgangsgröße $y(t) = f\,x(t)$ bei einem vorgegebenen Verlauf der Eingangsgröße $x(t)$ werden in der Meßtechnik vorwiegend Untersuchungen mit __sprung-__ oder __stoßförmigen__ Änderungen, sowie mit __sinusförmigem__ oder __stochastischem__ (regellosem) Verlauf der Eingangsgröße vorgenommen. [7]

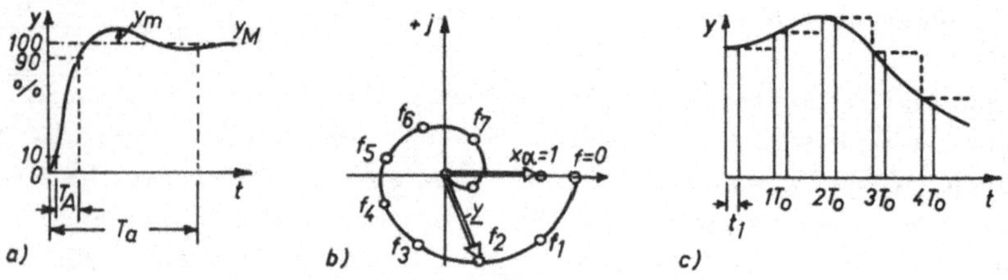

Bild 91 Beschreibung des Zeitverhaltens von dynamischen Meßgrößen

 a) Sprungantwort, b) Ortskurve des Frequenzgangs,

 c) Haltekreiskurve bei abtastenden Meßverfahren

Das Übertragungsverhalten eines Meßgeräts ergibt nach einer sprungweisen Eingangsgröße die __Sprungantwort__ (bzw. die Übertragungsfunktion) nach Bild 91a, oder nach einem Einheitsstoß die __Stoßantwort__ als Kennfunktion im Zeitbereich. Bei einer sinusförmigen Eingangsgröße erhält man die __Ortskurve__ des Frequenzgangs nach Bild 91b als Kennfunktion im Frequenzbereich.

Für das __Zeitverhalten__ werden folgende Kenngrößen verwendet.

__Anstiegzeit__ T_A ist die Zeit für den Anstieg (rise time, transition time) der Ausgangssprungantwort von 10 % bis 90 % des Endwerts y_M nach Bild 91a.

<u>Einstellzeit</u> T_a ist die Zeit, die nach einem Eingangsgrößensprung vergeht, bis die Ausgangsgröße dauernd innerhalb von vorgegebenen Grenzen bleibt.

<u>Überschwingen.</u> Bei schwingender (nicht bei aperiodischer oder kriechender) Einstellung der Ausgangssprungantwort wird die größte Überschwingung über den Endwert y_M mit Überschwingweite y_m nach Bild 91a bezeichnet.

Für die <u>Frequenzabhängigkeit</u> gibt man die Meßfrequenz-Bandbreite mit z.B. f_M = 0 bis 1000 Hz bei -1 dB an.

Die <u>Meßfrequenz-Bandbreite</u> umfaßt einen Bereich, bei dem das Amplitudenverhältnis entweder logarithmisch gemäß der Definition ν = 20 log $\hat{u}_\omega / \hat{u}_0$ in dB oder linear gemäß $\nu = \hat{u}_\omega / \hat{u}_0$ bzw. der Amplitudenabfall $\delta = (\hat{u}_0 - \hat{u}_\omega)/u_0$ von Sinusspannungsamplituden $\hat{u}_\omega$ bei einer oberen (oder eventuell auch unteren) Meßgrenzfrequenz gegenüber der Amplitude $\hat{u}_0$ einer Bezugsfrequenz (z.B. 0 Hz) einen nach Tafel 13 angegebenen Wert hat. Meßverstärker-Bandbreiten werden oft für engere Grenzen als für ν = -3 dB angegeben.

Tafel 13 Amplitudenverhältnis ν und Amplitudenabfall δ

ν (log)	- 3 dB	- 1 dB	- 0,5 dB	- 0,2 dB	- 0,1 dB
ν (lin)	0,708	0,891	0,944	0,977	0,988
δ in %	29,205	10,875	5,594	2,276	1,145

<u>Phasenlaufzeit</u> ist die Zeitdifferenz $t = \varphi_i / \omega_i$ zwischen Sinussignalen mit der Frequenz f_i in Meßgliedeingang und -ausgang.

<u>Abtastende Meßverfahren.</u> Durch fortlaufende Abtastung (sampling) eines mit der Zeit veränderlichen Meßsignals $y(t)$ und Zeitwertspeicherung (analog oder digital) bis zum nächsten Abtastzeitpunkt T_0 entsteht eine dem Meßwertverlauf ähnliche treppenförmige Haltekreiskurve nach Bild 91c als Ausgangsgröße.

6.3.7. Rauschen

Breitbandrauschen kann mit seiner hohen Grenzfrequenz oft durch Einschaltung eines Tiefpaßfilters verringert werden.

Niederfrequentes Rauschen läßt sich durch spezielle Meßverfahren, z.B. im Trägerfrequenz-Meßverstärker (s. Abschn. 3.3.4) unterdrücken.

Das Rauschen entspricht einem zufälligen Fehler mit statistischen Schwankungen und wird als Spitze-Spitze-Wert u_{SSrand} oder Effektivwert U_{rand} des Rauschpegels (als ein am Verstärkereingang scheinbar anliegendes Signal dieser Größe), z.B. mit $u_{SSrand} = 2\ \mu V$ bzw. $U_{rand} = 0,7\ \mu V$ angegeben.

6.3.8. Einfluß der Betriebsspannung

Eine Änderung der Betriebsspannung kann auf verschiedene Größen, z.B. auf die Empfindlichkeit und auf den Nullpunktfehler einen Einfluß haben. Meist wird eine Spanne der Betriebsspannung angegeben, für die der Spannungseinflußfehler die Gerätefehlergrenzen nicht überschreitet.

6.3.9. Fehlerangaben für digitale Meßverfahren

Die Fehlergrenzen F_K werden z.B. durch die Summe von relativem Fehler und Anzeige- und Quantisierungsfehler erfaßt zu

$$F_K = \pm\ F_{rel} \pm F_A \pm \tfrac{1}{2}\ digit \tag{144}$$

z.B. mit folgenden Zahlenwerten

$$F_K = \pm\ 0,02\ \%\ v.A.\ \text{(von der Anzeige, vom Meßwert; Rdg, input)}$$
$$\pm\ 0,01\ \%\ v.E.\ \text{(vom Endwert; FS, range)}$$
$$\pm\ \tfrac{1}{2}\ LSD\ \text{(Quantisierungsfehler, s. Abschn. 6.2)}$$

6.4. Zuverlässigkeit und Sicherheit

Mit zunehmendem Umfang von Bauteilen und Geräten in Meß-, Steuer- und Regelungsanlagen ist wegen der Gefahr von wirtschaftlichen Verlusten durch Funktionsstörungen und Ausfall eine große Zuverlässigkeit (reliability) die Voraussetzung für die notwendige Sicherheit (safety) der Geräte und Anlagen in der Automatisierungstechnik.

Die Zuverlässigkeit entspricht der Fähigkeit von elektronischen Bauteilen, Meßgeräten oder Meßketten, innerhalb vorgegebener Grenzen von Eigenschaften und Betriebszeiten den durch die Verwendung bedingten Anforderungen zu genügen (DIN 40041).

Für die Bewertung der Zuverlässigkeit, d.h. für eine zahlenmäßige Erfassung von Zuverlässigkeitskenngrößen, ermittelt man die Lebensdauerverteilung von Geräten nach Bild 92a. [12]

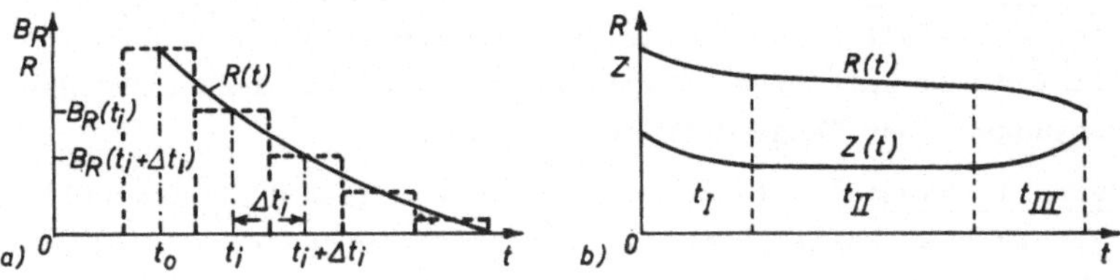

Bild 92 Lebensdauer und Ausfälle eines Gerätebestands
      a) relativer Bestand $B_R(t_i)$, Bestandsfunktion $R(t)$
      b) zeitliche Verteilungsfunktionen der Bestandsfunktion $R(t)$ und der Ausfallrate $Z(t)$

Ausgehend von einem Anfangsbestand $B(t_0)$ zur Zeit t_0 ermittelt man zu diskreten Zeiten t_i in den Zeitintervallen Δt_i die Ausfälle und somit die jeweils verbleibenden diskreten fehlerfreien Bestände $B(t_i)$. Die Darstellung der auf den Anfangsbestand $B(t_0)$ bezogenen relativen Bestände $B_R(t_i) = B(t_i)/B(t_0)$ ergibt in Abhängigkeit von der Zeit t die Lebensdauerverteilung im Säulendiagramm nach Bild 92a. Der stetige Zusammenhang zwischen dem relativen Bestand B_R und der Zeit t in Bild 92a ist die Bestandsfunktion $R(t)$ (Lebensdauerverteilung).

Aus der Bestandsfunktion $R(t)$ läßt sich die Ausfallsummenhäufigkeitsverteilung $F(t) = 1 - R(t)$ ableiten.

Die <u>Ausfallwahrscheinlichkeit</u> $F(t_i;\ t_o)$ entspricht der Wahrscheinlichkeit für ein Gerät des Anfangsbestands, bis zu dem vorgegebenen Zeitpunkt auszufallen.

Der zeitliche Verlauf einer <u>Bestandsfunktion</u> $R(t)$ und der <u>Ausfallrate</u> (Failure Rate) $Z(t)$, d.h. der prozentualen Abnahme des Bestandes an fehlerfreien Geräten (Nichtverfügbarkeit nach DIN 40 043), zeigt nach Bild 92b in drei Zeitbereichen (Region) t_I, t_{II} und t_{III} verschiedene <u>Ausfallursachen</u>:

<u>Frühausfälle</u> (Infant Mortality) im Zeitbereich t_I mit zeitlich abnehmender Ausfallrate $Z(t)$, bedingt durch Material- und Fertigungsfehler und konstruktive Schwachstellen während der ersten Betriebszeit,

<u>Zufallausfälle</u> (Random Failure) im Zeitbereich t_{II} mit meist kleiner zeitlich konstanter Ausfallrate $Z(t) = p = $ const, bedingt durch zufällige Fehler infolge von äußeren Umgebungsbedingungen über lange Betriebszeiten,

<u>Verschleißausfälle</u> (Wear-Out) im Zeitbereich t_{III} mit zeitlich ansteigender Ausfallrate $Z(t)$, bedingt durch Abnutzungserscheinungen gegen Ende der normalen Lebensdauer.

Für elektronische Bauelemente und Geräte, bei denen Frühausfälle durch <u>Qualitätskontrollen</u> und <u>Probebetrieb</u>, d.h. zeitraffende <u>Zuverlässigkeitsprüfungen</u> mit erhöhten Beanspruchungen, ausgesondert werden und die keinem Verschleiß unterliegen, läßt sich die <u>Zuverlässigkeitsfunktion</u> $R(t)$ mit einer konstanten Ausfallrate $Z(t) = p = $ const (dem sogenannten p-Faktor) durch eine einfache Exponentialfunktion

$$R(t) = e^{-pt} \tag{145}$$

beschreiben. Für ohmsche Widerstände bedeutet die Angabe der Ausfallrate $p = 5 \cdot 10^{-8}\ h^{-1}$, daß im Mittel wahrscheinlich von $n = 1/(5 \cdot 10^{-8}) = 20$ Millionen Widerständen ein Ausfall je h zu erwarten ist.

Neben der Zuverlässigkeitsfunktion benutzt man als Zuverläs-

sigkeitskenngröße auch den mittleren zeitlichen Abstand zweier
Ausfälle (mean time between failures MTBF)

$$\bar{t}_A = \int_0^\infty R(t)\, dt = \int_0^\infty e^{-pt}\, dt = 1/p \tag{146}$$

Für elektronische Meß- und Regelgeräte wird z.B. $\bar{t}_A \geqq 25\ 000$ h
≈ 3 Jahre gefordert.

Für die <u>Serienstruktur</u> von Geräten und Anlagen, wobei die
Funktionsfüchtigkeit bzw. Verfügbarkeit A jeder Komponente die
notwendige Voraussetzung für die fehlerfreie Funktion der gesamten Anlage ist, ergibt sich die <u>Gesamtzuverlässigkeit</u> oder
<u>Verfügbarkeit</u>

$$A_g = A_1\ A_2\ A_3\ \dots\ A_n = \prod_{\nu=1}^{n} A_\nu \tag{147}$$

Bei bekannten Ausfallraten p_ν von jeder Komponente ist

$$A_g(t) = \exp\left(-\sum_{\nu=1}^{n} p_\nu\right) t \tag{148}$$

Für eine <u>Parallelstruktur</u> eines Geräts, bei dem auch bei Ausfall eines oder mehrerer Bauteile die Gerätefunktion noch ge-
währleistet ist, d.h. bei <u>Redundanz</u> (Mehrfachauslegung), ist
die vergrößerte Gesamtzuverlässigkeit

$$A_g(t) = 1 - \prod_{\nu=1}^{n} (1 - A_\nu) \tag{149}$$

<u>Maßnahmen</u>, um eine große Zuverlässigkeit von elektronischen
Meßeinrichtungen zu erreichen, sind Anwendung von digitalen
Meßverfahren, Einsatz von integrierten Schaltkreisen, Operati-
onsverstärkern, Schutz- und Sicherheitsschaltungen.

Die <u>Sicherheit</u> von Anlagen gibt eine Aussage über die Auswir-
kung eines Ausfalls in Verbindung mit dem zu überwachenden
Prozess. Bei manchen Anlagen führt die Sicherheit bei Funkti-
onsausfall (z.B. Montageband) zu einem ungefährlichen Zustand
des Prozesses. Da aber bei manchen technischen Prozessen, wie
z.B. in der Raumfahrt, die Funktionsfähigkeit eine notwendige
Voraussetzung für die Sicherheit ist, wird die <u>Sicherheit</u>
durch eine große <u>Zuverlässigkeit</u> angestrebt.

7. Meßwertaufnehmer für mechanische Größen

In den folgenden Abschnitten über die technische Ausführung von Meßwertaufnehmern wird gezeigt, wie die Meßfühlerprinzipien in der Praxis zur Messung der verschiedenen physikalischen Größen angewendet werden.

Tafel 14 Meßfühlerprinzipien für verschiedene Meßgrößen

| Meßgröße | Analoger Meßfühler | | | | | | | Digitaler Meßfühler | | |
| | passiv | | | aktiv | | | | | | |
	resistiv	induktiv	kapazitiv	elektro-dynamisch	piezo-elektrisch	thermo-elektrisch	photo-elektrisch	frequenz-analog	incre-mental	absolut codiert
Dehnung	+	+								
Weg, Winkel	+	+	+						+	+
Geschwindigkeit				+						
Beschleunigung	+	+			+					
Kraft	+	+			+					
Gasdruck	+	+	+		+					
Drehmoment	+							+		
Zeit					+					
Temperatur	+					+				
Licht	+						+			
Chemische Analyse	+		+			+	+			

In der Übersicht in Tafel 14 sind die wichtigsten geeigneten Meßfühlerprinzipien für mechanische und weitere technische Meßgrößen durch + gekennzeichnet.

7.1. Dehnungsmessung

7.1.1. Dehnungsmeßstreifen

Dehnungsmeßstreifen (strain gage), allgemein DMS genannt, sind passive ohmsche Meßfühler zur Messung von Dehnung $+\varepsilon$ und Stauchung $-\varepsilon$ an der Oberfläche von Bauteilen sowie aller statischen und dynamischen mechanischen Meßgrößen, die sich auf eine proportionale Dehnung von elastischen Federkörpern zurückführen lassen, wie z.B. Weg s, Beschleunigung a, Kraft F, Biegemoment M_b, Drehmoment M, Gas- und Flüssigkeitsdruck p usw. Mit diesen Meßgrößen können auch noch weitere abgeleitete Meßgrößen der Verfahrenstechnik ermittelt werden, wie z.B. Masse (Waage), Füllstand usw.

Metalldraht- und -Folien-DMS. In diesen DMS sind Konstantandrähte von etwa 25 μm Stärke oder Widerstandsfolien von etwa 5 μm Dicke zwischen Träger- und Abdeckblättchen mit 25 μm bis 60 μm Dicke aus Papier oder Kunststoff (Acrylharz, Epoxidharz, Phenolharz oder Polyimid) eingebettet. [4]

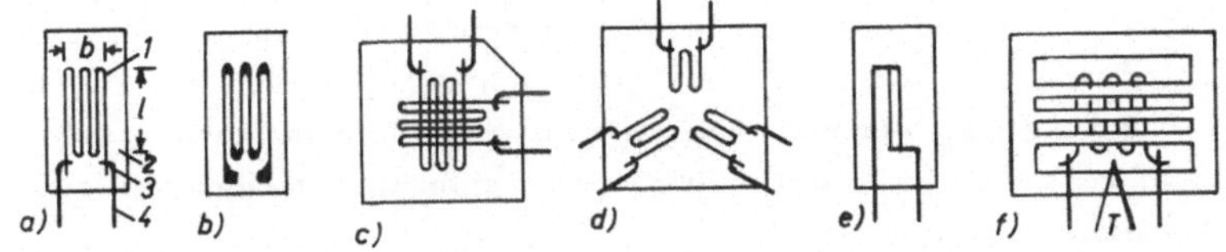

Bild 93 Grundtypen von Dehnungsmeßstreifen
a) Einfach-Draht-DMS, b) Einfach-Folien-DMS,
c) Torsions-DMS, d) DMS-Rosette ($0^\circ/60^\circ/120^\circ$-Ausführung), e) Halbleiter-DMS, f) Freigitter-DMS mit Thermoelement T
1 Widerstandsdraht, mäanderförmig, 2 Papier- oder Kunststoffträger, 3 Schweiß- oder Lötverbindungen,
4 Anschlußdrähte
1 aktive Länge, b aktive Breite

Die Meßgitter sind nach Bild 93a, b, c, d in Einfach-Metall-draht- und -Folien-DMS, Torsions-DMS und in DMS-Rosetten sowie in Ketten-DMS (mit 2 bis 10 Meßgittern) mäanderförmig und in Membrantypen kreis- oder spiralförmig ausgeführt.

Die Fehlertoleranzen der Nennwiderstände werden bei Draht-DMS durch Klassieren mit Kompensatoren und bei Folien-DMS (herge-stellt als gedruckte Schaltung) durch Justieren mittels Weg-ätzen von Leitermaterial ermittelt. Alle DMS eines zusammen-hängenden Fabrikationsganges gehören dem gleichen DMS-Los (Herstellungslos) an (VDI/VDE 2635 Blatt 1).

<u>Halbleiter-DMS.</u> Das Halbleiter-Meßelement besteht aus P- oder N-dotierten Siliziumstreifen mit dem Piezowiderstands(piezore-sistiven)-Effekt, wobei sich bei mechanischer Beanspruchung infolge der veränderten Elektronenbeweglichkeit große Wider-standsänderungen mit positiver oder negativer Charakteristik ergeben.

Halbleiterstreifen nach Bild 93e mit 0,2 mm Breite und etwa 0,02 mm Dicke gibt es ohne oder mit Träger. Ein Vorteil von Halbleiter-DMS ist die große Dehnungsempfindlichkeit S_ε nach Tafel 15. Wegen der nichtlinearen Kennlinie ist jedoch die Em-pfindlichkeit nur in einem kleinen Bereich annähernd konstant, der Wert $\Delta R/R_0$ verändert sich stark mit der Dehnung ε und der Temperatur ϑ. Halbleiter-DMS sind teuer und werden nur für Sonderaufgaben verwendet.

<u>Anschweißbare DMS.</u> Eine dünne Stahlfolie, auf der der Meßdraht oder die Meßfolie mit keramischem Kitt befestigt ist, wird durch Punktschweißen auf der Oberfläche von schweißbaren Me-tallen wie z.B. Stahl, Temperguß, Aluminium usw. befestigt. Dadurch entsteht eine ideale Verbindung zwischen DMS und Meß-oberfläche ohne Kriechen bei großer Meßgenauigkeit.

<u>Freigitter-DMS.</u> Freigitter-Draht- und -Folien-DMS haben ab-ziehbare Hilfsträger aus Glasfaser-Teflon-Klebeband. Diese werden mit dem Flammspritzverfahren mit Aluminiumoxid auf die Meßoberfläche aufgebracht (Bild 93f).

Tafel 15 Nenndaten von Draht-, Folien- und Halbleiter-DMS

Kenngrößen bevorzugte Werte unterstrichen		Draht- DMS	Folien- DMS	Halblei- ter-DMS
Nenn- widerstand	R in Ω	<u>120</u>; 600	<u>120</u>; 300 350; 600	<u>120</u>; 600
Widerstandstoleranz je Packung	$\pm(\Delta R/R)$ in %	0,25 bis 0,5	0,2	0,5
Aktive Meßlänge	l in mm	3 bis <u>6</u> bis 150	0,6 bis 6 bis 30	1 bis <u>5</u>
Dehnungs- Empfindlichkeit	$S_\varepsilon \approx$	2,1	2,1	100 bis 160
Toleranz der Dehnungs- Empfindlichkeit	$\pm F_S$ in %	0,5	1	2
Meßfrequenz- grenzen	f_M in kHz	0 bis 100	0 bis 100	
Zulässiger Meßstrom	I_M in mA	10 bis 40	20 bis 40	10 bis 20
Maximale Brücken- speisespannung	U_0 in V	2 bis 60	2 bis 20	1 bis 2
Maximale Dehnbarkeit	ε_{max} in 10^{-2} m/m	0,5 bis 5	5 bis 8	0,3 bis 0,5
Lin. Dehnungsbereich bei Linear.- | $\pm 0,1$ % Fehler | ± 1 %	$\pm \varepsilon_M$ in μm/m	4000 10000	4000 10000	1000
Kompensations- Temperaturbereich	ϑ_K in $^\circ$C	-10 bis +150	-10 bis +130	
Temperatur-Koeffizient mit Temp.-Kompensation	$\pm \alpha_K$ in (μm/m)/K	1	1	
Kriechen je Stunde bei $\varepsilon = 1000$ μm/m	$(\Delta\varepsilon/\varepsilon)$ in 10^{-2}	0,1 bis 1	0,1 bis 1	0,1 bis 1

Freigitter-DMS werden bei sehr <u>großen</u> Temperaturen ϑ = +(200 bis 1000) $^\circ$C und bei sehr <u>tiefen</u> Temperaturen ϑ = - 200 $^\circ$C angewendet. Eine Temperatur-Selbstkompensation ist bei den extrem hohen oder tiefen Temperaturen nicht möglich. Wenn ein Kompensationsstreifen nicht anwendbar ist, kann der Temperaturgangfehler u.U. mit einem eingebauten Thermoelement nach Bild 93f korrigiert werden.

<u>Freidraht-Dehnungsmeßfühler.</u> Dünne freitragende Dehndrähte zwischen vier Stützen auf Membranen werden in Meßbrückenschaltungen speziell für Beschleunigungs-, Druck- und Differentialdruck-Aufnehmer verwendet.

<u>Wirkungsweise von DMS.</u> Der gestreckte Meßdraht eines DMS wird durch die über ein Spezialklebemittel übertragene Dehnung oder Stauchung der Meßoberfläche auf seiner ganzen Länge gemäß Bild 94 gedehnt oder gestaucht. Dabei entsteht eine positive oder negative Widerstandsänderung, die sowohl auf der geometrischen Veränderung des Leiters als auch auf einer Änderung des spezifischen Widerstands ϱ bzw. der elektrischen Leitfähigkeit des Leiterwerkstoffs infolge von Gefügeänderungen beruht.

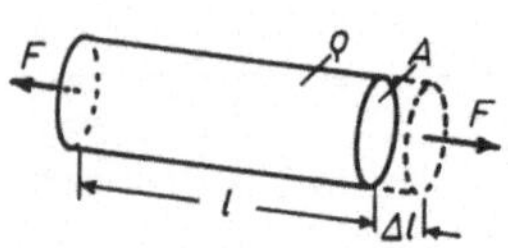

Bild 94 Längenänderung Δl des Meßdrahts eines DMS mit der Länge 1, der Querschnittsfläche A und dem spezifischen Widerstand ϱ

Die Änderung des Meßdraht-Widerstands R = ϱ 1/A bei Beanspruchung durch eine Zugkraft F nach Bild 94 kann durch Berechnung des totalen Differentials

$$dR = \frac{\partial R}{\partial \varrho}\, d\varrho + \frac{\partial R}{\partial 1}\, d1 + \frac{\partial R}{\partial A}\, dA \tag{150}$$

ermittelt werden. Um bei der Berechnung das Drahtvolumen V = Al betrachten zu können, wird R = ϱ1/A umgeformt in

$$R = \frac{\varrho\, 1}{A} \cdot \frac{1}{1} = \frac{\varrho\, 1^2}{V} \tag{151}$$

Für endliche Änderungen gilt

$$\Delta R = \frac{\partial R}{\partial \varrho}\,\Delta\varrho + \frac{\partial R}{\partial 1}\,\Delta 1 + \frac{\partial R}{\partial A}\,\Delta A \qquad (152)$$

Die Widerstandsänderung ist somit

$$\Delta R = \frac{1^2}{V}\,\Delta\varrho + \frac{\varrho}{V}\,2\,1\,\Delta 1 - \frac{\varrho 1^2}{V^2}\,\Delta V \qquad (153)$$

Mit der vereinfachenden Näherungsannahme $\Delta\varrho = 0$ (für $\varrho =$ const) und $\Delta V = 0$ (für $V =$ const) folgt für die <u>Widerstands-</u><u>änderung</u>

$$\Delta R = 2\,\frac{\varrho 1}{V}\,\Delta 1 = 2\,\frac{\varrho 1}{V}\cdot\frac{1}{1}\,\Delta 1 = 2\,\frac{R}{1}\,\Delta 1 \qquad (154)$$

oder in bezogener Schreibweise

$$(\Delta R/R)\,/\,(\Delta 1/1) = 2 \qquad (155)$$

Da sich in Wirklichkeit auch der spezifische Widerstand ϱ ändert, folgt aus einer allgemeinen Berechnung mit der Poisson-schen Querzahl μ das ausführliche Ergebnis für die Widerstandsänderung

$$\frac{\Delta R}{R} = \varepsilon\,\underbrace{(1 + 2\mu}_{a} + \underbrace{\frac{d\varrho}{d\varepsilon}\,\frac{1}{\varrho})}_{b} \qquad (156)$$

Hierbei entspricht a dem geometrischen Anteil und b dem Gefü-geanteil. Allgemein folgt hieraus die <u>DMS-Dehnungsempfindlich-</u><u>keit</u>

$$S_\varepsilon = (\frac{\Delta R}{R})\,/\,(\frac{\Delta 1}{1}) = \frac{\text{Ausgangsgröße}}{\text{Eingangsgröße}} \qquad (157)$$

(Die bisher im Schrifttum weit verbreitete Bezeichnung "k-Fak-tor" für diese Dehnungsempfindlichkeit sollte zur Vermeidung von Verwechslungen mit dem Reziprokwert "Koeffizient" vermie-den werden.)

Für <u>Konstantan-DMS</u> mit Widerstandsdraht aus einer Kupfer-Nik-kel-Mangan-Legierung beträgt die Dehnungsempfindlichkeit $S_\varepsilon \approx 1 + 2\cdot 0,33 + 0,34 = 2$. Da dieser theoretische Zahlenwert für S_ε mit dem in der Praxis wirksamen Wert nicht genau über-einstimmt, wird die Dehnungsempfindlichkeit S_ε für DMS bei der Herstellung experimentell durch Stichprobenmessungen mit einer jeweils angegebenen Fehlertoleranz ermittelt. Daher kann in der Meßpraxis bei Dehnungsmessungen oft ohne zusätzliche Kalibrierung der Meßstelle gearbeitet werden.

Bei <u>Halbleiter-DMS</u> überwiegt die Änderung des spezifischen Widerstands; der geometrische Anteil $1 + 2\mu$ ist dagegen klein. Bei Dehnung und bei Temperaturänderung ist die Dehnungsempfindlichkeit S_ε nicht konstant. Für die Widerstandsänderung $\Delta R/R_0$ gilt mit den Konstanten k und c folgende Abhängigkeit von Dehnung ε sowie von Bezugstemperatur T_0 und Meßtemperatur T

$$\frac{\Delta R}{R_0} = \frac{T_0}{T}\, k\, \varepsilon + \left(\frac{T_0}{T}\right)^2 c\, \varepsilon + \ldots \tag{158}$$

Die vom Hersteller angegebenen Werte für die Dehnungsempfindlichkeit S_ε gelten nur für den ungedehnten Zustand (Kennliniensteigung bei der Dehnung $\varepsilon = 0$) bei Raumtemperatur. Die P-dotierten Silizium-DMS haben die Dehnungsempfindlichkeit $S_\varepsilon = +$ (110 bis 130 bis 178), die N-dotierten Si-DMS dagegen $S_\varepsilon = -$ (80 bis 100 bis 138). Hiermit ergeben sich viele Variationen der Anwendungsmöglichkeiten dieser Dehnungsmeßstreifen in Meßbrückenschaltungen bei großen Ausgangsspannungen. Stärkere Dotierung (Zunahme der Fremdatome) verursacht eine Verringerung des elektrischen Widerstands und der Dehnungsempfindlichkeit, somit aber auch der Temperaturabhängigkeit.

Beim DMS ist das Meßsignal grundsätzlich der Dehnung ε direkt proportional und nicht der Längenänderung Δl einer vorgegebenen Meßbasis l, wie z.B. beim induktiven Dehnungsmesser.

<u>Einheiten der Dehnung</u> $\varepsilon = \Delta l/l$. Wegen $[\varepsilon] = $ m/m $= 1$ ist die Dehnung ein reiner Zahlenwert mit der Einheit 1. In der Meßpraxis und in technischen Unterlagen werden als Hinweis auf die Dehnung die nachfolgenden Einheiten verwendet.

$$10^{-3}\ \text{m/m} = \text{mm/m} \quad \text{und} \quad 10^{-6}\ \text{m/m} = \mu\text{m/m} \tag{159}$$

Der Ersatz der Einheiten 10^{-3} m/m durch ‰ und 10^{-6} m/m durch μD = Mikrodehnung (microstrain) ist zu vermeiden.

<u>Temperatur-Störeinfluß.</u> Die Änderung der Temperatur eines Bauteils mit applizierten (angebrachten) DMS hat sowohl auf das Bauteil als auch auf den DMS einen Einfluß. Da normalerweise nur die durch die mechanische Beanspruchung herrührende und nicht die durch Wärme verursachte Dehnung interessiert, sind Maßnahmen zur Ausschaltung der Temperatureinflüsse notwendig.

Bei Erwärmung eines Bauteils mit DMS kann man bei einer Temperaturänderung $\Delta\vartheta$ mit dem DMS-Meßstellen-Temperaturkoeffizienten α eine scheinbare Dehnung

$$\varepsilon_\vartheta = \alpha \, \Delta\vartheta \qquad\qquad (160)$$

berechnen. In den Gesamt-Temperaturkoeffizienten

$$\alpha = \frac{\alpha_R}{S_M} + \alpha_B - \alpha_M \qquad\qquad (161)$$

gehen der Temperaturkoeffizient α_R des DMS-Meßgitterwiderstands, die Dehnungsempfindlichkeit des Meßgitterwerkstoffs $S_M \approx S_\varepsilon$, sowie die Differenz der linearen Temperaturkoeffizienten α_B des Bauteilwerkstoffs und α_M des Meßgitterwerkstoffs ein.

Tafel 16 Werkstoff-Temperaturkoeffizienten bei der Temperatur $\vartheta = 20\ ^\circ C$

Werkstoff	linearer Werkstoff-Temperaturkoeffizient in $(m/m)/K$	Widerstands-Temperaturkoeffizient in K^{-1}
Konstantan	$\alpha_M = 15 \cdot 10^{-6}$	$\alpha_R = -\,3{,}5 \cdot 10^{-6}$
Baustahl	$\alpha_B = (11 \text{ bis } 12) \cdot 10^{-6}$	
Aluminium	$\alpha_B = (22 \text{ bis } 24) \cdot 10^{-6}$	

Da die in Tafel 16 zusammengestellten Temperaturkoeffizienten nicht konstant sondern temperaturabhängig sind, ergibt sich für Baustahl mit Konstantan-DMS z.B. im Temperaturbereich $\vartheta = (20 \text{ bis } 70)\ ^\circ C$ die scheinbare Meßstellen-Temperaturdehnung

$$\varepsilon_{\vartheta} = \left[(2 \text{ bis } 14 \text{ bis } 30) \cdot 10^{-6} \ (m/m)/K \right] \Delta\vartheta \qquad (162)$$

In der Praxis wird der Temperatureinfluß meist nicht durch Berechnung, sondern durch andere nachfolgend beschriebene Kompensationsmaßnahmen eliminiert.

Die Arbeitstemperaturen ϑ_M von DMS liegen in den Bereichen $\vartheta_M = (-200 \text{ bis } +200)\ ^{o}C$ für Draht-DMS, $\vartheta_M = (-250 \text{ bis } +400)\ ^{o}C$ für Folien-DMS und $\vartheta_M = (0 \text{ bis } 200)\ ^{o}C$ für Halbleiter-DMS.

Selbsttemperaturkompensierende DMS. Die meisten DMS werden aus Speziallegierungen als Dehnungsmeßstreifen mit angepaßtem Temperaturkoeffizienten so hergestellt, daß für einen gegebenen Temperaturkoeffizienten α_B des Bauteilwerkstoffs der Temperaturkoeffizient des Meßgitterwiderstands

$$\alpha_R \approx S_M \ (\alpha_M - \alpha_B) \qquad (163)$$

ist und daher der Gesamt-Temperaturkoeffizient α nach Gl. (161) etwa Null wird. Diese DMS mit einem an den linearen Wärmeausdehnungskoeffizienten des Bauteilwerkstoffs (z.B. Titan, Stahl, Kupfer, Aluminium, Beton) angepaßten Temperaturkoeffizienten kompensieren die Wärmedehnung der Meßstellen selbsttätig in einem festgelegten Temperaturbereich von maximal etwa $\vartheta_M = (-10 \text{ bis } +150)\ ^{o}C$.

Da die Temperaturabhängigkeit des Temperaturkoeffizienten der Metalle und des elektrischen Meßdrahtwiderstands nicht ganz linear ist, verbleibt immer ein kleiner Temperaturgang der Meßstellen-Temperaturdehnung von etwa

$$\varepsilon_{\vartheta} = \left[\pm (0,5 \text{ bis } 1 \text{ bis } 2) \cdot 10^{-6} \ (m/m)/K \right] \Delta\vartheta \qquad (164)$$

Ein einzelner temperaturkompensierter DMS muß in der Dreileiterschaltung nach Bild 47 angeschlossen werden, um Kabeleinflußfehler auszuschalten.

Temperaturkompensation in der Meßschaltung. Die günstigste automatische Korrektur des temperaturbedingten Meßfehlers erfolgt in Meßbrückenschaltungen entweder durch Reihenschaltung von zwei DMS mit positivem und negativem Temperaturkoeffizien-

ten α oder meist durch günstige Zusammenschaltung von gleich-
wertigen (aus einer Lieferpackung bzw. einem Herstellungslos
entnommenen) <u>aktiven</u> und <u>passiven</u> oder mehreren aktiven DMS in
Halb- oder Vollbrückenschaltungen bei Anwendung bis zu maximal
32 DMS in einer Meßschaltung. Die aktiven DMS erfassen hierbei
die Dehnung der Meßstelle, und die passiven Kompensations-DMS
werden so auf das Bauteil aufgebracht, daß sie auf gleichem
Material die gleiche Temperatur wie die Meßstelle, aber keine
Dehnung erfahren. Die Verwendung der Begriffe "passiv" und
"aktiv" weicht hier von der sonst üblichen Anwendung im Zusammenhang mit der Energieversorgung ab.

<u>Feuchtigkeitseinfluß.</u> Um Meßfehler durch Feuchtigkeitseinflüs-
se vernachlässigbar klein zu halten, müssen die DMS gegen
Feuchtigkeit geschützt werden. Die Isolationswiderstände von
DMS gegen geerdete Meßoberflächen sollen mehr als das 10^6-fa-
che ihrer Nennwiderstände betragen.

<u>Befestigungsmittel.</u> Über die notwendigen Klebstoffe und Ab-
deckmittel für die Anwendung der DMS können kaum allgemeine
Aussagen gemacht werden. Die Mittel müssen unter Beachtung der
jeweiligen Firmenvorschriften beschafft und verarbeitet werden. Durch richtige Klebstoffe wird vor allem ein Kriechen
vermieden.

<u>Fehler bei Messungen mit DMS.</u> Meßfehler können entstehen durch
Nichtlinearität, mechanische und thermische Hysterese, Tempe-
ratureinflüsse, Thermospannungen an den DMS-Anschlüssen,
Feuchte, Druck, Kriechen und Frequenzgang.

7.1.2. Dehnungsmeßstreifen-Meßschaltungen

Für Messungen mit Dehnungsmeßstreifen, DMS genannt, werden
hauptsächlich <u>Widerstandsmeßbrücken</u> (s. Abschn. 2.2.4) verwendet. Serienmäßige Dehnungsmeßgeräte (Anpasser) sind oft so ge-
eicht, daß die Meßergebnisanzeige der Dehnung ε_1 mit nur einem
DMS mit der Dehnungsempfindlichkeit $S_\varepsilon = 2$ in einer Viertelbrücke entspricht. [11]

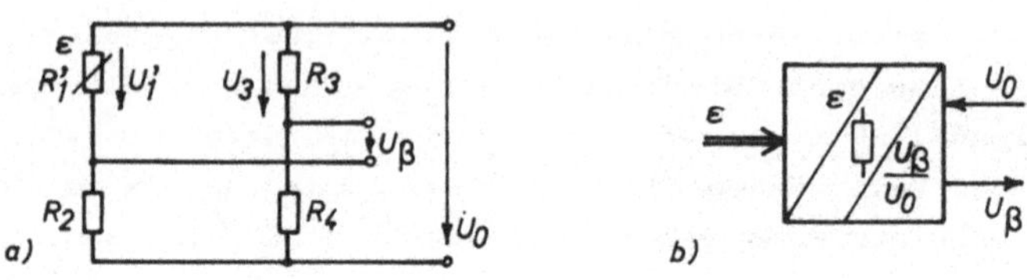

Bild 95 Viertelmeßbrücke zur Messung einer Dehnung ε mit einem
aktiven DMS R_1, der sich bei Dehnung auf $R_1' = R_1 + \Delta R_1$
ändert

a) Meßschaltung, b) Blockschaltbild mit Brückenspeisespannung U_0 und Ausgangsspannung U_β

Die <u>Diagonalausgangsspannung</u> U_β für einen aktiven Dehnungsmeßstreifen R_1 in einer Viertelmeßbrücke nach Bild 95a, der sich
bei Dehnung auf $R_1' = R_1 + \Delta R_1$ ändert, wird berechnet aus der
Maschenregel

$$U_\beta = U_1' - U_3 = \left(\frac{R_1 + \Delta R_1}{R_1 + \Delta R_1 + R_2} - \frac{R_3}{R_3 + R_4} \right) U_0 \qquad (165)$$

Für die in der Praxis vor Messungsbeginn abgeglichene gleich-
armige Brücke folgt mit $R_3 = (R_1/R_2)R_4$ eingesetzt die Brückenausgangsspannung

$$U_\beta = \left(\frac{R_1 + \Delta R_1}{R_1 + \Delta R_1 + R_2} - \frac{R_1}{R_1 + R_2} \right) U_0 \qquad (166)$$

Auf gleichen Nenner gebracht ergibt sich nach Umformung

$$U_\beta = \frac{R_2\, \Delta R_1}{(R_1 + R_2)^2 + \Delta R(R_1 + R_2)} U_0 \qquad (167)$$

oder schließlich wird die Ausgangsspannung

$$U_\beta = \frac{R_2\, \Delta R_1}{(R_1 + R_2)^2 \left(1 + \frac{\Delta R}{R_1 + R_2}\right)} U_0 \qquad (168)$$

Für kleine Widerstandsänderungen $\Delta R_1 \ll (R_1 + R_2)$ folgt als Nä-
herungslösung für die Brückenausgangsspannung

$$U_\beta \approx \frac{R_2 \, \Delta R_1}{(R_1 + R_2)^2} \, U_0 \qquad (169)$$

Durch diese Näherung entsteht ein relativer Linearitätsfehler

$$F_{rel} = \Delta R / (R_1 + R_2) \qquad (170)$$

Für gleiche Brückenwiderstände $R_1 = R_2 = R$ ist die bezogene Brückenausgangsspannung für einen aktiven DMS in der Viertelbrücke (s. Abschn. 2.2.4)

$$\frac{U_\beta}{U_0} \approx \frac{1}{4} \cdot \frac{\Delta R}{R} \qquad (171)$$

Bei der Messung einer Dehnung ε mit einem DMS mit der Empfindlichkeit $S_\varepsilon = 2$ in der Viertelbrücke entsteht die Meßbrückendiagonal-Ausgangsspannung je V Speisespannung

$$U_\beta / V = (\Delta R / R) / 4 = S_\varepsilon \, \varepsilon / 4 = 2 \, \varepsilon / 4 = \varepsilon / 2 \qquad (172)$$

In einer Halbbrücke z.B. verdoppelt sich die Ausgangsspannung

$$U_\beta / V = \varepsilon \qquad (173)$$

Bei der Verwendung von DMS mit einer anderen Empfindlichkeit $S_\varepsilon \neq 2$ muß die angezeigte Dehnung ε_A korrigiert werden für den wahren Dehnungswert

$$\varepsilon_w = \varepsilon_A \cdot 2 / S \qquad (174)$$

Bemessung von Meßstellen. Für die Anwendung eines aktiven DMS gilt als Grundlage für die Festlegung der Dehnung ε_1 an der Meßstelle, z.B. in einem Aufnehmer für andere mechanische Größen meist folgende Annahme für die Meßstellendehnung

$$\varepsilon_1 = 1 \cdot 10^{-3} \ m/m \qquad (175)$$

Mit der Dehnungsempfindlichkeit $S_\varepsilon = (\Delta R / R) / \varepsilon = 2$ ergibt sich für den DMS die relative Widerstandsänderung

$$\Delta R / R = 2 \cdot 10^{-3} \qquad (176)$$

In der Praxis werden meist mehrere aktive DMS verwendet. In

einer <u>Ausschlagvollbrücke</u> mit 4 aktiven DMS nach Bild 12f erhält man bei gleichen Widerstandspaaren $R_1 = R_2$ und $R_3 = R_4$
für kleine Änderungen der Meßwiderstände, d.h. für die Bedingung $\Delta R_i \ll R_i$ nach Gl. (37) näherungsweise die bezogene Brük-
kendiagonal-Ausgangsspannung

$$U_\beta/U_0 = \left[(\Delta R_1/R_1) - (\Delta R_2/R_2) - (\Delta R_3/R_3) + (\Delta R_4/R_4) \right]/4 \quad (177)$$

Da für den Anwender von Dehnungsmessungen die Dehnung ε meist
wichtiger ist als die Widerstandsänderung ΔR, berechnet man
in der Praxis mit der Dehnungsempfindlichkeit $S_\varepsilon = (\Delta R/R)/\varepsilon$
bzw. $\Delta R/R = S_\varepsilon \varepsilon$ die bezogene Brückenausgangsspannung

$$U_\beta/U_0 = (\varepsilon_1 - \varepsilon_2 - \varepsilon_3 + \varepsilon_4)\, S_\varepsilon/4 \quad (178)$$

Wenn man die relativen Widerstandsänderungen $\Delta R_i/R_i$ bzw. die
Dehnungen ε_i algebraisch, d.h. mit ihren Vorzeichen, in Gl.
(177) bzw. (178) einsetzt, erhält man die Polarität der Brük-
kenausgangsspannung U_5 bzw. U_β nach Bild 12 bzw. 95.

Beim Einsatz von mehreren aktiven DMS auf dem Meßobjekt und in
der Meßbrücke wirkt nach Gl. (178) für Meßketten eine gegen
die Meßstellendehnungen vergrößerte <u>fiktive</u> <u>Meßdehnung</u>

$$\varepsilon_f = \varepsilon_1 - \varepsilon_2 - \varepsilon_3 + \varepsilon_4 \quad (179)$$

Mit dieser fiktiven Dehnung ε_f würde sich die Brückenausgangsspannung U_β bzw. der Ausschlag des Meßkettenausgebers gegenüber einer Meßstellendehnung ε_1 mit nur einem DMS in der Viertelbrücke um den <u>Brückenfaktor</u> $B = \varepsilon_f/\varepsilon_1$ vergrößern.

Bei vorgegebener Empfindlichkeit bzw. Ausgangsspannung U_β
einer Dehnungsmeßeinrichtung für eine Meßbereich-Nenndehnung
$\varepsilon_M = \varepsilon_f$ kann die <u>Meßstellendehnung</u>

$$\varepsilon_1 = \frac{1}{B} \cdot \frac{4}{S_\varepsilon} \cdot \frac{U_\beta}{U_0} \quad (180)$$

um den Brückenfaktor B kleiner gewählt werden.

<u>Anordnung und Verteilung von Dehnungsmeßstreifen.</u> Durch eine sinnvolle Anordnung der DMS auf dem <u>Meßobjekt</u> und Verteilung in der <u>Meßbrückenschaltung</u> lassen sich bei der experimentellen <u>Spannungsanalyse</u> (Messung der Oberflächendehnung an Maschinenbauteilen, experimental stress analysis) oder in <u>Meßwertaufnehmern</u> (Messung von weiteren physikalischen Größen) durch Addition oder Subtraktion von Meßwerten in der Meßbrücke die <u>Nutzdehnungen</u> von Zug- oder Druckbeanspruchungen, Biegung oder Torsion usw. <u>kombiniert</u> oder <u>selektiv</u> erfassen oder <u>Stördehnungen</u> durch Temperatur, Feuchtigkeit, Druck, Kernstrahlung usw. durch <u>Kompensation</u> eliminieren. Für die Herstellung von Meßwertaufnehmern werden bis zu 32 aktive und passive DMS für einen Aufnehmer verwendet. Nachfolgend werden als Beispiele einige Einsatzmöglichkeiten von DMS für bestimmte Meßaufgaben geschildert.

Bei der Anwendung von mehreren DMS in Brückenschaltungen nach Bild 12 gilt in Bezug auf Gl. (178) folgende Regel:

Eine Brückendiagonal-Ausgangsspannung erhält man, wenn die Dehnungen von zwei <u>nebeneinanderliegenden</u> DMS (R_1 und R_2; R_1 und R_3; R_3 und R_4; R_4 und R_2) <u>verschiedene</u> Vorzeichen und von zwei diametral <u>gegenüberliegenden</u> DMS (R_1 und R_4; R_2 und R_3) <u>gleiche</u> Vorzeichen haben. Die Brückendiagonalspannung bleibt <u>Null</u>, wenn gleich große Dehnungen von zwei nebeneinanderliegenden DMS gleiche Vorzeichen und von zwei gegenüberliegenden DMS verschiedene Vorzeichen haben.

<u>Kompensation von Störungen durch Änderungen der Meßstellen-Temperatur oder Meßleitungs-Widerstände.</u> Bei Temperaturänderungen am Meßobjekt entstehen neben den mechanischen Dehnungen ε_i Störungen durch Wärmedehnungen ε_ϑ . Dann erhält man in einer Vollbrücke die bezogene Brückendiagonal-Ausgangsspannung

$$\frac{U_\beta}{U_0} = \frac{1}{4}\left[(\varepsilon + \varepsilon_\vartheta)_1 - (-\varepsilon + \varepsilon_\vartheta)_2 - (-\varepsilon + \varepsilon_\vartheta)_3 + (\varepsilon + \varepsilon_\vartheta)_4\right]$$

$$(181)$$

Eine gewünschte Temperaturkompensation entsteht, wenn sich alle DMS auf gleichem Material und auf gleicher Temperatur befinden, da dann für alle DMS die Wärmedehnung ε_ϑ gleich groß ist und die Störung verschwindet.

Durch die Spannungsabfälle an den <u>Meßsignalleitungs-Widerstän</u><u>den</u> R_L in einer Vollbrückenschaltung nach Bild 17a verbleibt am Brückenquerwiderstand

$$R_B = \frac{(R_1 + R_2)(R_3 + R_4)}{R_1 + R_2 + R_3 + R_4} \tag{182}$$

eine gegenüber der Meßgerätespeisespannung U_0 verkleinerte <u>Brückenspeisespannung</u>

$$U_{OB} = U_0 R_B / (R_B + R_{L1} + R_{L2}) \tag{183}$$

Somit ergibt sich mit den Dehnungen ε_i eine korrigierte bezogene <u>Meßbrücken-Ausgangsspannung</u>

$$\frac{U_\beta}{U_0} = \frac{S_\varepsilon}{4} \, (\varepsilon_1 - \varepsilon_2 - \varepsilon_3 + \varepsilon_4) \, \frac{R_B}{R_B + R_{L1} + R_{L2}} \tag{184}$$

Der Einfluß der Signalleitungswiderstände R_{L3} und R_{L4} in Bild 17a ist vernachlässigbar, da sie in der Praxis mit dem hochohmigen Eingang eines Meßverstärkers oder Kompensators in Reihe liegen. Die Störungen durch Signalleitungswiderstände können mit Mehrleiterschaltungen (s. Abschn. 3.3.9) eliminiert werden.

<u>Messungen mit DMS auf einem Meßfederstab.</u> Für eine Dehnungsmessung an der Oberfläche eines einseitig eingespannten Meßfederstabs zeigt Bild 96a die <u>Anordnung</u> des Längs-DMS R_1 und des Quer-DMS R_2 auf dem Meßfederstab und Bild 96b die <u>Verteilung</u> der DMS in einer Halbbrücke. Der Meßfederstab wird durch die <u>Längskraft</u> F und das <u>Biegemoment</u> M_b bei veränderlicher <u>Temperatur</u> beansprucht.

Für die mechanischen und elektrischen Größen werden die in Tafel 17 genannten Zusammenhänge für die nachfolgenden Größen festgelegt.

Die Längszugkraft ist positiv (+F), die Druckkraft negativ (-F), die Normalspannung $\sigma_F = \varepsilon \, E = F/A$ mit dem Elastizitätsmodul E und der Meßfederstab-Querschnittfläche A hat auf der Stabober- und -unterseite die gleichen Vorzeichen wie die Kraft F, die Längsdehnung ist positiv $(+\varepsilon_{F1})$ und die Längsstauchung negativ $(-\varepsilon_{F1})$, die Querdehnung ist $\varepsilon_{Fq} = \mp\, \mu\, \varepsilon_{F1}$ mit der Poisson'schen Zahl $\mu \approx 0,3$, die relativen DMS-Meßwiderstandsänderungen sind $\pm\, \Delta R/R$, und man erhält positive und negative Ausgangsspannungsanteile U_β.

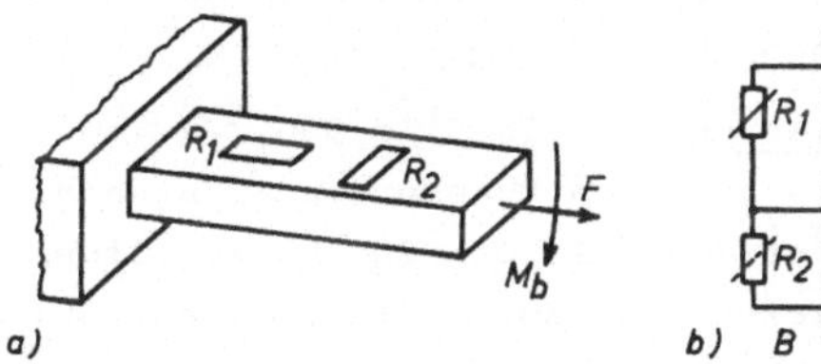
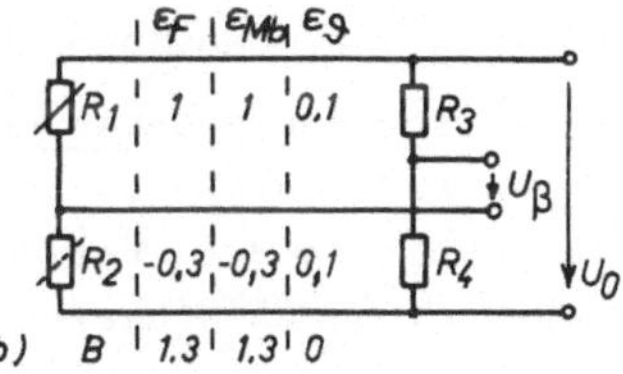

Bild 96 Dehnungsmessung auf einem Meßfederstab bei Beanspruchung durch Kraft F und Biegemoment M_b
a) Anordnung eines Längs-DMS R_1 und eines Quer-DMS R_2
b) Meßbrücke mit eingetragenen Dehnungsnennwerten in 10^{-3} m/m für Zugkraftdehnung ε_F, Biegemomentdehnung ε_{Mb} und Temperaturdehnung ε_ϑ für DMS R_1 und R_2 sowie Brückenfaktor B

Für ein Biegemoment M_b entsteht bei symmetrischem Meßfederstabquerschnitt mit dem Widerstandsmoment W die Biegespannung $\sigma_{Mb} = M_b/W$ auf Stabober- und -unterseite mit entgegengesetzten Vorzeichen und weiter die Dehnung ε_{Mb} bis zur Ausgangsspannung U_β ähnlich wie bei der Kraft F.

Tafel 17 Meßgrößen am Meßfederstab

Längskraft F	mechanische Spannung σ	elastische Dehnung ε	Widerstandsänderung	Ausgangsspannung U_β
Zug	positiv	$+\,\varepsilon_{F11}$	$+\,\Delta R_1/R_1$	positiv
Zug	positiv	$-\,\varepsilon_{Fq2} = \mu\,\varepsilon_{F11}$	$-\,\Delta R_2/R_2$	negativ
Druck	negativ	$-\,\varepsilon_{F11}$	$-\,\Delta R_1/R_1$	negativ

Eine Übersicht über die Wirkungen der Anordnung der DMS auf
dem Meßfederstab und der Verteilung in der Meßbrücke bei verschiedenen Dehnungswerten ε durch Zugkraft F, Biegemoment M_b
und Temperatur ϑ kann man durch die Eintragung der zugehörigen
Dehnungswerte in Bild 96b gewinnen. Als Dehnungsnennwerte wer-
den hierbei für die Zugkraft und das Biegemoment $\varepsilon_1 = 1 \cdot 10^{-3}$
m/m und $\varepsilon_q = 0,3 \cdot 10^{-3}$ m/m sowie für die Temperatur für eine
Temperaturerhöhung um etwa $\vartheta = 10\ ^oC$ die Meßstellendehnung
$\varepsilon_\vartheta = 0,1 \cdot 10^{-3}$ m/m angenommen.

Die Werte für den <u>Brückenfaktor</u> B in Bild 96b, die aus den
Dehnungen ε für die verschiedenen Beanspruchungsursachen unter
Berücksichtigung der Vorzeichen in der Brückenschaltung ermittelt werden, geben Hinweise auf das Entstehen einer Brückenausgangsspannung

$$U_\beta = B\ U_{\beta 1} \tag{185}$$

gegenüber der Ausgangsspannung $U_{\beta 1}$ einer Viertelmeßbrücke. Bei
B = O entsteht keine Brückenausgangsspannung, d.h., die Wir-
kung der Dehnung der entsprechenden Ursache wird eliminiert.

In Bild 96b erkennt man aus den Werten B = 1,3; 1,3 und O für
den Brückenfaktor, daß über ε_F die <u>Zugkraft</u> F und ε_{Mb} das <u>Bie</u>-
<u>gemoment</u> M_b <u>zusammen</u> gemessen, <u>Temperatureinflüsse</u> über ε_ϑ
aber <u>eliminiert</u> werden.

Die gesamte Meßstellendehnung ist nach G1. (180)

$$\varepsilon = \varepsilon_F + \varepsilon_{Mb} = \frac{1}{1 + \mu} \cdot \frac{4}{S_\varepsilon} \cdot \frac{U_\beta}{U_O} \tag{186}$$

<u>Meßfeder-Biegestab mit zwei DMS in einer Halbbrücke.</u> Auf dem
einseitig eingespannten Meßfederstab nach Bild 97a befinden
sich auf der Ober- und Unterseite die beiden DMS R_1 und R_2,
die nach Bild 97b in einer Halbbrücke zusammengeschaltet sind.
Wie aus den Eintragungen in Bild 97b (ähnlich wie in Bild 96b)
die Werte des Brückenfaktors B erkennen lassen, werden bei
dieser Anordnung das <u>Biegemoment</u> M_b <u>gemessen</u>, während die Dehnungen ε durch die <u>Zugkraft</u> F und die <u>Temperatur</u> ϑ <u>eliminiert</u>

werden.

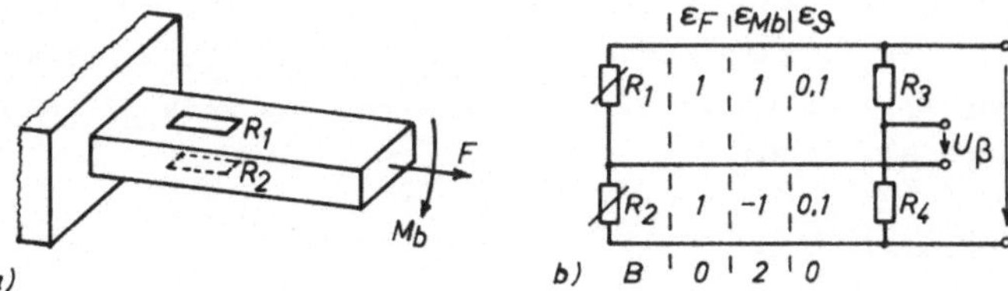

Bild 97 Zwei Dehnungsmeßstreifen R_1 und R_2 auf einem Meßfeder-
Biegestab (a) und in einer Halbbrücke (b) zur Messung
des Biegemoments M_b

Die Meßstellendehnung ist nach Gl. (180)

$$\varepsilon = \varepsilon_{Mb} = \frac{1}{2} \cdot \frac{4}{S_\varepsilon} \cdot \frac{U_\beta}{U_0} = \frac{2}{S_\varepsilon} \cdot \frac{U_\beta}{U_0} \tag{187}$$

Die Torsionsdehnung wird bei der Drehmomentmessung (s. Abschn.
7.9) behandelt.

Beispiel 10: Meßfederstab mit zwei DMS in einer Zweiviertelbrücke. Man ermittle die Dehnungswirkungen bei Beanspruchungen
eines Meßfederstabs durch Zugkraft F, Biegemoment M_b und Temperatur ϑ, wenn zwei DMS R_1 und R_4 nach Bild 98a auf dem Meßfederstab oben und unten aufgeklebt und nach Bild 98b in einer
Zweiviertelbrücke geschaltet sind.

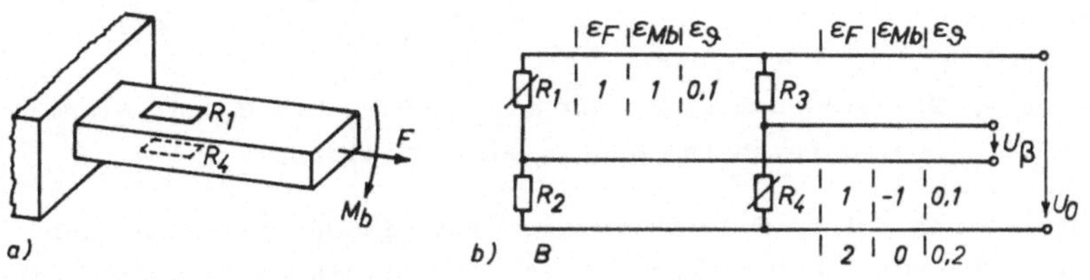

Bild 98 Zwei DMS R_1 und R_4 auf einem Meßfederstab (a) und in
einer Zweiviertelbrücke (b)

Aus den Werten für den Brückenfaktor B in Bild 98b erkennt man, daß bei dieser Verteilung der DMS die Kraftdehnung ε_F gemessen, die Biegemomentdehnung ε_{Mb} eliminiert, die Temperaturdehnung ε_ϑ aber nicht eliminiert wird. Die <u>Meßstellendehnung</u> ist nach Gl. (180)

$$\varepsilon = \frac{1}{2}\cdot\frac{4}{S_\varepsilon}\cdot\frac{U_\beta}{U_0} - \varepsilon_\vartheta \tag{188}$$

Für die Temperaturkompensation müßten zusätzlich zwei passive oder auf dem Meßfederstab querliegende aktive DMS R_2 und R_3 in die Meßbrücke eingeschaltet werden.

<u>Beispiel 11: Meßfederstab mit vier DMS in einer Vollbrücke.</u>
Man bestimme eine Anordnung zur Messung des Biegemoments M_b mit großer Meßempfindlichkeit und berechne die je V Speisespannung auftretende Brückenausgangsspannung U_β/V für eine bei Messungsbeginn symmetrische Meßbrücke mit gleichen Brückenwiderständen R_i = 100 Ω. Die verwendeten DMS mit der Dehnungsempfindlichkeit S_ε = 2 befinden sich auf Meßstellen mit gleichen Meßstellendehnungen $\varepsilon_i = 1\cdot10^{-3}$ m/m.

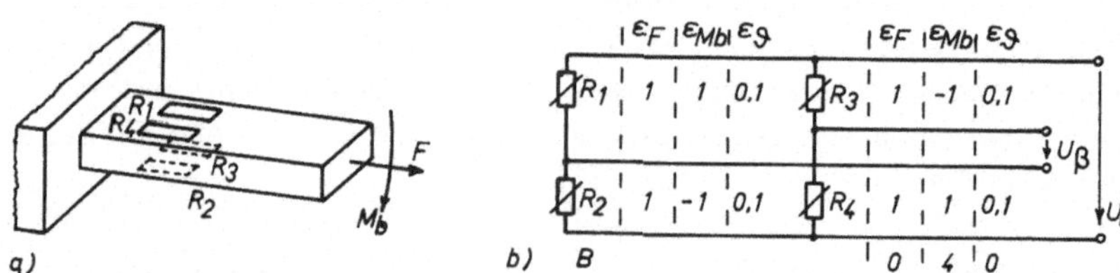

Bild 99 Biegemomentmessung mit vier DMS R_1 bis R_4 auf einem
Meßfederstab (a) und in einer Vollbrücke (b)

Die Lösung ist in Bild 99 dargestellt mit der Anordnung der vier DMS auf dem Meßfederstab (a) und mit ihrer Verteilung in der Vollbrücke (b). Aus den in Bild 99b eingetragenen Zahlenwerten für den Brückenfaktor B erkennt man, daß die Kraftdehnung ε_F eliminiert, die Biegemomentdehnung ε_{Mb} gemessen und die Temperaturdehnung ε_ϑ eliminiert wird.

Mit dem Brückenfaktor $B = 4$ ergibt sich durch das Biegemoment die Meßstellendehnung nach Gl. (180)

$$\varepsilon = \varepsilon_{Mb} = \frac{1}{4} \cdot \frac{4}{S_\varepsilon} \cdot \frac{U_\beta}{U_0} = \frac{1}{S_\varepsilon} \cdot \frac{U_\beta}{U_0} \qquad (189)$$

Die bezogene <u>Ausgangsspannung</u> je V Speisespannung beträgt

$$U_\beta/V = \Delta R/R = S_\varepsilon \, \varepsilon = 2 \cdot 1 \cdot 10^{-3} \text{ m/m} = 0,002 \qquad (190)$$

Für 1 V Speisespannung ist die Ausgangsspannung $U_\beta = 2$ mV.

Die bei einer Messung zulässige Speisespannung $U_0 = 2R_1 I_{zul}$ errechnet sich aus dem DMS-Nennwiderstand R_1 und dem maximal zulässigen Meßstrom I_{zul}, der je nach DMS-Typ im Bereich von $I_{zul} = 10$ mA bis 40 mA liegt (s. Tafel 15).

<u>Beispiel 12: Meßfederstab mit vier DMS in einer Halbbrücke.</u>
Man bestimme eine DMS-Anordnung zur Messung des <u>Biegemoments</u> M_b mit vier DMS in einer Halbbrücke und berechne die bezogene Brückenausgangsspannung U_β/V für gleiche Brückenwiderstände $R = 100 \ \Omega$ mit der DMS-Empfindlichkeit $S_\varepsilon = 2$ für gleiche Meßstellendehnungen $\varepsilon_i = 1 \cdot 10^{-3}$ m/m.

Für die Lösung werden nach Bild 100a je zwei DMS R_{11} und R_{12} auf der Oberseite und R_{21} und R_{22} auf der Unterseite des Meßfederstabs befestigt. Diese DMS werden nach Bild 100b in die linke Brückenhälfte geschaltet.

Für die Halbbrückenschaltung nach Bild 100b kann man die Brückendiagonal-Ausgangsspannung aus der Maschenregel $U_\beta = U_1' - U_3$ (s. Abschn. 2.2.4) berechnen. Die bezogene Brückenausgangsspannung ergibt sich direkt nach Gl. (177) zu

$$U_\beta/U_0 = \left[(\Delta R_1/R_1) - (\Delta R_2/R_2) \right]/4$$

Nach Einsetzen der vorhandenen Meßwiderstände folgt

$$\frac{U_\beta}{U_0} = \frac{1}{4} \left(\frac{\Delta R_{11} + \Delta R_{12}}{R_{11} + R_{12}} - \frac{- \Delta R_{21} - \Delta R_{22}}{R_{21} + R_{22}} \right)$$

Mit vier gleichen Widerständen R und gleichen Widerstandsänderungen ΔR ergibt sich schließlich die bezogene <u>Ausgangsspannung</u>

$$\frac{U_\beta}{U_0} = \frac{1}{4}\left(\frac{2\,\Delta R}{2R} - \frac{-\,2\,\Delta R}{2R}\right) = \frac{1}{2}\cdot\frac{\Delta R}{R} \tag{191}$$

Mit den im vorliegenden Beispiel gegebenen Größen ist die bezogene Ausgangsspannung $U_\beta/V = (1/2)\cdot 2\cdot 10^{-3}$ m/m $= 0{,}001$ und die Ausgangsspannung für 1 V Speisespannung $U_\beta = 1$ mV.

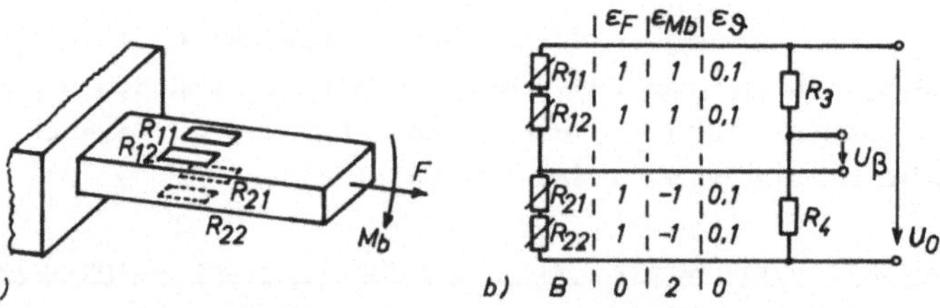

Bild 100 Messung des Biegemoments M_b mit vier DMS auf dem Meßfederstab (a) und in einer Halbbrücke (b)

Die errechnete bezogene Brückenausgangsspannung nach Gl. (191) ist nur halb so groß wie bei der Anwendung von vier aktiven DMS in der Vollbrücke nach Beispiel 11. Daher ergibt sich für die vorliegende Halbbrückenanordnung ein in Bild 100b nicht einfach erkennbarer Brückenfaktor B = 2.

Die <u>Meßstellendehnung</u> ist nach Gl. (180)

$$\varepsilon = \varepsilon_{Mb} = \frac{1}{2}\cdot\frac{4}{S_\varepsilon}\cdot\frac{U_\beta}{U_0} = \frac{2}{S_\varepsilon}\cdot\frac{U_\beta}{U_0} \tag{192}$$

Bei Verwendung dieser Meßschaltung nach Bild 100 in einem Meßwertaufnehmer zur Messung einer beliebigen physikalischen Größe hätte der Aufnehmer die Meßempfindlichkeit 1 mV/Meßgrößenendwert je V Speisespannung.

7.1.3. Induktive Dehnungs-Aufnehmer

Induktive Dehnungs-Aufnehmer nach Bild 101a sind Längenänderungs-Aufnehmer mit einem passiven induktiven Meßfühler für
kleine Meßwege, entweder mit Differentialdrossel (inductive
transducer) nach Bild 22 oder mit Differentialtransformator
(differential transformer) nach Bild 23. Der Aufnehmerkörper
mit den Spulen 2 nach Bild 101a und dem beweglichen Eisenkern
1 wird mit Tastspitzen oder -schneiden und einer Haltevorrich-
tung an die Meßoberfläche gedrückt.

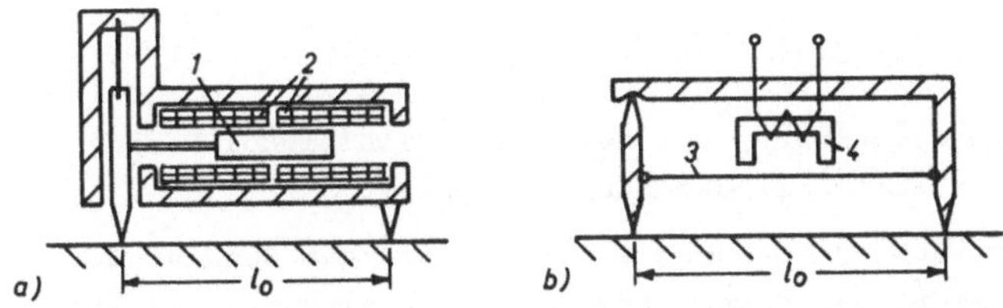

Bild 101 Dehnungs-Aufnehmer mit der Meßbasislänge l_0
      a) Längenänderungs-Aufnehmer mit verschiebbarem
      Eisenkern 1 und Differentialdrossel 2
      b) Saitendehnungs-Aufnehmer mit Saite 3 und Elektro-
      magnet 4 zum Anzupfen der Saite und zur Aufnahme der
      Schwingfrequenz

Die induktiven Aufnehmer messen die Dehnung $\varepsilon = \Delta l / l_0$ über die
Längenänderung Δl der Meßbasislänge (Bezugslänge) l_0. Dehnungsmeßstreifen dagegen messen direkt die Dehnung ε unabhängig von der Länge l des Meßelements.

Induktive Längenänderungs-Aufnehmer haben als Nenndaten Meß-
basislängen zwischen den Tastspitzen $l_0 = 5$ mm bis 200 mm, maximal meßbare Längenänderungen $\Delta l = \pm\, 20\ \mu$m bis $\pm\, 10$ mm, maximal meßbare Dehnungen $\varepsilon = 20 \cdot 10^{-3}$ m/m und einen Meßfrequenzbereich $f_M = 0$ bis 1000 Hz.

Induktive Längenänderungs-Aufnehmer sind zwar im Gegensatz zu
Dehnungsmeßstreifen wiederholt anwendbar, haben aber eine viel

größere Masse und messen die Längenänderung mehrere mm ober-
halb der Meßoberfläche, was leicht zu Meßfehlern führen kann.

7.1.4. Saitendehnungs-Aufnehmer

Dehnungs-Aufnehmer nach dem Schwingsaitenverfahren sind Vibra-
tionsmeßfühler, deren mechanisches Schwingungssystem z.B. aus
einer gespannten Saite nach Bild 101b besteht. Diese Meßsaite
3 wird über den Elektromagneten 4 mit einer impulsförmigen
magnetischen Kraft zu intermittierenden (oder auch dauererreg-
ten) Transversalschwingungen mit der Eigenfrequenz

$$f_0 = \left[1/(21)\right]\cdot\sqrt{E/\varrho}\cdot\sqrt{\Delta 1/1} \tag{193}$$

der Grundschwingung bei dem Elastizitätsmodul E und der Dich-
te ϱ der Saite mit der Länge 1 erregt.

Die zu messende Dehnung $\varepsilon = \Delta 1/1$, die dem Quadrat der Eigenfrequenz f_0 der angezupften Meßsaite proportional ist, wird
aus der mit dem Elektromagneten erfaßten veränderten Schwing-
frequenz mit einem Frequenz-Strom-Umsetzer ermittelt. Die Meß-
bereich-Eigenfrequenzen liegen im Bereich f_0 = 700 Hz bis
1000 Hz; die verhältnismäßig große Meßkraft beträgt an den
Tastspitzen etwa F = 40 N bis 100 N.

Saitendehnungs-Aufnehmer eignen sich besonders für Langzeit-
und Fernmessungen unter rauhen Bedingungen und werden auch für
Weg-, Neigungswinkel-, Kraft-, Drehmoment-, Druck- und Tempe-
ratur-Aufnehmer als Meßfühler verwendet. Sie sind mit inter-
mittierend schwingender Meßsaite nur für statische, mit dau-
ernd schwingender Meßsaite für statische und dynamische Messungen brauchbar.

Beispiel 13: Messung einer elastischen Spannung mit einem Dehnungs-Aufnehmer. Mit einem Dehnungs-Aufnehmer wird die mechanische Oberflächenspannung eines Bauteils aus Stahl mit dem
Elastizitätsmodul E = $20,6\cdot10^4$ N/mm^2 gemessen. Die Meßketten-
empfindlichkeit der Meßeinrichtung beträgt S_ε = y_M/ε_M =
100 mm/(10^{-3} m/m). Man ermittle die mechanische Oberflächen-

spannung σ, wenn das Ausgabegerät den Ausschlag y = 75 mm
zeigt.

Aus der Meßkettenempfindlichkeit S_ε = y/ε ergibt sich die gemessene Dehnung

$$\varepsilon = \frac{y}{S_\varepsilon} = \frac{75 \ mm}{100 \ mm/(10^{-3} \ m/m)} = 0,75 \cdot 10^{-3} \ m/m$$

Hiermit ist die gesuchte Oberflächenspannung

$$\sigma = \varepsilon E = 0,75 \cdot 10^{-3}(m/m) \ 20,6 \cdot 10^4 \ N/mm^2 = 154,5 \ N/mm^2$$

7.2. Wegmessung

Weg-Aufnehmer (displacement transducer) messen Verschiebungen
eines Meßpunkts am Meßobjekt gegen einen Festpunkt.

Analoge Weg-Aufnehmer werden hauptsächlich mit passiven Widerstands-Meßfühlern mit Meßwiderständen oder mit Dehnungsmeßstreifen sowie mit induktiven Meßfühlern nach Bild 102a bis d
hergestellt. Inkrementale Weg-Aufnehmer für beliebig lange
Meßwege mit ohmschen, induktiven, elektrodynamischen und photoelektrischen Meßfühlern nach Bild 102e bis h liefern dem
Meßweg proportionale Impulse. Digitale Weg-Aufnehmer verwenden
codierte Verfahren mit Absolutmaßstab.

7.2.1. Analoge Weg-Aufnehmer

Potentiometer-Weg-Aufnehmer mit ohmschem Meßfühler R nach Bild
102a ergeben bei richtiger Wahl der Widerstandsmeßschaltung
nach Abschn. 2.2.5 eine zum Meßweg s lineare Meßsignalspannung. Die maximalen Nennmeßwege liegen im Bereich s_M = 10 mm
bis 1500 mm mit Widerstandswerten R = 10 Ω bis 50 kΩ. Die maximal erreichbare relative Wegauflösung beträgt bei Potentio-
metern mit Widerstandsdraht etwa $Q_s \leqq 0,05$ % und mit leitendem
Kunststoff Q_s = 0. Der kleinste relative Linearitätsfehler ist
F_{slin} = 0,01 %. Die maximal zulässige Bewegungsgeschwindigkeit
des Schleifers ist etwa v_m = 0,25 m/s, die größte Lebensdauer

beträgt bis über 30 Millionen Schleiferbewegungen.

In einem Weg-Aufnehmer mit <u>Feldplatte</u> als ohmschem Meßfühler wird eine Halbleiter-Magnetfeldplatte in einem permanenten Magnetfeld verschoben und ändert dabei ihren Widerstand im Bereich von 100 Ω bis 500 Ω linear mit der Verschiebung. Der Widerstand als Maß für den Meßweg oder anderer dazu proportionaler Meßgrößen kann mit Widerstandsmeßgeräten angezeigt werden.

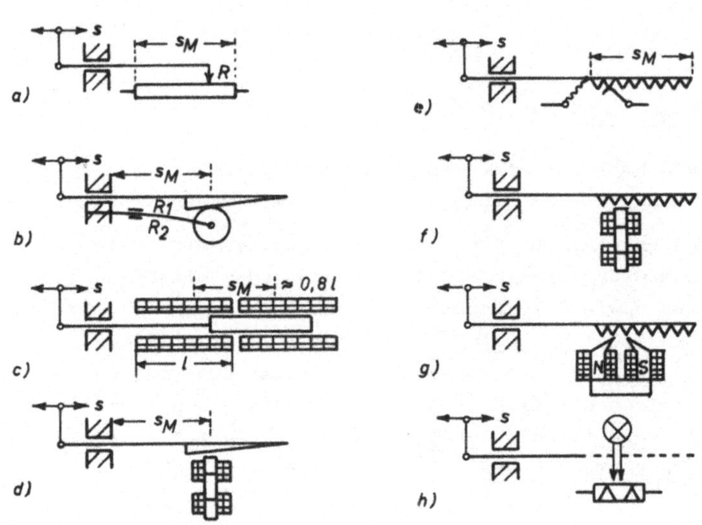

Bild 102 Weg-Aufnehmer
a) bis d) analog und e) bis h) inkremental mit verschiedenen Meßfühlern für den Nennmeßweg s_M
a) Widerstands-Meßfühler R, b) Dehnungsmeßstreifen R_1 und R_2, c) induktiv und d) induktiv berührungslos;
e) Schaltelement, f) induktiv berührungslos,
g) elektrodynamisch (Induktionsspule oder Magnetband-Hörkopf über magnetisierter Schicht) und
h) photoelektrisch

Bei einer Wegmeßeinrichtung nach Bild 102b mit <u>Dehnungsmeß-</u>
<u>streifen</u> R_1 und R_2 ist die Dehnung ε an der Biegefeder linear
zu deren Durchbiegung und daher auch zum Meßweg s.

<u>Induktive</u> Längenänderungs- und Weg-Aufnehmer mit <u>Differential-</u>
<u>drossel</u> nach Bild 22c oder mit <u>Differentialtransformator</u> nach
Bild 23 als Meßfühler werden z.B. in Halbbrückenschaltungen
mit Trägerfrequenz-Meßverstärkern betrieben.

Die <u>Nennmeßwege</u> s_M von serienmäßigen induktiven Weg-Aufnehmern
entsprechen etwa 80 % der Spulenlänge 1 und haben Endwerte von
$s_M = \pm$ 0,5 mm bis $\pm$ 500 mm. Die maximale Empfindlichkeit der
Aufnehmer ergibt je V Speisespannung eine Ausgangsspannung von
etwa U_β = 80 mV für den Meßwegendwert. Der Meßfrequenzbereich
beträgt f_M = 0 bis 1250 Hz.

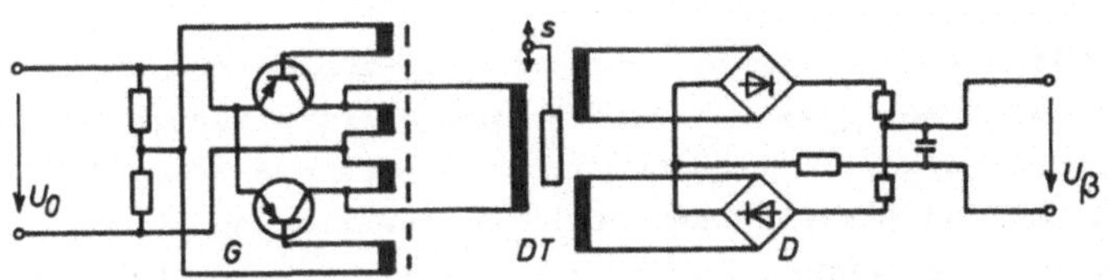

Bild 103 Weg-Kombinationsaufnehmer für Meßweg s mit integrier-
tem Differentialtransformator DT, Trägerfrequenzgenerator G und Demodulator D
U_0 Speisespannung, U Meßsignalausgangsspannung

<u>Weg-Kombinationsaufnehmer</u> nach Bild 103 enthalten den Diffe-
rentialtransformator DT als Weg-Meßfühler, sowie den Trägerfrequenzgenerator G und den Demodulator D integriert als Anpaßschaltung in einer Miniatureinheit. Sie werden mit Gleichspannung U_0 = 6 V bis 24 V gespeist und haben bei Meßweg-End-
werten $s_M = \pm$ 1 mm bis $\pm$ 100 mm maximale Gesamtempfindlichkei-
ten S_s = 5 V/mm bis 0,1 V/mm.

<u>Berührungslose</u> induktive Weg-Aufnehmer nach Bild 102d mit pas-
siver Einfachdrossel nach Bild 22a als Meßfühler (non-contacting displacement or proximity transducer) weisen keine Rei-

bungskräfte auf und sind für Abstandsmessungen zu allen metallischen Objekten, d.h. auch für nicht-ferromagnetische Anker, geeignet. Als Meßschaltung wird entweder eine trägerfrequenzgespeiste Meßbrücke oder am gebräuchlichsten eine Hochfrequenz-Oszillatorschaltung verwendet. Hierbei ist die Spule L Teil eines Schwingkreises (ähnlich Bild 30), der z.B. mit der Resonanzfrequenz f_O = 4 MHz schwingt. Das Spulen-Hochfrequenzfeld erzeugt im metallischen Anker Wirbelströme; es ändert sich die Güte des Schwingkreises und daher die Stromaufnahme des Oszillators in Abhängigkeit vom Ankerabstand und allerdings auch vom Meßobjektwerkstoff. Durch eine Linearisierung in der elektronischen Anpaßschaltung erreicht man eine lineare Abhängigkeit der Ausgangsspannung vom Abstand zwischen Spule und Meßoberfläche. Meßfühlerspule und Anpaßschaltung können auch im Aufnehmer integriert sein.

Die linearen Meßwegbereiche von berührungslosen induktiven Weg-Aufnehmern liegen je nach Aufnehmertyp innerhalb von Abstandsbereichen d = 0,1 mm bis 1 mm und d = 3 mm bis 30 mm. Die Empfindlichkeit kann für Stahloberflächen bei S_s = 10 V/mm liegen, der Meßfrequenzbereich beträgt f_{Mm} = 0 Hz bis 10 kHz. Diese Aufnehmer sind auch für Verschiebungsmessungen von durch Öl und Staub verschmutzten Maschinenbauteilen und für die Dikkenmessung von nicht leitenden Materialschichten geeignet.

7.2.2. Inkrementale Weg-Aufnehmer

Inkrementale Weg(und auch Drehwinkel)-Aufnehmer mit Widerstands-, induktiven und elektrodynamischen Meßfühlern nach Bild 102e bis g verwenden Meßverfahren mit einfacher Abzählung von Wegrasterstücken (Inkremente) relativ zum gewählten Nullpunkt. Jeder Rasterteilung, d.h. jedem Wegquant s_Q, wird ein Zählimpuls zugeordnet; der Zählstand z eines Zählers bestimmt den Weg $s = s_Q z$. Jeder Zählfehler macht jedes nachfolgende Ergebnis der Abtastung falsch. Der Nullpunkt kann leicht neu gesetzt werden, die Meßinformation besitzt jedoch keine Redundanz; sie geht bei Störungen z.B. durch Stromausfall verloren.

- 181 -

Inkremental-analoge <u>Synchron-Induktions-Meßverfahren</u> verwenden Spulenanordnungen, wobei Wechselspannungen längs der in der Ebene abgewickelten Spule abgetastet werden. Mit Maßstäben von 250 mm Länge wird bei einer Zykluslänge der aufgebrachten Mäanderspule von 2 mm eine maximale Auflösung $s_Q = 1\ \mu m$ erreicht.

Weg-Aufnehmer mit <u>photoelektrischem</u> Meßfühler verwenden entweder <u>inkrementale</u> Auf- oder Durchlichtverfahren mit einer Rasterscheibe nach Bild 102h oder <u>digital</u> codierte Verfahren mit Absolutmaßstäben nach Bild 104a und b.

Eine <u>Richtungserkennung</u> bei inkrementalen Verfahren ist z.B. mit Hilfe von zwei Photomeßfühlern und logischen Verknüpfungsschaltungen möglich.

Bei inkrementalen translatorischen Wegmeßverfahren beträgt die maximale <u>Nennmeßlänge</u> bis $s_M = 3$ m, der kleinste absolute Maßstabfehler etwa $s_F = \pm 1\ \mu m$, die maximale absolute Auflösung $s_Q = 0,5\ \mu m$.

7.2.3. Digital codierte Weg-Aufnehmer

<u>Codierte</u> Wegmeßverfahren setzen die analoge Größe Weg mit binär codierter Rasterscheibe (Codelineal oder Winkel mit runder Codescheibe) mit absoluter Zuordnung von binären Ausdrücken zu jedem Wegrasterstück in codierte elektrische Signale, z.B. im Dual-Code (Bild 104a) oder im BCD-Code, um.

Zur Vermeidung von Fehlabtastungen verwendet man die V-Abtastlogik mit doppelter Abtastung oder einschrittige Codes nach Gray (Bild 102b), Glixon, O'Brien, Tompkins oder Libaw-Craig.

Beim codierten Wegmeßverfahren ist der Geräteaufwand für die Abtastung und für die Signalauswertung groß, da man n Abtastspuren braucht, um 2^n verschiedene diskrete Lagen unterscheiden zu können. Eine Nullpunktverschiebung ist nur über eine Rechnereinheit möglich. Diese Verfahren werden hauptsächlich bei besonders großen Genauigkeitsanforderungen im Flugzeug- und Turbinenbau, in der Flugsicherung, in der Raumfahrt und in der Kernreaktortechnik angewendet.

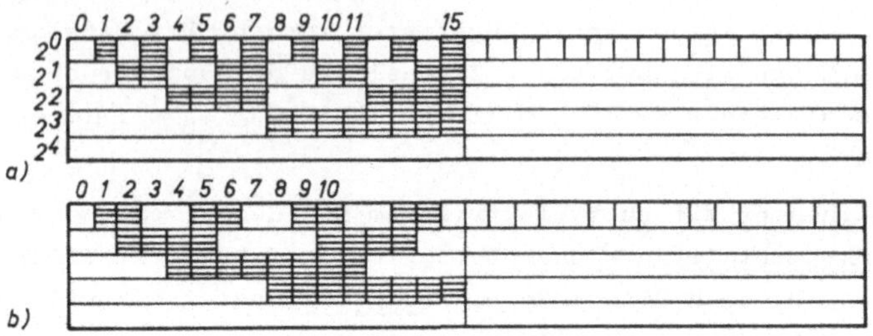

Bild 104 Absolutmaßstab mit fünf Spuren mit Coderaster im
Dual-Code (a) und im einschrittigen Gray-Code (b) mit
freien Feldern zum Ergänzen durch den Leser

Neben dem direkten translatorischen Wegmeßverfahren, wobei zur
Messung einer linearen Bewegung ein translatorisches Wegmeßsy-
stem mit linearem Maßstab verwendet wird, gibt es noch das indirekte rotatorische Wegmeßverfahren. Hierbei wird der Ver-
schiebungsmeßweg mit Hilfe von mechanischen Übertragungsglie-
dern (Zahnstange mit Ritzel oder Gewindespindel mit Mutter) in
einen Drehwinkel umgesetzt und mittels Winkel-Aufnehmer gemessen (s. Abschn. 7.3). Diese Verfahren werden in der Fertigungsmeßtechnik bei numerisch gesteuerten Werkzeugmaschinen
angewendet.

7.2.4. Sonder-Wegmeßverfahren

Weg-Aufnehmer mit kapazitivem Meßfühler (in Schwingkreisschal-
tung nach Bild 30 oder Differential-Kondensator in Meßbrücke
nach Bild 29) haben Wegmeßbereiche von s_M = 0 bis 2 mm mit ma-
ximalem absolutem Fehler s_F = 1,5 μm und von s_M = 0 bis 20 mm
mit s_F = 2 μm mit maximalen absoluten Auflösungen s_Q = 0,02 μm
und sehr große Meßfrequenzbereiche f_M = 0 bis 100 kHz.

Bei einer Laser-Abstandsmeßeinrichtung beruht die Wegmessung
auf einer Laufzeitmessung von einigen Hundert Laserimpulsen je
Sekunde vom Laser als Sender zur Meßobjektoberfläche als Re-

flektor und zurück zu einer Photodiode als Empfänger. Der Meßbereich beträgt z.B. s_M = 35 mm bis 5 m bei einem relativen
Fehler $F_s \leqq 10^{-4}$.

Weg-Aufnehmer können für die Messung vieler weiterer <u>Meßgrö-
ßen</u>, die sich auf Wegänderungen zurückführen lassen, als Meßfühler eingesetzt werden.

7.3. Drehwinkel-Aufnehmer

Rotatorische Drehwinkel-Meßverfahren sind in vielen Fällen den
translatorischen Weg-Meßverfahren analog.

7.3.1. Analoge Drehwinkel-Aufnehmer

Analoge Drehwinkel-Aufnehmer für <u>große</u> Winkel messen bis 360°
oder mehr.

Bild 105
Analoge Drehwinkel-Aufnehmer
für Meßwinkel
a) Feindraht-Drehspannungs-
teiler, b) Kurvenscheibe
mit induktivem L, kapazitivem C oder photoelektri-
schem Meßfühler P

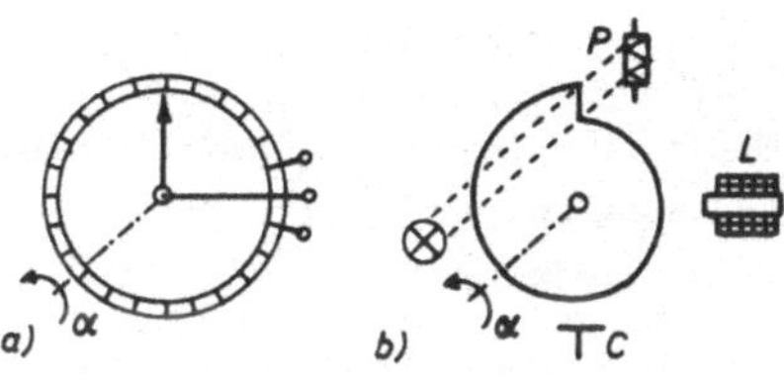

Feindraht-Schleifwiderstände</u> als passive ohmsche Meßfühler für
Drehwinkel-Aufnehmer nach Bild 105a werden in Widerstands-Meß-
schaltungen (s. Abschn. 2.2.5) betrieben.

<u>Kurvenscheiben</u> mit archimedischer Spirale nach Bild 105b oder
mit exzentrisch gelagerter Kreisscheibe ergeben mit passiven
induktiven Meßfühlern L, kapazitiven Meßfühlern C oder mit
passiven bzw. aktiven photoelektrischen Meßfühlern P verschiedene Kennlinien.

<u>Drehfeldsysteme</u> (s. Abschn. 2.3.3.2) messen und übertragen
Drehwinkel $\alpha \lessgtr 360^\circ$ bei kleinstem absolutem Anzeigefehler

$$\alpha_F = \pm\, 0,1^\circ.$$

Analoge Drehwinkel-Aufnehmer für <u>kleine</u> Meßwinkel enthalten
passive induktive Meßfühler mit Differentialdrossel nach Bild
106a, kapazitive Meßfühler mit Differentialkondensator nach
Bild 106b oder elektrolytische Meßfühler mit Differentialwi-
derständen zwischen den Plattenelektroden A nach Bild 106c.
Sie messen z.B. in einem Winkel-Meßbereich von $\alpha_M = \pm\, 45^\circ$ für
die Fernübertragung von Meßgeräte-Zeigerausschlägen.

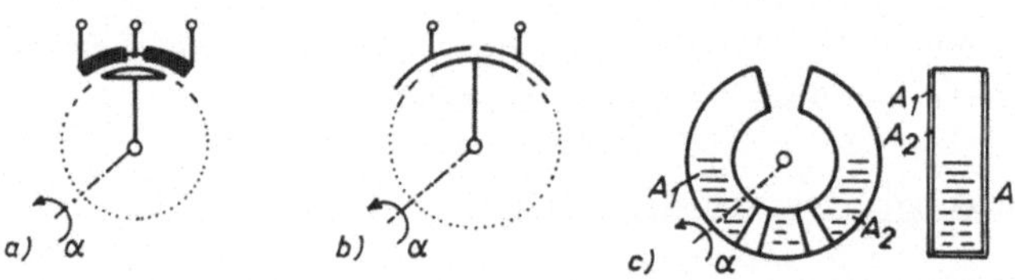

Bild 106 Analoge Drehwinkel-Aufnehmer für kleine Meßwinkel
mit induktiven (a), kapazitiven (b) und elektrolyti-
schen (c) Meßfühlern

Neigungswinkel-Aufnehmer messen sehr kleine Winkeländerungen
im Bereich von wenigen Grad in Bezug auf die Erdbeschleuni-
gungsrichtung.

7.3.2. Digitale Drehwinkel-Aufnehmer

Inkrementale und codiert absolute Drehwinkel-Aufnehmer nach
Bild 107 und 108 werden besonders in der Fertigungsmeßtechnik,
z.B. zur Positionierung in numerisch gesteuerten Werkzeugmaschinen verwendet.

<u>Inkrementale</u> Drehwinkel-Aufnehmer gibt es serienmäßig in vie-
len Ausführungen nach Bild 107a bis c. <u>Zahnscheiben</u> enthalten
nach Bild 107a als Meßfühler passive induktive berührungslose
Einzeldrosseln L in trägerfrequenzgespeister Meßbrückenschaltung oder in Hochfrequenz-Oszillatorschaltung (s. Abschn.
2.3.5 und 2.4.3.2) für statisch-dynamische Winkelabtastung
oder aktive Induktionsspulen E (pickoff coil) für dynamische

Winkelabtastung bei Langzeitmessungen.

<u>Dauermagnet-Polscheiben</u> oder <u>-Trommeln</u> nach Bild 107b enthalten als Meßfühler eine Hallsonde H (s. Abschn. 4.1.1) oder Magnetfeldplatten für statisch-dynamische Winkelabtastung.

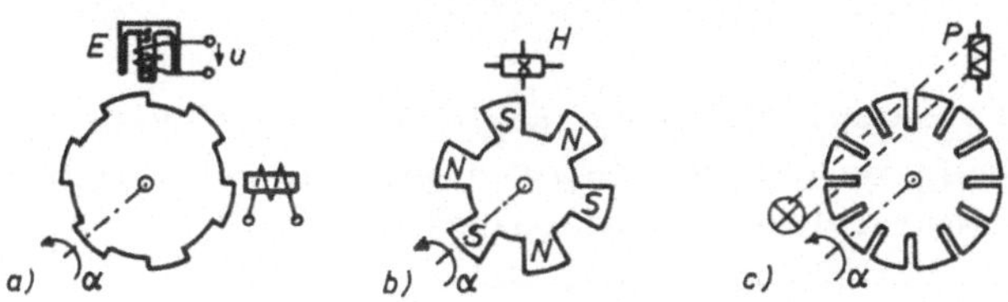

Bild 107 Inkrementale Drehwinkel-Aufnehmer für Meßwinkel
a) Zahnscheibe mit passiver induktiver Einzeldrossel L oder mit aktiver Induktionsspule E
b) Dauermagnetscheibe mit Hallsonde H
c) Spaltscheibe (oder Lochscheibe) mit passiven oder aktiven photoelektrischen Meßfühlern, z.B. Photodiode

<u>Spalt-</u> oder <u>Lochscheiben</u> für Durchlicht (oder Trommeln mit Reflexionsraster für Auflicht) haben Glühlampen- oder GaAs-Dioden-Licht mit photoelektrischen Meßfühlern, z.B. Si-Dioden oder Phototransistoren. Bei photoelektrischen Meßfühlern wird der Meßstelle keine Energie entzogen.

<u>Photoelektrische</u> inkrementale Drehwinkel-Aufnehmer erreichen mit zwei phasenverschobenen Ausgangsspannungen mit je 5000 Teilungen 20 000 Schritte auf $360°$ mit der absoluten Winkelauflösung $\alpha_Q = 360°/20000 \approx 0,018° = 1,08'$ bzw. die relative Auflösung $Q_\alpha = 0,05$ %o je Umdrehung.

<u>Codierte</u> absolute Drehwinkel-Aufnehmer (Winkelcodierer, shaft encoders) haben runde Codescheiben mit Kontaktbürsten oder mit magnetischer bzw. photoelektrischer Abtastung. Ein 10-bit-Code (mit 10 Spuren) ergibt z.B. die absolute Winkelauflösung $\alpha_Q = 360°/2^{10} = 360°/1024 \approx 0,35° \approx 21'$. Mit n = 13 Binärstellen ergibt sich die absolute Winkelauflösung $\alpha_Q = 360°/8192 \approx 0,0439° \approx 2,64'$. Maximal erreichbar sind $j = 2^{14}$ Schritte.

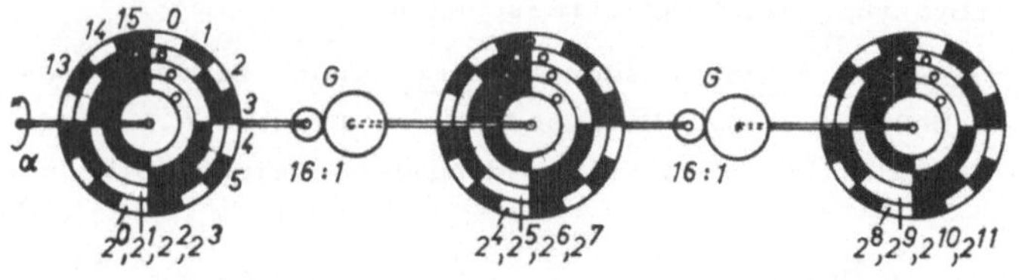

Bild 108 Prinzipaufbau eines dual-codierten Winkelcodierers
        mit sechzehnteiligen Codescheiben mit V-Abtastung für
        Meßbereiche von mehr als 360°
        G Untersetzungsgetriebe 16 : 1

Für eine Vergrößerung der Winkelauflösung muß die Anzahl der
Spuren auf der direkt angetriebenen Scheibe erhöht oder ein
Vorsatzgetriebe verwendet werden. Treibt man nach Bild 108
weitere Codescheiben über Untersetzungsgetriebe an, so läßt
sich der Winkelmeßbereich über 360° hinaus praktisch beliebig
vergrößern. Mit Ausführungen für maximal 10^5 Umdrehungen erreicht man 10^6 Schritte. [15]

7.4. Drehzahl- und Winkelgeschwindigkeits-Aufnehmer

Drehzahlen (auch Umdrehungsfrequenz nach DIN 1301) im Dreh-
zahlbereich von $n = 0$ bis $200\ s^{-1} = 0$ bis $12\ 000\ min^{-1}$ und
langsame Drehzahlschwankungen werden elektrisch einfach mit
Wechsel- oder Gleichspannungs-Generatoren (tachometer) mit der
Spannung $U = c\,\Phi_E n$ beim Erregerfluß Φ_E bis $U_M = 220$ V und Lei-
stungen von wenigen W mit linearer Kennlinie gemessen.

Tachogeneratoren mit Magnetfeldplatten in einer Widerstands-
meßbrücke, die durch die Wirbelströme in einer rotierenden
Scheibe verstimmt wird, eignen sich zur Messung von Drehzahlen
und schnellen Drehzahländerungen bei einer Empfindlichkeit von
etwa $S_n = 10$ mV/$(1000\ min^{-1})$.

Digitale inkrementale oder absolut codierte Drehwinkel-Aufnehmer (s. Abschn. 7.3) für die Drehzahlmessung haben oft im Aufnehmer integrierte elektronische Anpaßschaltungen und geben

der Drehzahl proportionale digitale oder analoge Ausgangswerte.

<u>Drehzahl-Aufnehmer</u> mit Zahnscheibe und berührungsloser Induktionsspule oder Einfachdrossel als Meßfühler haben übliche Zähnezahlen von p = 1, 6, 60, 180, 200, 250 und 600. Für eine Mindestimpulsfrequenz von f_p = 10 Imp/s (für eine zitterfreie Anzeige) ergibt sich für die kleinste meßbare Drehzahl n_{min} die Mindestzahnzahl p = $600/n_{min}$ für n_{min} in min^{-1}. Die obere Meßfrequenzgrenze f_{Mmax} einer Meßschaltung nach Bild 109a liegt für eine größte zu messende Drehzahl n_{max} bei f_{Mmax} = p $n_{max}/60$ in Imp/s.

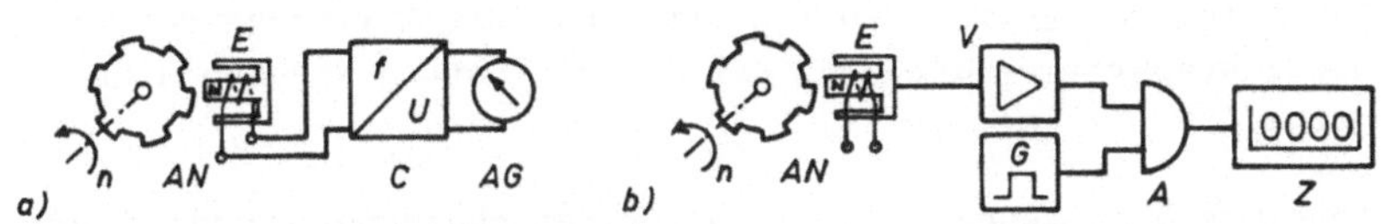

Bild 109 Prinzipschaltungen zur Drehzahlmessung mit inkrementalem Drehwinkel-Aufnehmer AN

    a) frequenzanaloge Messung der Drehzahl n

    b) digitale Drehzahl-Meßschaltung

    E elektrodynamische Induktionsspule als Meßfühler,

    C Frequenz-Spannungs-Umsetzer, AG Ausgabegerät,

    V Verstärker, G Impulsgenerator für die Torzeit,

    A Und-Glied, Z Zähler

Eine Drehzahl-Meßschaltung nach Bild 109b gibt bei der Zahnzahl p = 60 und der Torzeit t_T = 1 s im Zähler Z als Ausgabegerät die Drehzahl direkt in min^{-1} an. Die Anzeige ist prinzipiell (s. Abschn. 6.3) um $\pm$ 1 unsicher.

<u>Drehzahldifferenzen</u> oder Schlupfwerte können z.B. mit zwei Drehzahl-Aufnehmern entweder mit elektrischen Differenz- oder Quotientenschaltungen oder mit elektronischen Universalzählern ermittelt werden.

<u>Winkelgeschwindigkeiten</u> ω = $d\alpha/dt$ lassen sich bei konstanten

oder veränderlichen Meßwerten z.B. aus der registrierten Puls-
folgefrequenz von digitalen Drehwinkel-Aufnehmern (s. Abschn.
7.3.2) ermitteln. Für schnell veränderliche Winkelgeschwindig-
keiten werden rotierende Mittelfrequenzgeneratoren (s. Abschn.
2.5.3) oder Tachogeneratoren mit Magnetfeldplatten mit linearer Kennlinie angewendet.

7.5. Schwingungsmessung

__Relative Schwingungen__ werden mit __Weg-Aufnehmern__ (s. Abschn.
7.2) gemessen, wobei die Verschiebung zwischen zwei definier-
ten Bezugspunkten erfaßt wird. Bei Aufnehmern mit einem im Gehäuse federnd gelagerten Taststift muß die kritische Meßfrequenz beachtet werden, bei der die Tastspitze abzuheben be-
ginnt.

__Absolute Schwingungen__ werden mit __Längsschwingungssystemen__ gemessen, wobei über die Schwingmasse auf die Erdoberfläche bezogen wird. Mit diesen __seismischen__ Schwingungs-Aufnehmern können lineare Schwingwege, -geschwindigkeiten und -beschleuni-
gungen ohne Festpunkt z.B. von Maschinenbauteilen, Gebäuden,
Land-, Wasser- und Raumfahrzeugen und bei geophysikalischen
Untersuchungen erfaßt werden.

__Aufbau und Wirkungsweise von absoluten Längsschwingungs-Auf-
nehmern.__ In einem Gehäuse G befindet sich nach Bild 110 ein
mechanisches Längsschwingungssystem mit einem Freiheitsgrad,
das mit Masse m, Federkonstante c und Dämpfungsfaktor δ ein
federkrafterregtes System mit Relativdämpfung (zwischen Masse
und Gehäuse) darstellt. [3]

Das mit dem Meßobjekt starr verbundene Aufnehmergehäuse G
folgt der Meßobjektbewegung s(t) im Raum. Wird das Gehäuse mit
der Beschleunigung $a = d^2s/dt^2$ beschleunigt, wird die einwir-
kende Kraft über die Feder c auf die Masse m übertragen, und
diese führt infolge ihrer Trägheit eine andere Raumbewegung
y(t) aus. Zwischen Gehäuse G und Schwingmasse m entsteht eine

entgegengerichtete Relativbewegung $r = -(s - y) = y - s$, die
z.B. mit einem induktiven Weg-Aufnehmer W nach Bild 110 gemessen werden kann. Die Schwingmasse m führt eine absolute Bewegung im Raum aus, und zwar

$$y = r + s \tag{194}$$

Bild 110
Seismischer Längsschwingungs-Aufnehmer
m Masse, δ Dämpfungsfaktor, c Federkonstante, F Kräfte
s Schwingweg des mit dem Meßobjekt
verbundenen Gehäuses G im Raum,
y Schwingweg der Masse m im Raum,
r relativer Schwingweg zwischen
Masse m und Gehäuse G,
W Weg-Aufnehmer, E Erdoberfläche

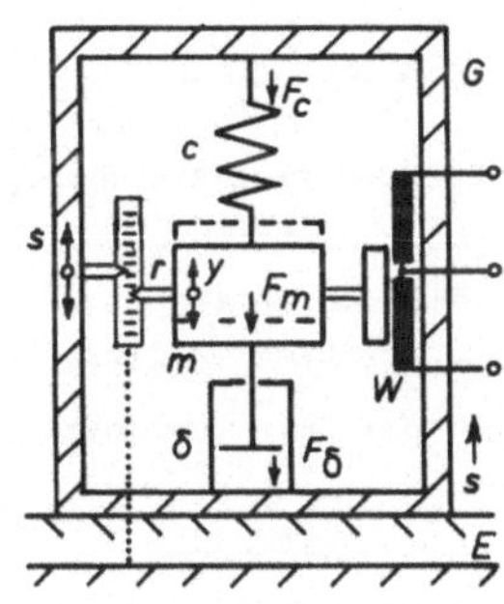

Der interessierende Zusammenhang zwischen der Massenrelativbe-
wegung r und der Gehäusebeschleunigung $a = d^2s/dt^2$ läßt sich
aus der Kraft-Gleichgewichtsbedingung $\sum F = 0$ ermitteln. Dies
ergibt mit der Massenkraft $F_m = m\, d^2y/dt^2$, der geschwindig-
keitsproportionalen Dämpfungskraft $F_\delta = \delta\, dr/dt$ und der Federkraft $F_c = c\, r$ die Schwingungsgleichung für das mechanische
Längsschwingungssystem

$$m\, \frac{d^2(r + s)}{dt^2} + \delta\, \frac{dr}{dt} + c\, r = 0 \tag{195}$$

Diese stellt eine lineare, inhomogene Differentialgleichung
zweiter Ordnung mit konstanten Koeffizienten dar. Nach Einsetzen der Kreiseigenfrequenz $\omega_0 = 2\pi f_0 = \sqrt{c/m}$ mit der Kennfre-
quenz f_0 und dem Dämpfungsgrad $D = \delta/(2\sqrt{m\,c}) = \delta/(2\,m\,\omega_0)$
folgt nach Umformung aus Gl. (195)

$$\frac{d^2r}{dt^2} + 2\,D\,\omega_0\, \frac{dr}{dt} + \omega_0^2\, r = -\frac{d^2s}{dt^2} = -a \tag{196}$$

Hieraus kann man für verschiedene Werte von c, m und D die

nachfolgenden drei verschiedenen Eigenschaften des Schwingungssystems näherungsweise ableiten.

Hochabgestimmtes System zur Beschleunigungsmessung. Enthält ein Schwingungssystem eine steife Feder (c groß), eine geringe Masse (ω_0 groß) und einen kleinen Dämpfungsgrad D, so ergibt sich aus Gl. (196) durch Überwiegen von ω_0^2 näherungsweise

$$a \approx - \omega_0^2 \, r \tag{197}$$

Mit diesem Schwingungssystem mit großer Eigenkreisfrequenz ω_0 kann somit über die Relativverschiebung r (zwischen Masse m und Gehäuse G) mit Weg-Meßfühlern die Gehäusebeschleunigung $a = d^2s/dt^2$ gemessen werden. Nach Umformung mit $\omega_0^2 = c/m$ erhält man die Beschleunigung in Abhängigkeit von der Federkraft F_c

$$a \approx - c \, r/m = F_c/m \tag{198}$$

Daraus erkennt man, daß die Beschleunigung a auch durch Messen der Federkraft F_c mit Kraft-Meßfühlern erfaßt werden kann.

Stark gedämpftes System zur Geschwindigkeitsmessung. Hat ein Schwingungssystem eine weiche Feder (c klein), eine geringe Masse (ω_0 groß) und einen sehr großen Dämpfungsgrad D, ergibt sich aus Gl. (196) durch Überwiegen des Dämpfungsgrads D näherungsweise $d^2s/dt^2 \approx - 2 D \omega_0 \, dr/dt$. Nach Integration gilt für die Geschwindigkeit

$$ds/dt = v \approx - 2 D \omega_0 \, r \tag{199}$$

Dieses stark gedämpfte System ist geschwindigkeitsempfindlich; über die Relativverschiebung r kann die Gehäusegeschwindigkeit v gemessen werden.

Tiefabgestimmtes System zur Wegmessung. Hat ein Schwingungssystem eine weiche Feder (c klein), eine große Masse (ω_0 sehr klein) und einen kleinen Dämpfungsgrad D, ergibt sich aus Gl. (196) durch Überwiegen des Gliedes d^2r/dt^2 näherungsweise $d^2s/dt^2 \approx d^2r/dt^2$.

Nach zweimaliger Integration gilt für den Weg

$$s \approx - r \tag{200}$$

Mit dem Schwingungssystem mit kleiner Eigenkreisfrequenz ω_0 kann über die <u>Relativverschiebung</u> r mit Weg-Meßfühlern die <u>Gehäuseverschiebung</u> und somit der <u>Weg</u> s gemessen werden. Die große Masse bleibt praktisch im Raum stehen und bildet so einen künstlichen Bezugspunkt.

<u>Amplituden-Frequenzabhängigkeit.</u> Für eine sinusförmige Bewegung des Gehäuses $s(t) = \hat{s} \sin(\omega t)$ und eine um φ verzögerte Relativbewegung $r(t) = \hat{r} \sin(\omega t - \varphi)$ ergeben sich als Lösung aus der Differentialgleichung des Schwingungssystems mit der normierten Frequenz (Frequenzverhältnis) $\eta = \omega/\omega_0$ für den interessierenden frequenzabhängigen Zusammenhang zwischen der <u>Relativbewegungsamplitude</u> $\hat{r}$ und der <u>Gehäusebeschleunigungsamplitude</u> $\hat{a}$

$$\hat{r} = \hat{a} / \left[\omega_0^2 \sqrt{(1 - \eta^2)^2 + (2\,D\,\eta)^2} \right] \tag{201}$$

und für den <u>Phasenverschiebungswinkel</u>

$$\varphi = \text{arc tan}\left[2\,D\,\eta / (1 - \eta^2) \right] \tag{202}$$

Zur Veranschaulichung des Ergebnisses von Gl. (201) sind in Bild 111 die normierten Amplitudenkurven des Frequenzganges, der <u>Amplitudengang</u>, dargestellt. Über der normierten Kreisfrequenz $\eta = \omega/\omega_0$ sind für die Aufnehmer-Schwingbeschleunigung a der Amplitudenfaktor $A_a = \hat{r} / (\hat{a}/\omega_0^2)$, für die Schwinggeschwindigkeit $A_v = A_a \eta$ und für den Schwingweg $A_s = A_v \eta$ für verschiedene Dämpfungsgrade D aufgetragen.

Für beschleunigungs- und wegempfindliche Schwingungs-Aufnehmer ist bei dem maximalen Anzeigefehler $F = \pm\, 1,5\,\%$ vom Sollwert der ausnutzbare Meßfrequenzbereich bei dem optimalen Dämpfungsgrad $D = 0,65$ am größten. Bei diesen Werten für Dämpfung und Fehler kann ein <u>Beschleunigungs-Aufnehmer</u> bis zu Meßfrequenzen $f_M \leq 0,62\, f_0$ im eingezeichneten Bereich a in Bild 111

und ein <u>Schwingweg-Aufnehmer</u> für Meßfrequenzen $f_M \geqq 1,65\ f_0$
im Bereich s in Bild 111 verwendet werden.

Der Amplitudengang A_v hat für geschwindigkeitsempfindliche
Schwingungssysteme, die im Resonanzbereich $\omega_M \approx \omega_0$ mit ausreichend großem Dämpfungsgrad D betrieben werden, nach Bild 111
eine zu große Abhängigkeit vom Dämpfungsgrad D, so daß diese
Systeme für die Praxis nicht geeignet sind.

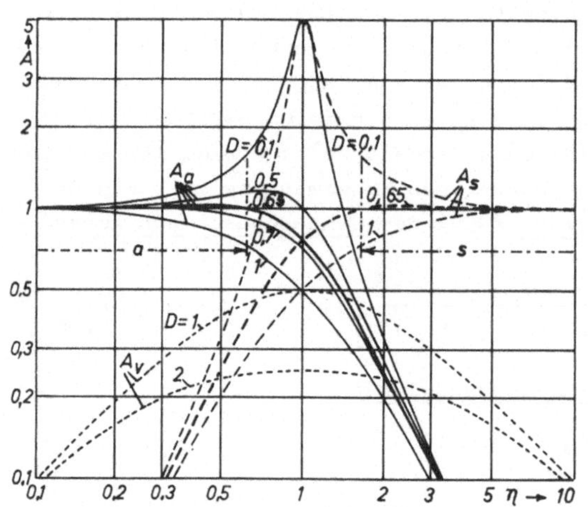

Bild 111

Schwingungs-Aufneh-
mer-Amplitudengang
A_a Beschleunigungs-,
A_v Geschwindigkeit-,
A_s Schwingweg-Am-
plitudenfaktor
η normierte Kreis-
frequenz, D Dämp-
fungsgrad
a Meßfrequenzbe-
reich für Beschleu-
nigungs- und s für
Schwingweg-Aufneh-
mer

Bei der Verwendung von Schwingungs-Aufnehmern ist auf den Pha-
senverschiebungswinkel φ gemäß Gl. (202) bzw. auf die Phasen-
laufzeit $t = \varphi/\omega$ zwischen Gehäuse- und Relativbewegung zu
achten.

<u>Schwingungs-Aufnehmer-Ausführung.</u> <u>Schwingweg-Aufnehmer</u> (vibra-
tion transducer) in der in Bild 112a prinzipiell dargestellten
Ausführung enthalten Schwingungssysteme mit kleinen Eigenfrequenzen und den Weg-Meßfühler W mit folgenden Nenndaten:
Schwingmassen m = 500 g bis 20 g und gesamte Aufnehmermassen
m_g = 12 kg bis 1 kg, Eigenfrequenzen f_0 = 0,5 Hz bis 10 Hz,
Meßfrequenzbereiche f_{Mmin} = 1,65 f_0 bis f_{Mmax} = 1 kHz,

Weg-Meßbereichendwerte $s_M = \pm$ (25 mm bis 1 mm), die Empfindlichkeiten ergeben z.B. 50 mV je V Brückenspeisespannung für
den Meßweg-Endwert. In USA wird als Einheit für den Schwingweg
auch mil = (1/1000) inch verwendet.

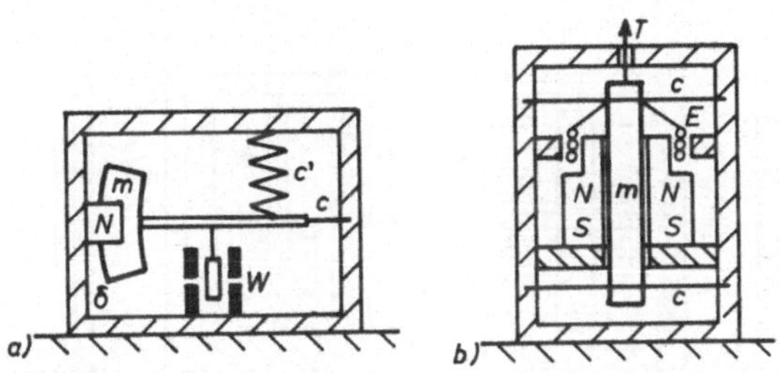

Bild 112 Absolute Schwingweg- und Schwinggeschwindigkeits-Aufnehmer mit Schwingmasse m, Federkonstante c und Dämpfungsfaktor δ
a) Schwingweg-Aufnehmer mit passivem induktivem relativem Weg-Meßfühler W, c' Kompensationsfeder für das
Erdschwerefeld, Dämpfung δ durch bewegte Metallplat-
tenmasse m im Dauermagnetfeld N
b) Schwinggeschwindigkeits-Aufnehmer mit dem aktiven
elektrodynamischen Induktions-Meßfühler E mit Dauer-
magnet N-S

Schwinggeschwindigkeits-Aufnehmer (velocity transducer) enthalten nach Bild 112b einen aktiven elektrodynamischen Induktions-Meßfühler (Tauchspule im Magnetfeld) E, mit einer der
Schwinggeschwindigkeit v proportionalen Ausgangsspannung (s.
Abschn. 2.5). Mit dem Aufnehmer können mit der Tastspitze T
auch relative Schwinggeschwindigkeiten mit kleinen Meßfrequenzen gemessen werden.

Die Schwingungssystem-Kennwerte ähneln denen von Schwingweg-
Aufnehmern, die Empfindlichkeit beträgt maximal $S_v = u\ /v =$
1 V/(cm/s). Als Beurteilungsmaßstab für mechanische Schwingungen ist die Schwingstärke als größter Effektivwert der
Schwinggeschwindigkeit an Maschinen (VDI 2056) definiert.

<u>Beschleunigungs-Aufnehmer</u> (accelerometer) gibt es serienmäßig
in sehr vielen Varianten für kleinste Beschleunigungs-Endwerte
z.B. 10^{-6} g bei der Trägheitsnavigation sowie für Messungen an
Fahrzeugen und Maschinen bis zu größten Meßwerten, z.B. 10^5 g
bei Explosionsvorgängen.

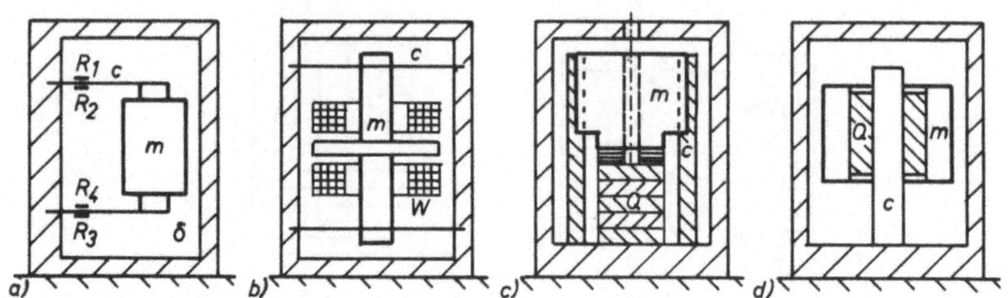

Bild 113 Beschleunigungs-Aufnehmer mit Schwingmasse m, Federkonstante c und Dämpfungsfaktor δ
a) Dehnungsmeßstreifen R_1 bis R_4 als passive Weg-Meßfühler (oder auch hochempfindliche piezoresistive
passive Meßfühler)
b) passiver induktiver Weg-Meßfühler W
c) und d) aktiver piezoelektrischer Kraft-Meßfühler Q
in Grund-Kompressions-Konstruktion (c) und in Schub-
Konstruktion mit Scherplatten in Grundriß-Dreieckan-
ordnung (d)

Beschleunigungs-Aufnehmer enthalten Längsschwingungssysteme
nach Bild 110 mit großen Eigenfrequenzen, meist mit Silikonöl
gedämpft, entweder mit passivem Widerstands- oder induktivem
Weg-Meßfühler nach Bild 113a und b (s. Abschn. 2.2, 2.3 und
7.1) oder mit aktivem piezoelektrischem Kraft-Meßfühler Q nach
Bild 113c und d (s. Abschn. 2.6).

Die Aufnehmer-Nenndaten liegen etwa in folgenden Bereichen:
Beschleunigungs-Meßbereichendwert $a_M = 10^{-6}$ g bis 10^{+5} g (mit
der Normalerdbeschleunigung $g = 9{,}80665$ m/s^2 nach DIN 1305),
Gesamtmasse des Aufnehmers $m_g = 50$ g bis 0,2 g, Eigenfrequenz
$f_0 = 15$ Hz bis 100 kHz, Meßfrequenzbereiche von Aufnehmern mit

Widerstandsmeßfühlern ab 0 Hz bzw. mit piezoelektrischem Meßfühler ab f_M = 0,1 Hz bis f_{Mmax} = 0,62 f_0, Betriebstemperatur
ϑ = - 75 $^{\circ}$C bis 400 $^{\circ}$C. Die Empfindlichkeit S_a = u_β/a_M der
Aufnehmer ergibt für den Meßbeschleunigungs-Endwert a_M mit
passiven Widerstands-Meßfühlern Ausgangsspannungen $\hat{u}_\beta$ = 1 mV
bis 50 mV, mit passiven induktiven Meßfühlern $\hat{u}_\beta$ = 0,1 mV bis
1 mV (je V Brückenspeisespannung) und mit aktiven piezoelektrischen Meßfühlern Ladungswerte $\hat{q}$ = 5 nC bis 50 nC bzw. Ausgangsspannungen $\hat{u}_\beta$ = 5 V.

Mit elektrischen <u>Differentiations-</u> und <u>Integrationsschaltungen</u>
(s. Abschn. 4.1.3) können die Schwingmeßgrößen vom Weg s über
die Geschwindigkeit v zur Beschleunigung a und umgekehrt sowie
zum Ruck da/dt (Differentialquotient der Beschleunigung nach
der Zeit) umgewandelt werden. In der Praxis wird die Integration ausgehend von der Beschleunigungsmessung bevorzugt, wobei
hohe Störfrequenzen unterdrückt werden.

7.6. <u>Drehschwingungs- und Drehbeschleunigungs-Aufnehmer</u>

Entsprechend den für mechanische Längsschwingungssysteme beschriebenen Eigenschaften (s. Abschn. 7.5) werden bei Drehbewegungen mechanische <u>Drehschwingungssysteme</u> zur Messung von
absoluten Drehschwingungswinkeln α, Drehschwinggeschwindigkei-
ten ω und Drehbeschleunigungen (torsional accelaration) $\dot{\omega}$ =
$d\omega/dt$, eventuell unter Einschaltung elektrischer Differentiati-
ons- oder Integrationsschaltungen verwendet. [12]

Bild 114
Drehschwingwinkel-Aufnehmer mit Dreh-
schwingungssystem und Differentialdrosseln L_1, L_2 im Gehäuse G
Θ Massenträgheitsmoment, c Federkonstante, p Drehdämpfungsfaktor

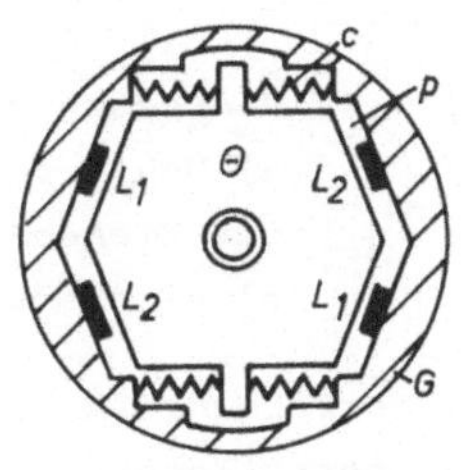

<u>Drehschwingwinkel-Aufnehmer</u> nach Bild 114 mit tief abgestimm-

ten Schwingungssystem haben Winkel-Meßbereichendwerte von
$\alpha_M = \pm$ ($2°$ bis $5°$), die Eigenfrequenzen liegen im Bereich von
f_0 = 3 Hz bis 5 Hz, die Meßfrequenzen im Bereich f_M = 10 Hz
bis 2 kHz. Die Empfindlichkeit S_α der Aufnehmer ergibt für die
Meßschwingwinkel-Endwerte α_M bei passiven induktiven Differentialdrosseln L_1 und L_2 als Meßfühler eine Meßschaltungs-Aus-
gangsspannung $U_\beta \approx$ 50 mV je V Speisespannung und bei kapazitiven Meßfühlern eine Kapazitätsänderung von etwa ΔC = 0,5 pF.

Drehbeschleunigungs-Aufnehmer haben hochabgestimmte Schwingungssysteme mit Meßbereichendwerten $\dot\omega$ = 10 rad/s^2 bis
100 rad/s^2, die Eigenfrequenzen liegen im Bereich f_0 = 50 Hz
bis 500 Hz, der Meßfrequenzbereich reicht von 0 bis f_{Mmax} =
0,62 f_0. Die Empfindlichkeit $S_{\dot\omega}$ der Aufnehmer ergibt bei induktiven Meßfühlern für die Drehbeschleunigungs-Meßendwerte
eine Ausgangsspannung $U_\beta \approx$ 3 mV je V Speisespannung.

7.7. Kraftmessung

Kräfte werden über die Deformation (Durchbiegung oder Dehnung)
von **Meßfederelementen** gemessen. In Bild 115 sind die wichtigsten Meßfederprinzipien dargestellt. [13]

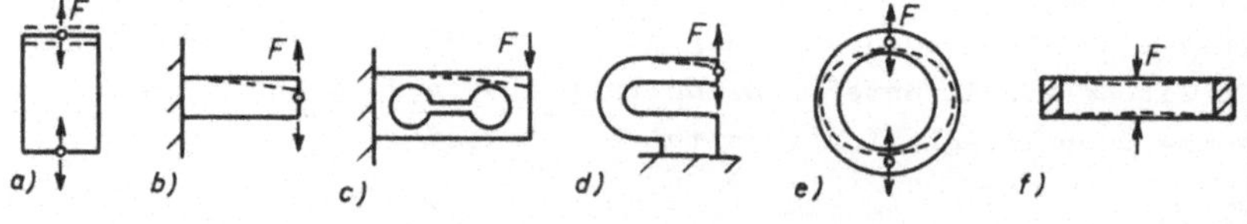

Bild 115 Meßfederelemente für Kraft-Aufnehmer
      a) Hohl- oder Vollzylinder, b) einseitig eingespann-
      ter Biegebalken, c) Doppelbiegebalken, d) Federbügel,
      e) Ringfeder, f) Doppelmembran

Die Verformung in Kraft-Aufnehmern wird mit passiven Fein-
drahtpotentiometern, Dehnungsmeßstreifen, Schwingsaiten, induktiven oder kapazitiven Meßfühlern oder mit aktiven piezo-

elektrischen <u>Meßfühlern</u> (mit deren typischen Ausgangswerten)
gemessen. Bild 116 zeigt Beispiele für Ausführungen von Zug-
und Druckkraft-Aufnehmern (tensile-compressive load transducer) mit verschiedenen Meßfühlerprinzipien.

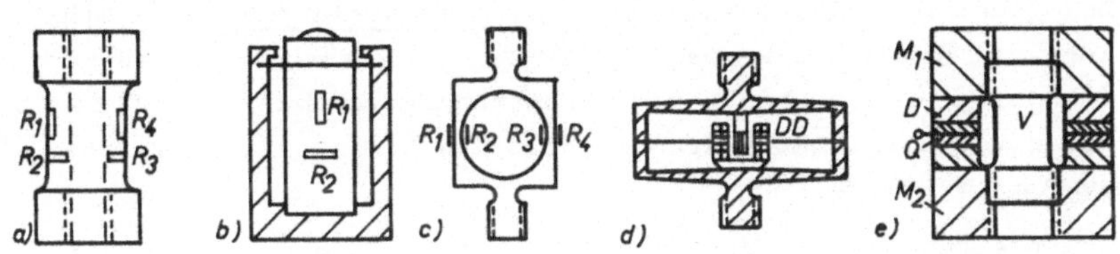

Bild 116 Kraft-Aufnehmer

a) Hohlzylinder-Zug- und Druckkraft-Aufnehmer mit
Dehnungsmeßstreifen R_1 bis R_4, b) Vollzylinder-Druck-
kraft-Aufnehmer mit Dehnungsmeßstreifen R_1, R_2,
c) Ringkraft-Aufnehmer mit Dehnungsmeßstreifen R_1 bis
R_4, d) Doppelmembran-Zug- und Druckkraft-Aufnehmer
mit Differentialdrossel DD, e) Zug- und Druckkraft-
Aufnehmer mit Vorspanndehnbolzen V und Druckkraft-
Meßscheibe D mit zwei piezoelektrischen Meßfühlerscheiben Q zwischen den Muttern M_1 und M_2

Kraft-Aufnehmer (force transducer) mit <u>Dehnungsmeßstreifen</u> R_1
bis R_4 als passive ohmsche Meßfühler nach Bild 116a bis c enthalten in der Brückenmeßschaltung zusätzlich noch Kompensati-
onswiderstände für die Nullpunkts- und Empfindlichkeitskon-
stanz, sowie für die Linearität und für den Nennwiderstands-
abgleich, insgesamt z.B. 19 Widerstände.

Kraft-Aufnehmer mit passiven <u>induktiven</u> Meßfühlern, z.B. mit
Differentialdrosseln nach Bild 116d, haben beim Meßkraftendwert
meist den Meßweg s_M = 0,1 mm bis 0,3 mm.

In <u>piezoelektrischen</u> Zug- und Druckkraft-Aufnehmern nach Bild
116e ist die Druckkraft-Meßscheibe D mit zwei elektrisch gegeneinander geschalteten piezoelektrischen Meßfühlerscheiben Q
(s. Abschn. 2.6) über den Vorspanndehnbolzen V mit den Muttern

M_1 und M_2 von außen vorgespannt. Zugkräfte können somit über die Verminderung der Vorspannkraft gemessen werden. Die Druckkraft-Meßscheibe D wird auch in reinen Druckkraft-Aufnehmern oder in anderen Kraftmeßanordnungen verwendet.

Zug- oder Druckkraft-Aufnehmer mit <u>magnetoelastischen</u> Meßfühlern, in denen die Permeabilität μ von ferromagnetischen Stoffen durch eine mechanische Beanspruchung verändert wird, haben einen verhältnismäßig großen relativen Linearitätsfehler bis zu $F_{lin} \leq \pm 1,5\ \%$.

<u>Kraft-Aufnehmer</u> mit Kraftmeßbereich-Endwerten F_M = 50 mN bis 200 kN für Zug- und Druckkraft-Aufnehmer und F_{Mmax} = 20 MN für reine Druckkraft-Aufnehmer nach Bild 116 müssen in den Kraftfluß einer Konstruktion geschaltet werden, wodurch sich unter Umständen bei der Aufnehmersteifigkeit von z.B. 1000 N/ m die Steifigkeit und somit das Schwingungsverhalten von Konstruktionsteilen verändern können. Gegebenenfalls lassen sich Kräfte auch ohne Eingriffe in die Konstruktion über die elastischen Verformungen von Konstruktions-Bauteilen mit Dehnungsmeßstreifen messen. Kraft-Aufnehmer werden auch serienmäßig mit integrierten Meßverstärkern hergestellt. Die Aufnehmer-Eigenfrequenzen liegen im Bereich f_0 = 1 kHz bis 100 kHz, die Meßfrequenzen bei passiven Meßfühlern f_M = 0 bis 5 kHz und bei aktiven Meßfühlern f_M = 2 Hz bis 80 kHz.

Die <u>Nennempfindlichkeit</u> S_F der Kraft-Aufnehmer bezogen auf den Meßkraftendwert F_M (bei passiven Meßfühlern je V Speisespannung) ist bei passiven Widerstandsmeßfühlern S_F = 5 mV/$(F_M$ V) und mit Halbleiter-Dehnungsmeßstreifen S_F = 100 mV/$(F_M$ V); mit passiven induktiven Meßfühlern ist S_F = 1 mV/$(F_M$ V) bis 80 mV/$(F_M$ V) und mit aktiven piezoelektrischen Meßfühlern maximal S_F = 100 nC/F_M oder bezogen auf 1 N z.B. S_F = 50 pC/N.

<u>Präzisions-Kraft-Aufnehmer</u> haben Güteklassen von 0,1 bis 0,05. Die größte gewichtsbelastete Kraft-Normalmeßeinrichtung zum Kalibrieren von Kraftmeßgeräten hat z.Zt. die maximale Meßkraft F_{max} = 16,5 MN bei der relativen Meßunsicherheit F_F = $10^{-2}\ \%$ = 10^{-4}.

7.8. Flüssigkeits- und Gasdruckmessung

Mit <u>Druck-Aufnehmern</u> (pressure transducer) werden Absolut-
oder Überdruck-Flüssigkeits- und Gasdrücke über die Durchbiegung bzw. elastische Dehnung von Meßmembranen oder Hohlzylin-
dern gemessen. <u>Differenzdruck-Aufnehmer</u> (differential presure
transducer), z.B. für Strömungsgeschwindigkeitsmessungen, haben auf beiden Seiten von Meßmembranen abgeschlossene Druck-
kammern.

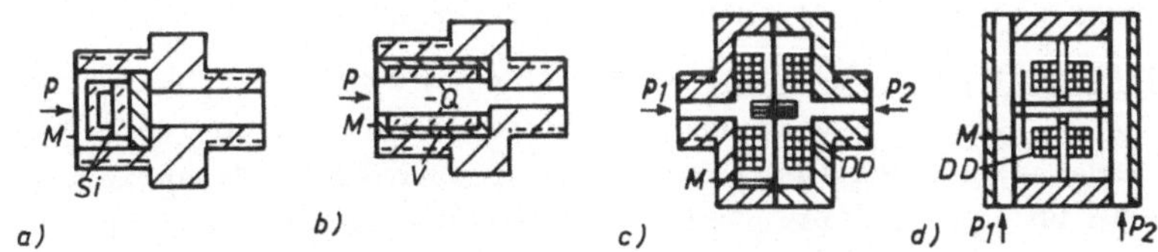

Bild 117 Membran-Flüssigkeits- oder Gasdruck-Aufnehmer in verschiedenen Ausführungen mit den Meßmembranen M für
die Meßdrücke p
a) Absolutdruck-Aufnehmer mit einem piezoresistiven
Siliziummeßfühler Si
b) Überdruck-Aufnehmer mit piezoelektrischem Trans-
versal-Quarzsäulen-Meßfühler Q und Vorspannhülse V
c) Differenzdruck-Aufnehmer mit induktiven Längsan-
ker-Differentialdrosseln DD
d) Doppelmembran-Differenzdruck-Aufnehmer mit induktiven Queranker-Differentialdrosseln DD

Bei serienmäßigen Membrandruck-Aufnehmern werden die vielfäl-
tigsten <u>Meßfühlerprinzipien</u>, und zwar passive Widerstands-Meßfühler (Dehnungsmeßstreifen, Dehndrähte, piezoresistive Meßfühler, s. Abschn. 7.1.1), induktive (Differentialdrossel und
Differentialtransformator, s. Abschn. 2.3), kapazitive (s.
Abschn. 2.4), Schwingsaiten (s. Abschn. 7.1.4) oder aktive
piezoelektrische Meßfühler (s. Abschn. 2.6) oder solche mit
einem Kraftkompensationssystem (s. Abschn. 3.2.3) mit deren
typischen Empfindlichkeiten verwendet.

Membranabsolutdruck-Aufnehmer mit passivem piezoresistivem Meßfühler nach Bild 117a enthalten Vollbrückenwiderstände auf einer Silizium-Membran Si mit eindiffundierten P-Regionen. Von der Meßmembran M wird der Meßdruck p über Öl zur Si-Membran übertragen.

Membranüberdruck-Aufnehmer mit aktivem piezoelektrischem Transversalmeßfühler, z.B. nach Bild 117b mit drei Quarzsäulen Q mit dem Transversal-Piezoeffekt, die mit einer Vorspannhülse V vorgespannt sind, geben die negative Ladung Q ab und ermöglichen auch die Messung von Unterdrücken.

Differentialdruck-Aufnehmer für die Meßdrücke p_1 und p_2 enthalten z.B. nach Bild 117c und d entweder Einfach- oder Doppelmembranen mit Längsanker- oder Queranker-Differentialdrosseln DD als induktiver Meßfühler und messen $\Delta p = p_1 - p_2$.

Druck-Meßbereichendwerte sind für Überdruck-Aufnehmer p_M = 2 mbar bis 7500 bar und für Differenzdruck-Aufnehmer p_{Mmax} = $\pm$ 35 bar mit der Einheit 1 bar = 10^5 Pa = 10^5 N/m^2. Die Eigenfrequenzen liegen im Bereich f_0 = 100 Hz bis 800 kHz, die Meßfrequenzen bis maximal f_{Mmax} = 350 kHz, die zulässigen Temperaturen ϑ = - 200 ^{o}C bis 350 ^{o}C bzw. 1800 ^{o}C bei Wasserkühlung. Kapazitive Meßfühler ergeben maximal 1 pF bis 20 pF Kapazitätsänderung für den Meßdruckendwert.

Druckempfindliche **Transistoren** als Druckmeßfühler mit Meßdruckendwerten im Bereich p_M = 10 mbar bis 1 bar haben im Arbeitsbereich eine etwa lineare Kennlinie für die Kollektor-Emitter-Spannung U_{CE} in Abhängigkeit vom Meßdruck p.

Für **Vakuummessungen** verwendet man besondere Absolutdruck-Meßverfahren für besonders kleine Meßdruckendwerte im Bereich von etwa p_M = 100 Pa bis 10^{-10} Pa.

7.9. Drehmoment- und Leistungsmessung

Drehmomente werden hauptsächlich über die bei der Torsion auftretende Torsionsdehnung ε auf der Oberfläche von Maschinen-

wellen oder von besonderen Meßwellen in Drehmoment-Aufnehmern
mit Dehnungsmeßstreifen oder eventuell mit Hilfe des relativen
Torsionswinekls zweier benachbarter Wellenquerschnitte gemessen.

Für einen Hohlzylinder mit dem Außen- und Innendurchmesser d_a
und d_i und dem Schubmodul G = 0,385 E, dem Elastizitätsmodul E
des Zylinderwerkstoffs, z.B. für Stahl E = $20,6 \cdot 10^4$ N/mm^2 ergibt sich aus der Festigkeitslehre für das Drehmoment M die
Torsionsdehnung

$$\varepsilon = 8\ M\ d_a\ \sin(2\ \alpha)/\left[\pi(d_a^4 - d_i^4)G\right] \tag{203}$$

auf der Zylinderoberfläche unter dem Winkel α zur Zylinder-
längsachse. Die maximale Dehnung gilt für $\alpha = 45^\circ$ mit sin $2\alpha =$
sin $90^\circ = 1$.

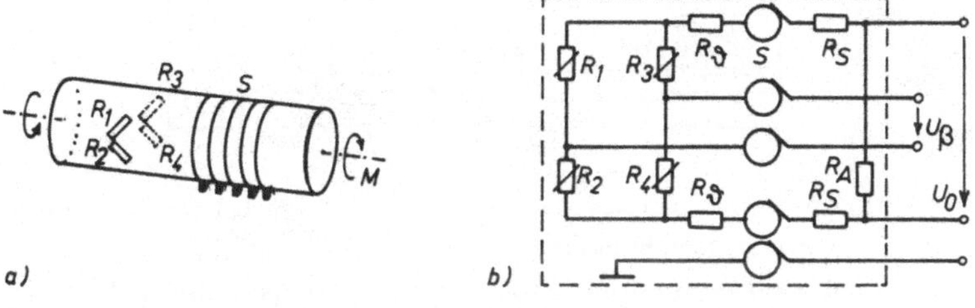

Bild 118 Drehmoment-Aufnehmer zur Drehmomentmessung über
        Schleifringe S mit der Anordnung der Dehnungsmeß-
        streifen R_1 bis R_4 auf der Meßwellenoberfläche (a)
        und ihrer Verteilung in der Meßbrücke (b) mit Wider-
        ständen für Temperaturkompensation R_ϑ, Empfindlich-
        keitsabgleich R_S und Nennwiderstandsabgleich R_A

In <u>Drehmoment-Aufnehmern</u> (torque transducer) werden vier Dehnungsmeßstreifen R_1 bis R_4 zur Messung der Oberflächendehnung
ε nach Gl. (203) auf der Meßwelle nach Bild 118a angeordnet
und in einer Vollbrücke mit Ergänzungswiderständen nach Bild
118b verteilt. Die Meßbrücken-Speisespannung U_0 und Ausgangsspannung U_β können entweder über Schleifringe (slip ring) oder

kontaktlos (non-contacting) zu- oder abgeleitet werden.

Beim <u>kontaktlosen frequenzanalogen</u> Frequenzmodulations-Dreh-
momentmeßverfahren enthält der Drehmoment-Aufnehmer nach Bild
119 eine Dehnungsmeßstreifen-Vollbrücke B, die aus einer
Gleichstromquelle über den Wechselrichter W und über die induktiv verketteten ruhenden und drehenden Wicklungen T trans-
formatorisch und über den Gleichrichter G mit Stabilisator mit
Gleichspannung gespeist wird.

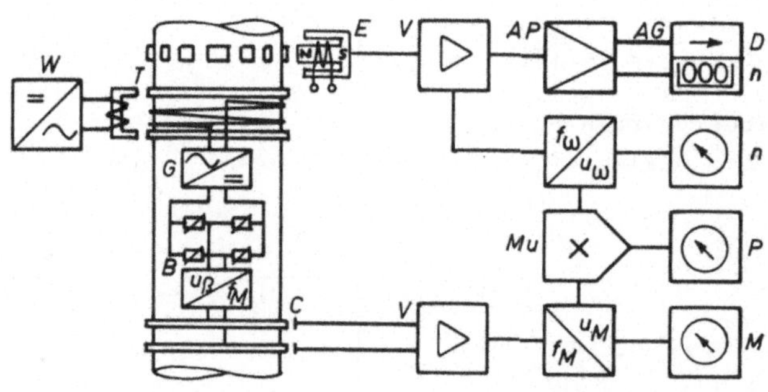

Bild 119 Frequenzanaloge Meßanlage für Drehrichtung D, Dreh-
zahl n, Drehmoment M und Drehleistung P
E Elektrodynamischer Drehzahl-Induktions-Aufnehmer,
V Verstärker, AP Anpaßschaltung, AG Ausgabegeräte,
W Wechselrichter, T Drehtransformator, G Gleichrich-
ter, B Dehnungsmeßstreifen-Vollbrücke, u/f Spannungs-
Frequenz- und f/u Frequenz-Spannungs-Umsetzer,
C Kopplungskapazität, Mu Multiplizierer

Die <u>Brückendiagonal-Ausgangsspannung</u> u_β wird in einem Span-
nungs-Frequenz-Umsetzer u_β/f_M oder die Brückenwiderstandsän-
derungen ΔR werden in einem NF-FM-Oszillator nach Abschn.3.6.3
in eine drehmomentproportionale Ausgangsfrequenz f_M umgesetzt.
Die frequenzmodulierte Meßsignalspannung mit Frequenzen z.B.
zwischen 5 kHz und 15 kHz mit der Mittenfrequenz 10 kHz wird
mit kapazitiv gekoppelten Ringelektroden C (oder mit induktiv
gekoppelten Dreh-Transformator-Wicklungen) für Umdrehungsfre-

quenzen von maximal $n = 1000 \text{ s}^{-1}$ von der drehenden Welle zum ruhenden Verstärker V und Frequenz-Spannungs-Umsetzer f_M/u_M geführt, der eine meßwertproportionale eingeprägte Ausgangsspannung $\hat{u}_M = \pm 1$ V oder ± 10 V oder den eingeprägten Ausgangsstrom $\hat{i}_M = \pm 20$ mA mit der Meßgrenzfrequenz von z.B. $f_M = 1600$ Hz liefert. Die Ergänzung dieses frequenzanalogen Drehmomentverfahrens durch einen Sender und Empfänger ergibt eine <u>Meßwert-Nahübertragungsanlage</u> für die berührungslose Meßwertübertragung über Entfernungen von 1 cm bis 100 cm (s. Abschn. 3.6.3).

<u>Drehmoment-Aufnehmer</u> haben Meßbereich-Endwerte $M_M = 10$ Nm bis 50 kNm, Eigenfrequenzen von maximal $f_0 = 8$ kHz und Meßfrequenzen im Bereich $f_M = 0$ bis 2 kHz. Die Empfindlichkeit liegt bei $S_M = (1 \text{ mV bis } 100 \text{ mV})/(M_M V)$.

Zur gleichzeitigen Drehzahlmessung enthalten Drehmoment-Aufnehmer meist nach Bild 119 auch <u>Drehzahl-Aufnehmer</u>, z.B. mit Zahnrad und einem aktiven elektrodynamischen Induktionsmeßfühler (s. Abschn. 7.3.2) mit je Umdrehung 30 um $\pi/2$ gegeneinander phasenverschobenen Impulsen.

Zur Ermittlung der mechanischen <u>Leistung</u> $P = M\omega$ werden nach Bild 119 dem Drehmoment M und der Drehzahl n bzw. der Umdrehungs-Winkelgeschwindigkeit $\omega = \pi n/30$ proportionale elektrische Ströme oder Spannungen $u_M \sim M$ und $u_\omega \sim \omega$ mit einem elektronischen Multiplizierer Mu miteinander multipliziert.

Eine einfache <u>Leistungsmeßschaltung</u> ergibt sich, wenn die Vollbrücke des Drehmoment-Aufnehmers in Bild 118b mit einer winkelgeschwindigkeitsproportionalen Spannung $u_\omega = U_0$ gespeist wird. Dann ist die Ausgangsspannung u_β der mechanischen <u>Leistung</u> P proportional

$$u_\beta = (\Delta R/R)U_0 \sim M\omega = P \tag{204}$$

Eine Drehleistungs-Meßeinrichtung kann mit statischen Drehmomenten M und drehzahlproportionalen Spannungen u_ω statisch kalibriert werden.

7.10. Zeitmessung

Für die elektronische Zeitmessung werden <u>Quarz-</u> und <u>Atomuhren</u> verwendet. In kleinen Quarzuhren mit Batteriespeisung und elektronischer Anzeige nach Bild 120 wird im Oszillator G mit dem Schwingquarz Q (z.B. als Stab-Biegeschwinger) eine Normal-frequenz von $f_n = 2^{15}$ Hz = 32 768 Hz erzeugt. Diese Frequenz, die über den Frequenzteiler f_n/f_t auf f_t = 64 Hz herabgesetzt wird, steuert über die Treiberstufe T mit weiterer Reduzierung der Frequenz auf f_1 = 1 Hz die meist siebenstellige Leuchtdio-den(LED)- oder Flüssigkristall(LCD)-Anzeige DAG.

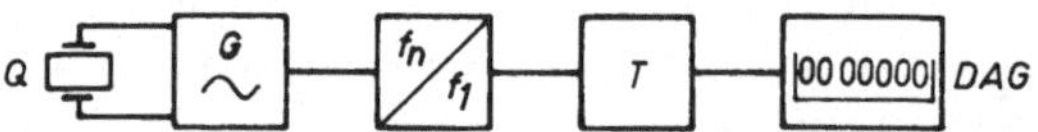

Bild 120 Prinzipschaltung einer Quarzuhr mit Schwingquarz Q
   G Normalfrequenz-Oszillator, f_n/f_t Frequenzteiler,
   T Impulsformer und Treiberstufen, DAG Ausgabe

<u>Quarz-Großuhren</u> verwenden eine Oszillator-Normalfrequenz $f_n = 2^{22}$ Hz = 4,194304 MHz, die über den Frequenzteiler auf f_1 = 1 s herabgesetzt wird.

Für die Steuerung von öffentlichen Normalzeituhren sendet die Physikalisch-Technische Bundesanstalt PTB in Braunschweig über den Langwellensender DCF 77 mit der Trägerfrequenz f_{tr} = 77,5 kHz mit einer relativen Unsicherheit $F_f = 10^{-13}$ im Dauer-betrieb Zeitsignale in kodierter Form.

<u>Zeitintervalle</u> t_x von Kontakteinschaltzeiten, Periodendauern, Impulslängen oder Impulsabständen können mit elektronischen Universalzählern gemessen werden. Die Grundschaltung einer elektronischen Zeitintervallmessung mit Zählung von z Zählim-pulsen der Zeitbasis-Normalfrequenz f_n in der Meßzeit t_x ist in Bild 121 dargestellt. Während der Meßzeit t_x wird über die durch t_x gesteuerte Flip-Flop-Kippschaltung das Tor T geöffnet, und $z = t_x f_n$ Zählimpulse der Zeitbasis-Normalfrequenz f_n vom Generator G laufen in den digitalen Ausgabezähler Z ein. Die

Meßzeit $t_x = z/f_n$ wird im Zeitmaßstab angezeigt. Mit der Normalfrequenz $f_n = 10^6$ Hz ergibt sich z.B. mit dem Zählwert $z = 7654321$ die Meßzeit $t_x = 7654321/10^6$ s^{-1} = 7,654321 s.

Bild 121

Prinzipschaltung einer elektronischen

Zeitintervallmessung

u_t Meßsignal mit der Meßzeit t_x,

FF Flip-Flop, G Zeitbasis-Normalfre-

quenzgenerator, T UND-Glied als Tor,

Z Ausgabe-Zähler

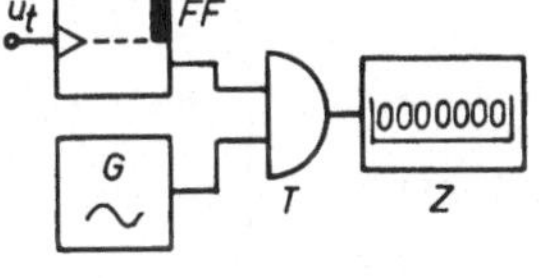

Die relative Zeitauflösung $Q_t = 1/z = 1/(t_x f_n)$ wird besser für größere Zeitbasis-Normalfrequenzen f_n, die in der Praxis meist bei f_n = 1 MHz oder 10 MHz liegen.

<u>Beispiel 14: Vergleich von Fehler und Auflösung von Zeitmeßgeräten.</u> Es soll der relative Fehler F_t mit der relativen Auflösung Q_t an Hand der in Tafel 18 zusammengestellten Werte für verschiedene Zeitmeßgeräte verglichen werden.

Wenn man mit einer mechanischen Armbanduhr mit dem relativen Fehler $F_t = t_F/t_M = 10^{-4}$ die Zeitdauer eines Tages mit $t_M = 86\ 400$ s mit der absoluten Auflösung $t_Q = 1$ s entsprechend der relativen Auflösung $Q_t = t_Q/t_M \approx 10^{-5}$ mißt, erhält man als Vergleichsergebnis $F_t \approx 10\ Q_t$. Bei diesem großen relativen Fehler F_t gegenüber der großen relativen Auflösung Q_t wird die Messung mit dem absoluten Zeitfehler $t_F \approx 10$ s sehr ungenau, die Meßmethode ist unwirtschaftlich ausgelegt.

Für eine Stoppuhr mit relativem Fehler $F_t = 10^{-4}$ und absoluter Auflösung $t_Q = 0,01$ s sind in Tafel 18 zwei verschiedene Meßzeiten t_M angenommen. Für $t_M = 100$ s ergibt sich als Vergleichsergebnis $F_t = Q_t$. Dies ist für Vergleichsmessungen eventuell, für absolute Messungen, z.B. bei Rekordmessungen im Sport, aber kaum brauchbar. Für die Meßzeit $t_M = 10$ s beschreibt das Ergebnis $F_t = 0,1 Q_t$ eine brauchbare Meßeinrichtung.

Tafel 18 Vergleich von Fehler und Auflösung verschiedener
Zeitmeßgeräte

| Zeit-meßgerät | Meß-zeitdauer t_M | Fehler | | Auflösung | | Vergleich |
		abs. t_F/s	rel. F_t	abs. t_Q/s	rel. Q_t	F_t/Q_t
Armbanduhr	86400 s	8,64	10^{-4}	1	10^{-5}	10
Stoppuhr	100 s	10^{-2}	10^{-4}	0,01	10^{-4}	1
Stoppuhr	10 s	10^{-3}	10^{-4}	0,01	10^{-3}	0,1
Quarzuhr	300 Jahre	1	10^{-10}			
Cs-Uhr	30000 "	1	10^{-12}			
PTB-Uhr	300000 "	1	10^{-13}			

Als Ergebnis erkennt man aus Tafel 18, daß die Beziehung
$F_t > Q_t$ ungünstig, $F_t \approx Q_t$ eventuell brauchbar, und $F_t < Q_t$
günstig ist.

Die unteren drei Zeilen in Tafel 18 enthalten Angaben über
sehr genaue Zeitmeßgeräte. Bei einer Cäsium-Cs-Uhr mit dem relativen Fehler $F_t = 10^{-12}$ beträgt der absolute Fehler $t_F =$
1 ps für den Meßwert $t_M = 1$ s, was einem absoluten Zeitfehler
$t_F = 1$ s in der Meßzeitdauer $t_M = 30000$ Jahre entspricht. Die
genaueste Zeitmessung hat einen absoluten Zeitfehler $t_F = 1$ s
in $t_M = 300000$ Jahre.

Bei digitalen Meßgeräten wählt man auch dann eine besonders
große relative Auflösung, wenn vor allem diese kleinen Meßwertstufen erfaßt werden sollen. Für eine große relative Auflösung ist der Zahlenwert Q klein und für eine kleine Auflösung groß.

<u>Zeiteinheit.</u> Als Basiseinheit für die Zeit ist die Sekunde de-
finiert als das 9 192 631 770-fache der Dauer einer durch den
Übergang zwischen den Hyperfeinstrukturniveaus F = 4 und 3 bestimmten Eigenschwingung des ungestörten Cäsium-Atoms 133.

8. Temperaturmessung

8.1. Widerstandsthermometer

Diese temperaturempfindlichen **passiven** Widerstands-Meßfühler
(temperature transducer) bestehen aus Nickel- oder Platin-
draht, der auf dünne Glimmer- oder Hartpapierstreifen gewik-
kelt oder in Hartglas eingebettet ist. Die genormten Nennwiderstände betragen $R_{\vartheta n}$ = 100 Ω, in Sonderfällen 50 Ω. [9]

Bild 122

Widerstandsthermometer-Kennlinien

Ni 100 DIN und Pt 100 DIN nach

DIN 43 760 für Dauerbetrieb (—)

und für Kurzbetrieb (---)

R_ϑ Meßwiderstand

ϑ Meßtemperatur

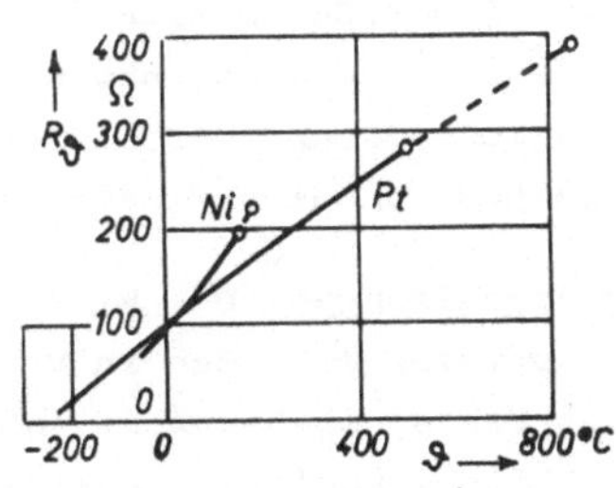

Aus den in Bild 122 dargestellten nicht linearen Kennlinien
R_ϑ = f(ϑ) für die Abhängigkeit des Meßwiderstands R_ϑ von der
Meßtemperatur ϑ ergibt sich der mittlere Temperaturbeiwert im
Temperaturbereich ϑ = 0 $^{\circ}$C bis 100 $^{\circ}$C für Ni-100-DIN α_{Ni} =
(0,617 $\pm$ 0,007) 10^{-2} K^{-1} und für Pt-100-DIN α_{Pt} =
(0,385 $\pm$ 0,0012) 10^{-2} K^{-1} oder besser die **Widerstandsthermome-**
ter-Temperaturempfindlichkeit S_ϑ = $\Delta R/\Delta\vartheta$; für Pt-100-DIN ist
S_ϑ = 0,385 Ω/K und Ni-100-DIN S_ϑ = 0,617 Ω/K.

Tafel 19 Widerstandswerte in Ω von Ni-100-DIN- und Pt-100-DIN-
Widerstandsthermometern nach DIN 43 760 in Abhängig-
keit von der Temperatur ϑ

ϑ in $^{\circ}$C	- 220	- 60	0	100	150	180	500	850
Ni-100-DIN		69,5	100,0	161,7	198,7	223,1		
Pt-100-DIN	10,41		100,0	138,5	157,32	168,47	280,93	390,38

In Tafel 19 sind einige Thermometer-Widerstandswerte mit unterstrichenen Grenztemperaturwerten für Dauerbetrieb zusammengestellt.

<u>Halbleiterwiderstände</u> haben mit ihren großen negativen Temperaturkoeffizienten von etwa $\alpha = (- 3$ bis $- 6) \cdot 10^{-2}$ K^{-1} bei $\vartheta = 20$ ^{o}C eine höhere Temperaturempfindlichkeit, aber eine geringere Genauigkeit. Wegen ihrer äußeren Abmessungen bis unter 0,5 mm können mit ihnen kleine, schnell anzeigende elektrische Thermometer auch für Oberflächentemperaturen hergestellt werden. Die Meßheißleiter (auch NTC-Widerstände, Thermistor oder Thernewid genannt) haben Meßtemperatur-Endwerte $\vartheta_M = 100$ ^{o}C bis 1000 ^{o}C und Meßkaltleiter (PTC-Widerstände) $\vartheta_M = - 10$ ^{o}C bis 500 ^{o}C bei maximalen absoluten Auflösungen $\vartheta_Q = 0,1$ ^{o}C.

<u>Meßschaltungen.</u> Die Widerstandsänderungen ΔR als Maß für die Temperatur ϑ werden in Brücken- und Konstantstromschaltungen mit Drehspulmeßwerk mit absoluter Auflösung bis $\vartheta_Q = 0,001$ K, in Stromverhältnisschaltungen mit Quotienten-(Kreuzspul- oder T-Spul)-Meßwerk oder mit digitalen Meßmethoden und Ausgaben angezeigt oder registriert.

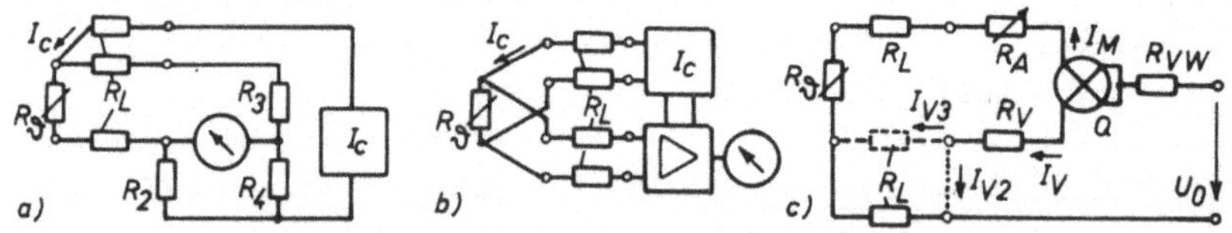

Bild 123 Meßschaltungen für Widerstandsthermometer R
   a) Dreileiter-Viertelbrückenschaltung, b) Vierleiter-
   Konstantstromschaltung, c) Stromverhältnisschaltung
   mit Quotientenmeßwerk Q in Zweileiterschaltung (punk-
   tierte Verbindung) und Dreileiterschaltung (gestri-
   chelte Verbindung)
   R_2 bis R_4 Brückenwiderstände, R_V Vergleichs-, R_A Ab-
   gleich-, R_{VW} Vor- und R_L Leitungswiderstände
   I_c Konstant- und I_V Vergleichsströme

<u>Zweileiter-Viertelbrückenschaltungen</u> nach Bild 16a und <u>Zwei-</u>
<u>leiter-Quotientenschaltungen</u> nach Bild 123c (mit punktierter
Verbindung) werden nur bis etwa 400 m Leitungslänge bei kleinen Leitungswiderständen und Temperaturschwankungen eingesetzt,
da Widerstandsänderungen der Leitungen Meßfehler verursachen.
Der Leitungswiderstand $2R_L$ muß bei der Installation auf den
vorgeschriebenen Wert von meist 10 Ω abgeglichen werden.

<u>Dreileiter-Viertelbrückenschaltungen</u> nach Bild 47 und 123a und
<u>Dreileiter-Quotientenschaltungen</u> nach Bild 123c (mit gestri-
chelter Verbindung) haben kleinere Leitungswiderstandseinflüsse und werden für längere Meßkabel bis etwa 10 km verwendet.
Obwohl bei Quotientenmeßschaltungen die Anzeige für Schwankungen der Speisespannung U_0 von etwa 30 % unabhängig ist, ver-
lieren sie gegenüber den Brückenschaltungen mit Drehspulmeßwerk an Bedeutung.

<u>Vierleiterschaltungen</u> mit Speisung des Meßwiderstands R_ϑ mit
Konstantstrom $I_c \leqq 10$ mA nach Bild 123b (s. auch Bild 6) und
hochohmigem Meßverstärkereingang sind vom Leitungswiderstand
R_L weitgehend unabhängig.

<u>Beispiel 15:</u> Temperaturmeßfehler durch Änderung des Meßlei-
<u>tungswiderstands.</u> In einer Zweileiter-Viertelbrückenschaltung
nach Bild 16a wird ein Widerstandsthermometer Pt-100-DIN über
ein Kupferkabel mit der Länge $l = 100$ m und dem Aderquer-
schnitt $A = 1,5$ mm^2 bei der Umgebungstemperatur $\vartheta_k = 20$ ^{o}C angeschlossen. Es ist der Temperaturmeßfehler für eine Temperaturerhöhung des Meßkabels auf $\vartheta_w = 30$ ^{o}C bei konstanter Meß-
stellentemperatur zu bestimmen.

Der Leitungsgesamtwiderstand ist $R_{LL} = 2\ l/(A\ \gamma) = 2 \cdot 100$ m/
$(1,5$ mm$^2 \cdot 56$ m/Ωmm$^2) = 2,38\ \Omega$. Bei Erwärmung um $\Delta\vartheta = 10$ K erhöht sich dieser Leitungswiderstand mit dem Temperaturbeiwert
$\alpha = 3,93 \cdot 10^{-3}$ K^{-1} um $\Delta R = R\alpha\Delta\vartheta = 2,38\ \Omega \cdot 3,93 \cdot 10^{-3}$ K$^{-1} \cdot 10$ K $=$
$0,0936\ \Omega$. Diese Widerstandsänderung entspricht bei der Wider-
standsthermometer-Temperaturempfindlichkeit $S_\vartheta = \Delta R/\Delta\vartheta =$
$0,385\ \Omega/$K einer vorgetäuschten Meßstellen-Temperaturerhöhung

und damit einem absoluten Temperaturmeßfehler $\vartheta_F = \Delta\vartheta =$
$\Delta R/S_\vartheta = 0{,}0936\ \Omega/(0{,}385\ \Omega/K) = 0{,}243\ K.$

8.2. Thermoelemente

Diese __aktiven__ __Temperatur-Meßfühler__ bestehen aus dem __Thermopaar__
(thermocouple), also aus zwei Drähten aus verschiedenen Metallen oder Metallegierungen, die an einem Ende verschweißt sind.
Bei Erwärmung der Schweißstelle (Meßstelle) entsteht an den
Leitungsanschlußklemmen in der Schaltung nach Bild 125a eine
Thermoquellenspannung U_q. Ihr Betrag hängt von der Art der
verwendeten Metalle und vom Temperaturunterschied $\vartheta = \vartheta_M - \vartheta_V$
zwischen der Meßstelle und der Vergleichsstelle ab.

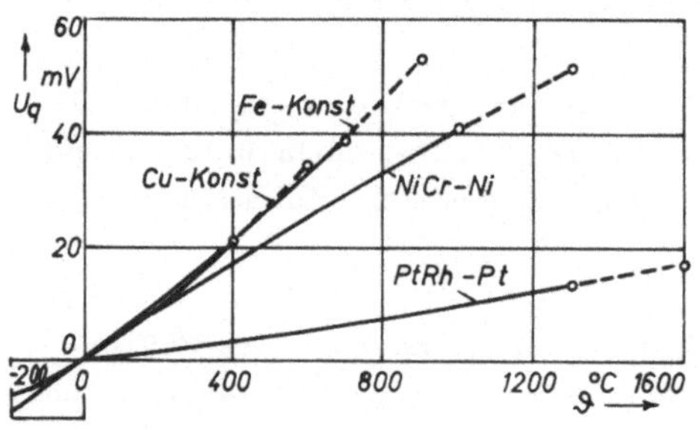

Bild 124

Thermoelementen-Kenn-
linien nach DIN 43 710
für Dauerbetrieb (———)
und Kurzbetrieb (- - -)
U_q Thermoquellenspan-
nung
ϑ Meßtemperatur

Die __Kennlinien__ $U_q = f(\vartheta_M - \vartheta_V) = f(\vartheta)$ sind für einige Thermo-
paare in Bild 124 dargestellt. Aus diesen nicht linearen Kenn-
linien ergeben sich im Meßtemperaturbereich $\vartheta = 0\ ^\circ C$ bis $100^\circ C$
Näherungswerte der Thermoelementen-Temperaturempfindlichkeit
für Kupfer-Konstantan $S_\vartheta = 0{,}0425\ mV/K$, Eisen-Konstantan $S_\vartheta =$
$0{,}0537\ mV/K$, Nickelchrom-Nickel $S_\vartheta = 0{,}041\ mV/K$ und Platin-
rhodium-Platin $S_\vartheta = 0{,}00643\ mV/K$.

Bei der Temperaturmessung muß die __Vergleichsstellentemperatur__
ϑ_V auf einer bekannten möglichst konstanten Temperatur $\vartheta_V =$
$0\ ^\circ C$, $20\ ^\circ C$ oder $50\ ^\circ C$ (z.B. mit einem Thermostat) gehalten
werden, oder deren Änderungen müssen berücksichtigt werden.

Für eine konstante Vergleichsstellentemperatur ϑ_V = const ist
die Thermoquellenspannung

$$U_q \sim \vartheta_M \tag{205}$$

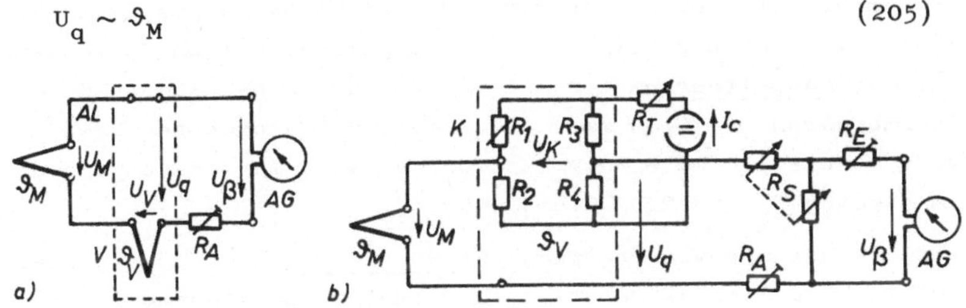

Bild 125 Meßschaltungen für Thermoelemente

      a) mit Vergleichsstellen-Thermoelement V

      b) mit Kompensationsdose K nach VDE/VDI 3511

ϑ_M Meßstellen-, ϑ_V Vergleichsstellen-Temperatur
U Thermo- und Meßspannungen, AL Ausgleichsleitung,
R_A Abgleich-, R_S Empfindlichkeits- und Dämpfungsan-
passungs-, R_T Thermoelementenart-Einstell- und R_E
Kalibrier-Widerstand, R_1 temperaturabhängiger Kupfer-
drahtwiderstand, R_2 bis R_4 Manganin-Brückenwiderstän-
de, I_c Konstantstromquelle, AG Drehspulanzeige- oder
-registriergerät

Die selbsttätige Berücksichtigung von Änderungen der Vergleichsstellentemperatur ϑ_V mit einer Brückenschaltung in der
Kompensationsdose K zeigt Bild 125b. Die Brücke mit den Widerständen R_1 bis R_4 wird bei ϑ_V = 20 $^\circ$C abgeglichen. Bei Änderungen der Vergleichsstellentemperatur ϑ_V entsteht in der
Brückendiagonale eine entsprechende positive oder negative
Korrigierspannung U_K. Im Bereich ϑ_V = 10 $^\circ$C bis 70 $^\circ$C ergibt
eine durch die Vergleichsstellen-Temperaturabweichung beein-
flußte Thermoquellenspannung $U_q = U_M \pm U_V \mp U_K$ jeweils die
richtige Meßstellenthermospannung U_M und damit die Meßstellen-
temperatur ϑ_M. Die Ausgangsspannung U_β wird mit einem hochohmigen Drehspul-Meßwerk AG oder einem Kompensator gemessen bzw.
registriert.

<u>Thermoelemente</u> haben gegenüber <u>Widerstandsthermometern</u> die
Vorteile kleiner, fast punktförmiger Meßstellen und größerer
Meßtemperatur-Endwerte. Für Messungen mit besonders geringer
Wärmeableitung und bei schnellen Temperaturänderungen verwen-
det man <u>Mantelthermometer</u> mit verschiedenen besonders dünnen
Thermopaaren mit 0,05 mm bis 0,6 mm Drahtdurchmesser bzw.
0,25 mm bis 3,0 mm Schutzmanteldurchmesser für Meßtemperaturen
im Bereich ϑ_M = - 220 $^{\circ}$C bis 2400 $^{\circ}$C.

Für die Messung von <u>Oberflächentemperaturen</u> gibt es spezielle
aufklebbare Flach-Widerstandsthermometer und -Thermoelemente.

8.3. Strahlungspyrometer

Diese Meßumformer werden besonders für hohe Temperaturen bei
glühenden Körpern und Schmelzflüssen verwendet.

<u>Spektralpyrometer.</u> Am gebräuchlichsten sind <u>Vergleichspyrome-</u>
<u>ter</u>, bei denen die Strahlungsdichte des Meßgegenstands durch
subjektiven Vergleich mit der eines Vergleichsstrahlers in
einem engen Bereich des sichtbaren Spektrums ermittelt wird
(VDE/VDI 3511).

Das Vergleichspyrometer nach Bild 126a wirkt als <u>Glühfadenpy-</u>
<u>rometer</u>, wobei der Heizstrom I der Vergleichslampe G mit dem
Vorwiderstand R_{VW} verändert wird (oder als Graukeilpyrometer,
wenn bei konstanter Lampenspannung die Strahlungsdichte des
Meßgegenstands mit einem Graukeilfilter F_1 geschwächt wird),
bis sich die Bilder von Glühfaden und Meßgegenstand nicht mehr
voneinander abheben, so daß beide gleiche <u>Strahlungsdichte</u>
aufweisen. Nach dem Abgleich ist der Heizstrom des Glühfadens
(bzw. Lampenspannung oder Stellung des Graukeils) ein Maß für
die spektrale Strahlungstemperatur ϑ_S des Meßgegenstands. Dies
entspricht der Temperatur ϑ_S, auf die man einen Schwarzen
Strahler bringen müßte, damit er die gleiche Strahlungsdichte
wie der Meßgegenstand hat.

<u>Gesamt- und Bandstrahlungspyrometer.</u> Gesamtstrahlungspyrometer

messen die <u>Wärmestrahlung</u> des glühenden Gutes in einem ge-
schlossenen Ofen (Schwarzer Körper) über den gesamten wirksamen Spektralbereich der Temperaturstrahlung, die nach dem Ge-
setz von Stefan und Boltzmann der 4. Potenz der absoluten Temperatur T des Strahlers verhältnisgleich ist. Die von der Fläche A ausgesandte Gesamtstrahlungsleistung P beträgt mit der
Konstanten $\sigma = 5{,}67 \cdot 10^{-8}$ W m^{-2}K^{-4}

$$P = \sigma A T^4 \tag{206}$$

<u>Bandstrahlungspyrometer</u> nutzen nur einen mehr oder weniger
breiten Spektralbereich der Temperaturstrahlung aus.

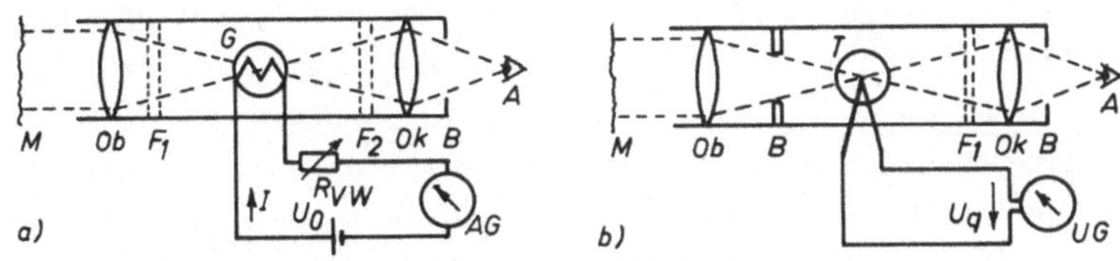

Bild 126 Strahlungspyrometer

    a) Spektralpyrometer (Vergleichspyrometer)

    b) Gesamtstrahlungspyrometer

    M strahlende Fläche, Ob Objektiv, Ok Okular, F_1 und
    F_2 Grau- und Farbfilter, B Blende, A Beobachterauge,
    G Glühfaden, U_0 Speisespannung, R_{VW} Stromsteller,
    I Lampenmeßstrom, AG Strommesser, T Thermoelement,
    U_q Thermoquellenspannung, UG Spannungsmesser

Bild 126b zeigt das Prinzip eines <u>Gesamtstrahlungspyrometers</u>
mit geschwärztem Thermoelement T, das von der Strahlung er-
wärmt wird. Die erzeugte Thermoquellenspannung U_q wird in
einem empfindlichen Drehspulmeßgerät UG angezeigt und ist ein
Maß für die gesuchte Temperatur ϑ.

Als <u>Strahlungsempfänger</u> dienen auch Bolometer (mit einem temperaturempfindlichen Widerstand), Photoelemente, Photodioden,
Photozellen oder Photowiderstände (s. Abschn. 9). Die Meßtemperatur-Endwerte von Pyrometern sind $\vartheta_M = 300\ ^\circ$C bis 3000 $^\circ$C.

8.4. Sonder-Temperaturmeßverfahren

Der gesamte in der Forschung interessierende Temperaturbereich
zwischen den Grenzwerten $\vartheta = 10^{-6}$ K bis 10^{12} K läßt sich nur
mit Sondermeßverfahren erfassen.

Wenn in der Umgebung von Lichtbögen wegen Störeinflüssen nicht
mit Thermoelementen gemessen werden kann, läßt sich durch Aus-
messen der Ablenkung von <u>Laserstrahlen</u> die Temperaturvertei-
lung bis zu einigen Tausend ^{o}C quantitativ bestimmen. Bei hö-
heren Temperaturen läßt sich die Strahlung des selbst leuch-
tenden Gases zerlegen, und aus der Intensität und der Breite
der <u>Spektrallinien</u> kann die zu messende Temperatur unmittelbar
bestimmt werden.

Mit <u>Thermographiegeräten</u> können im Infrarot-Wärmebild sowohl
kleine als auch große Temperaturgradienten oder Emissionsände-
rungen von kleinen oder großen Objekten in der Biologie, Medizin sowie in der Technik nachgewiesen werden. Hiermit können
die Wärmeleitfähigkeit, die Wärmeverteilung oder auch die Wär-
meverluste von elektronischen Strukturen, Geräten, Maschinen
und auch von Gebäuden untersucht werden. Die Infrarotstrahlung
wird durch einen HgCdTe-Infrarot-Detektor erfaßt und auf einem
Monitor dargestellt. Die <u>Meßbereiche</u> erstrecken sich über
$\vartheta_M = 250$ K bis 850 K = - 20 ^{o}C bis 580 ^{o}C, die absolute Tem-
peraturauflösung beträgt $\vartheta_Q = 0,2$ K.

<u>Thermoschalter</u> für vorgegebene Schalttemperaturwerte werden
mit Bimetall oder mit NTC-Halbleiterwiderständen, bestehend
aus Metall-Oxiden und -Sulfiden auf einer Saphirscheibe herge-
stellt.

9. Photoelektrische Meßumformer

Als lichtempfindliche Meßfühler werden photoelektronische Bauelemente verwendet, in denen durch den photoelektrischen Effekt beim Bestrahlen mit Photonen Elektronen ausgelöst werden,
wobei sich elektrische Größen ändern. Sie werden für objektive
Beleuchtungsstärke-, Strahlungs- und Temperaturmessungen, sowie als Meßfühler in Meßwert-Aufnehmern und in Zähl-, Schalt-,
Steuer- und Regelgeräten eingesetzt.

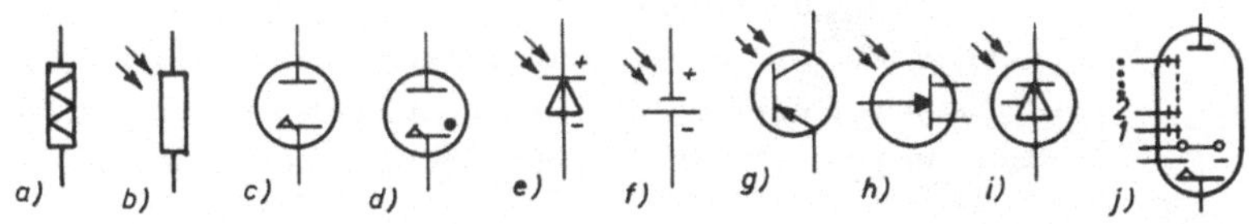

Bild 127 Schaltzeichen für photoelektronische Bauelemente nach
DIN 44 020
a) allgemeines photoelektronisches Bauelement,
b) Photowiderstand, c) Vakuum- und d) gasgefüllte
Photozelle, e) Photodiode, f) Photoelement, g) Phototransistor, h) Photofeldeffekt-Transistor, i) Photo-
thyristor, j) Photovervielfacher (Photomultiplier)

Die Schaltzeichen für passive Meßfühler in Bild 127b bis e
zeigen Photowiderstand, Vakuum- und gasgefüllte Photozelle
und Photodioden, sowie für aktive Meßfühler in Bild 127f bis j
Photoelemente, Phototransistor, Photofeldeffekt-Transistor,
Phototyristor und Photovervielfacher. Die verschiedenen photoelektrischen Meßfühler unterscheiden sich hauptsächlich durch
die relative spektrale Empfindlichkeit S_λ nach Bild 128, sowie
durch die absolute Empfindlichkeit S, die Größe der lichtempfindlichen Fläche, die Grenzfrequenz f_{Mg} bzw. die Anstiegzeit
T_A und den Dunkelstrom I_0. [1]

Bild 128 zeigt Kurven der relativen spektralen Empfindlichkeit
S_λ für einige photoelektrische Meßfühler und zum Vergleich die
Augenempfindlichkeit.

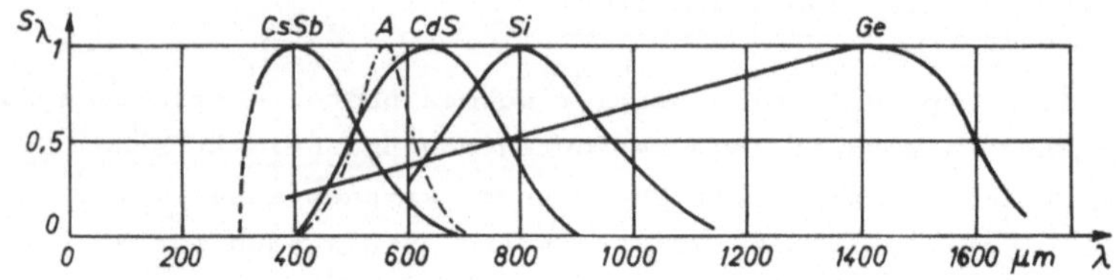

Bild 128 Relative spektrale Empfindlichkeit S_λ in Abhängigkeit
von der Lichtwellenlänge λ für verschiedene photoelektrische Meßfühler
CdS Cadmiumsulfid-Photowiderstand, CsSb Cäsium-Anti-
monkathoden-Photozelle, Ge photoelektronisches Germa-
nium- und Si Silizium-Bauelement, A menschliches Auge

9.1. Photowiderstände und Photodioden

In diesen passiven Widerstands-Meßfühlern, bestehend aus
lichtempfindlichen Halbleitern ohne Sperrschicht, erhöht sich
infolge des inneren photoelektrischen Effektes die Leitfähigkeit annähernd linear mit der Beleuchtungsstärke E. Die bedeu-
tendsten Halbleitermaterialien sind Cadmiumsulfid CdS für
sichtbare Strahlung und Indium-Antimonid InSb für infrarote
Strahlung.

Für einen CdS-Photowiderstand ergibt die Kennlinie $R_p \sim E^{-\gamma}$
des Photowiderstands R_p in Abhängigkeit von der Beleuchtungsstärke E in der doppelt logarithmischen Darstellung nach Bild
129a eine Gerade mit der Steilheit $\gamma = -(0,5 \text{ bis } 1)$. Bei
$E = 0$ lx betragen die Dunkelwiderstände $R_{PO} = 1$ MΩ bis 100 MΩ.

Germanium-Photodioden sind Halbleiterbauelemente mit Sperrschicht, die als passive Widerstandsmeßfühler mit Stromände-
rung durch Bestrahlung bei konstanter Vorspannung U_O betrieben
werden. Sie haben bei linearer Kennlinie eine Lichtempfindlichkeit von z.B. $S_E = 0,05$ μA/lx bei der Anstiegzeit von
$T_A = 20$ μs. Die spektrale Empfindlichkeit zeigt Bild 128.

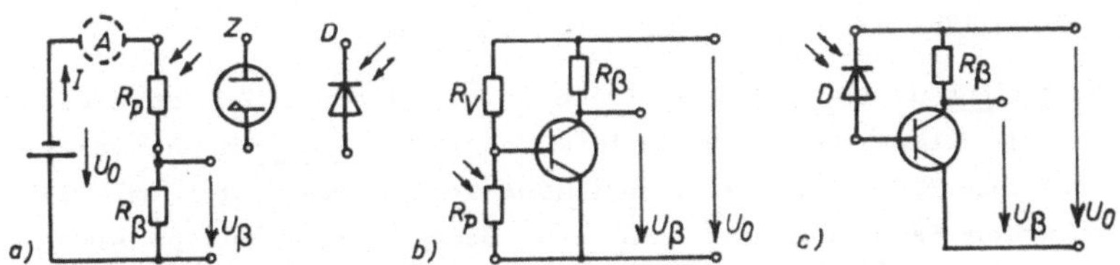

Bild 129 Meßschaltungen für passive photoelektrische Meßfühler
   a) Spannungsteiler- oder Strom-Meßschaltung für Photowiderstand R_P, Photozelle Z und Photodiode D, mit Speisespannung U_0 und Ausgangsspannung U_β am Arbeitswiderstand R_β
   b) Photowiderstand R_P und c) Photodiode D (in Sperrrichtung gepolt) in Transistorschaltung

Die Verringerung des Photowiderstands R_P mit zunehmender Beleuchtungsstärke E wird in Spannungsteiler- oder Strom-Meßschaltungen mit der Speisespannung (Saugspannung) U_0 = 10 V bis 100 V nach Bild 129a durch Messung der Ausgangsspannung U_β oder des Stromes I, weiter in Brückenschaltungen (s. Abschn. 2.2.4) oder in Transistorschaltungen nach Bild 129b erfaßt. In der <u>Spannungsteilerschaltung</u> nach Bild 130a erhöht sich bei Beleuchtung durch Verkleinerung von R_P die <u>Ausgangsspannung</u>

$$U_\beta = U_0\, R_\beta/(R_P + R_\beta) \tag{207}$$

<u>CdS-Photowiderstände</u> haben z.B. bei der Beleuchtungsstärke E = 50 lx, der Farbtemperatur 2700 K und der Saugspannung U_0 = 10 V die Lichtempfindlichkeit S_E = 10 µA/lx bis etwa 1000 µA/lx. Die Grenzfrequenz liegt bei f_{Mg} = 2 kHz.

Eine <u>Photodioden-Transistor-Meßschaltung</u> mit einer in Sperrrichtung gepolten Photodiode D und dem Lastwiderstand R_β im Kollektorkreis ist in Bild 129c dargestellt.

Bei <u>PIN-Photodioden</u> liegt zwischen der P- und N-Zone eine Intrinsic-Zone, d.h. eine nichtdotierte Zone mit der Eigenleitfähigkeit des reinen Halbleiters.

9.2. Photozellen und Photovervielfacher

<u>Photozellen</u> sind Elektronenröhren, in denen bei Lichteinfall
auf die Alkalimetall-Kathode infolge des <u>äußeren</u> photoelektrischen Effektes Elektronen ausgelöst werden, die im elektrischen Feld zur Anode wandern. Beim Betrieb von <u>passiven</u>
Photozellen in der Meßschaltung nach Bild 129a ergeben sich
die in Bild 130b dargestellten Kennlinienfelder.

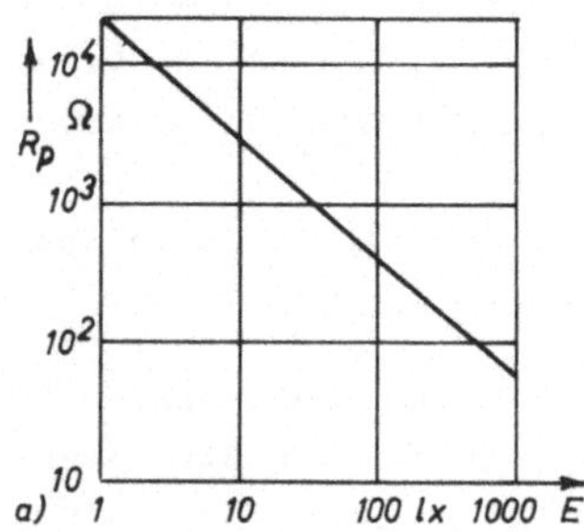

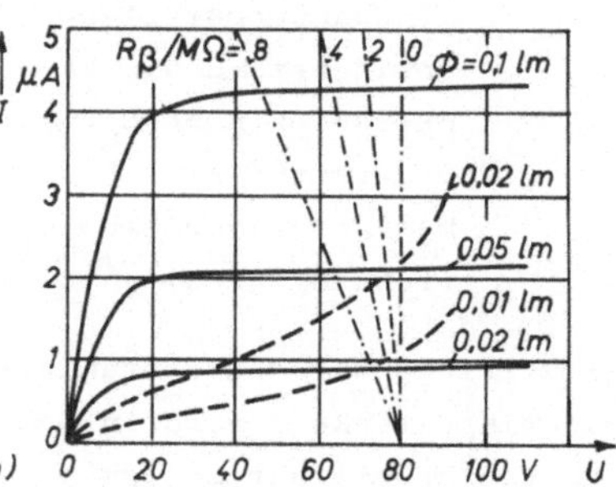

Bild 130 Kennlinien von passiven photoelektrischen Bauelemen-
ten

      a) Widerstand R_P in Abhängigkeit von der Beleuch-
tungsstärke E für einen CdS-Photowiderstand
      b) Kennlinienfelder I = f(U) (Parameter: Lichtstrom
in lm) von Vakuum-Photozellen (——) und gasgefüllten
Photozellen (- - -) mit Widerstandsgeraden R_β (- · - · - · -)

<u>Vakuumphotozellen</u> haben bei der Farbtemperatur 2700 K eine
Lichtempfindlichkeit im Bereich S_E = 1 nA/lx bis 10 nA/lx; bei
<u>gasgefüllten Photozellen</u> ist sie infolge Stoßionisation zwi-
schen Photoelektronen und Gasmolekülen größer im Bereich
S_E = 10 nA/lx bis 100 nA/lx.

<u>Hochvakuum-Photozellen</u> mit ihrer linearen Kennlinie im Sätti-
gungsgebiet werden für Meßzwecke bis zu Lichtgrenzfrequenzen
von einigen MHz, gasgefüllte Photozellen für Tonabtastung beim
Tonfilm, sowie in Hell-Dunkel-Schaltungen bis zu Grenzfrequen-

zen von etwa f_{Mg} = 10 kHz verwendet. Die relative spektrale
Empfindlichkeitskurve einer Photozelle mit CsSb-Kathode zeigt
Bild 128, die Kurve für eine Cäsiumoxidkathode ähnelt der Si-
Kurve.

Zur Messung von extrem kleinen Lichtstärken dienen <u>Photoelek-
tronen-Vervielfacher</u> (photomultiplier) mit CsSb- oder Cs-Ka-
thode und 8 bis 14 Elektroden (Dynoden) zur Auslösung von Se-
kundärelektronen im Vakuum. Die Anodenlichtempfindlichkeit ist
im Vergleich zu Photozellen bis 10^9mal größer, und zwar bis
S_E = 0,1 A/lx bis 10 A/lx.

9.3. Photoelemente

In diesen <u>aktiven</u> lichtempfindlichen Halbleitern mit Sperrschicht erzeugen bei Lichtabsorption infolge des <u>Sperrschicht-
Photoeffekts</u> die freiwerdenden Elektronen eine aktive Photo-
quellenspannung. Infolge des gleichzeitigen <u>inneren</u> photoelektrischen Effektes ändert sich auch der Innenwiderstand, so daß
Photoelemente auch als <u>passive</u> Photowiderstände eingesetzt
werden können. Sie werden als Beleuchtungsmesser (Luxmeter),
Belichtungsmesser, Trübungsmesser und Reflexionsmesser verwendet.

<u>Silizium-Photodioden</u> werden als <u>aktive</u> <u>Photoelemente</u> verwen-
det. Sie haben einen energetischen Wirkungsgrad bis η = 11 %,
so daß sie sich auch für die Stromversorgung elektronischer
Meßgeräte, z.B. als Solarelemente in Quarzuhren, Satelliten
usw., verwenden lassen. Sie sind für Betriebstemperaturen bis
ϑ = + 150 °C brauchbar. Die Lichtempfindlichkeit ist bis zu
einer Beleuchtungsstärke E = 1000 lx konstant mit etwa S_E =
0,1 µA/lx bis 2 µA/lx. Die Anstiegzeit liegt im Bereich
T_A = 1 ns bis 500 ns, die relative spektrale Empfindlichkeit
zeigt die Si-Kurve in Bild 128.

Bei <u>Silizium-Photoelementen</u> liegt die durch Diffusion erzeugte Sperrschicht dicht unter der Oberfläche. Die Leerlaufspannung steigt logarithmisch und der Kurzschlußstrom linear mit

der Beleuchtungsstärke an.

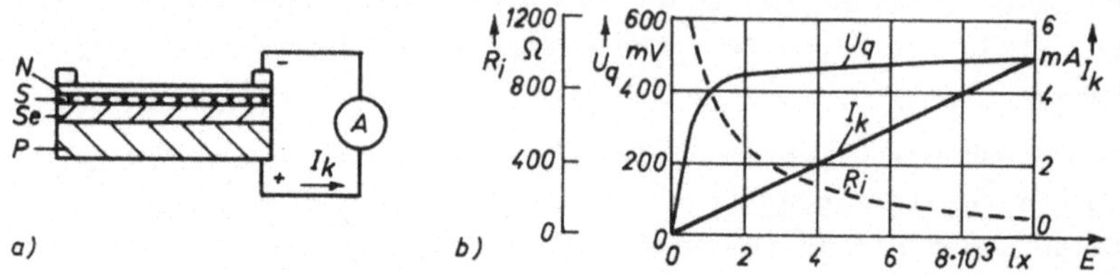

Bild 131 Selen-Photoelement

a) Prinzipaufbau, b) Kennlinien mit Leerlaufspannung U_q, Innenwiderstand R_i und Kurzschlußstrom I_k, abhängig von der Beleuchtungsstärke E

N lichtdurchlässiger Edelmetallniederschlag als negative Elektrode, S Sperrschicht, Se dünne Selenschicht, P Metallplatte als positive Elektrode

Selenphotoelemente, die nach Bild 131a aufgebaut sind, haben lichtempfindliche Flächen A = 1 cm^2 bis 30 cm^2. Nach den Kennlinien in Bild 131b ändern sich Leerlaufspannung U_q und Innenwiderstand R_i mit der Beleuchtungsstärke E nicht linear. Der Kurzschlußstrom $I_k = U_q/R_i$ steigt bis etwa E = 10 000 lx linear mit der Beleuchtungsstärke E bei der Lichtempfindlichkeit S_E = 0,5 µA/lx. Die spektrale Empfindlichkeit ähnelt der des menschlichen Auges nach Bild 128.

9.4. Phototransistoren und -thyristoren

Im Phototransistor wird der durch Lichteinfall erzeugte Photostrom weiter verstärkt, so daß die Lichtempfindlichkeit bis S_E = 300 µA/lx ansteigt. Die Meßgrenzfrequenz liegt über f_M = 200 kHz. Bild 132a zeigt eine Meßschaltung mit dem Phototransistor T ohne Basisanschluß. Als steuerndes Element wirkt das Licht, das über die Emitter-Basis-Strecke des Transistors, multipliziert mit dem Stromverstärkungsfaktor, einen entsprechend großen Kollektorstrom bewirkt. Meßschaltungsbeispiele für Photofeldeffekt-Transistor und Photodiode zeigt Bild 132.

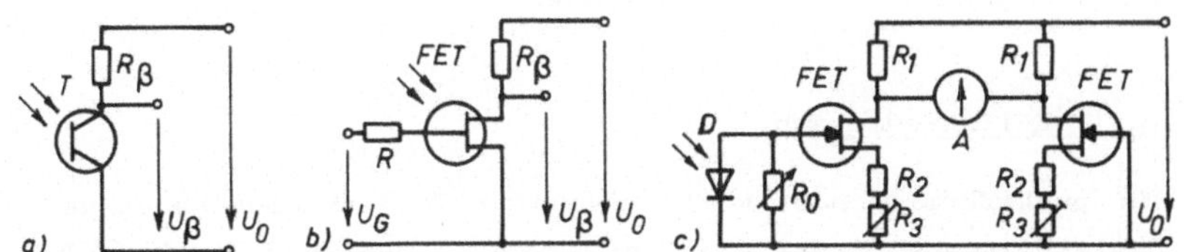

Bild 132 Photoelektronische Transistor-Meßschaltungen

a) Phototransistor T mit Speisespannung U_0 und Ausgangsspannung U_β sowie Arbeitswiderstand R_β

b) Photofeldeffekt-Transistor FET mit Gate-Vorspannung U_G

c) Belichtungsmesser mit aktiver Photodiode D und Mikroamperemeter A

<u>Photo-Darlington-Transistoren</u> mit der Lichtempfindlichkeit S_E = 300 µA/lx haben große Kollektorströme bis I_C = 500 mA, z.B. zum direkten Antrieb eines Mikromotorenrelais.

<u>Photothyristoren</u> mit ihrem binären Speicherverhalten werden entweder mit Gleichspannung mit dem Speichereffekt oder im Wechselspannungsbetrieb, oder in digitalen Schaltungen verwendet.

10. Verfahrenstechnische Messungen

10.1. Füllstandmessung

Für punktförmige oder kontinuierliche Füllstandmessungen von Feststoffen und Flüssigkeiten verwendet man mechanische, elektrische, optische, Ultraschall- und radiometrische Meßverfahren.

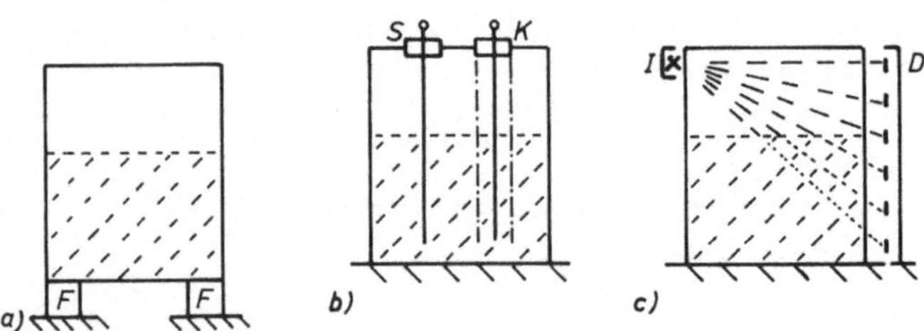

Bild 133 Füllstandmessung

    a) Behälterwägung mit Kraft-Aufnehmer F

    b) kapazitive Füllstandmessung mit Stabsonde S oder Koaxialsonde K

    c) radiometrische Meßmethode mit Isotopenstrahler I, z.B. Co 60 oder Cs 137 und Stabdetektor D mit mehreren Geiger-Müller-Zählrohren

Das Niveau in Behältern kann mit elektrischen Verfahren nach dem gravimetrischen Prinzip mittelbar durch Wägung des gesamten Behälters mit Kraft-Aufnehmern F nach Bild 133a (s. Abschn. 7.7), mit kapazitiven Meßverfahren, mit Stab- oder -Koaxialsonde S oder K nach Bild 133b (s. Abschn. 2.4) oder bei Flüssigkeiten mit Leitfähigkeitsmessungen bestimmt werden.

Die kontinuierlichen radiometrischen Meßverfahren zur Füllstandmessung nach Bild 133c enthalten einen radioaktiven Isotopen-Punktstrahler I, z.B. Co 60 oder Cs 137, und auf der Behältergegenseite einen stabförmigen Detektor D mit mehreren Geiger-Müller-Zählrohren. Bei zunehmender Füllguthöhe wird in-

folge Absorption durch das Füllgut die Intensität der Gamma-
strahlen zu den einzelnen Zählrohren und somit der Ausgangsstrom der Meßschaltung verringert. Die Meßanordnung kann auch
umgekehrt mit einem Stabstrahler und einem punktförmigen
Strahlungsdetektor mit Messung der Strahlungsintensität ausgeführt sein. Die Isotopenverfahren haben den Vorteil, daß sie
praktisch bei jedem Füllgut verwendet werden können.

10.2. Durchflußmessung

Wirkdruckverfahren. Bei der Strömungsmessung nach dem Wirkdruckverfahren (DIN 19 201) mit Drosselgeräten wird nach Bild
134a eine Normblende, Normdüse oder Normventuridüse in die
Rohrleitung eingesetzt und der Druckverlust $\Delta p = p_1 - p_2$ mit
Differenzdruck-Meßgeräten, z.B. mit einem Differenzdruck-Aufnehmer (s. Abschn. 7.8), gemessen.

Mit dem Differenzdruck Δp, dem Blenden-Rohröffnungsverhältnis
A_1/A_0, der Mediumdichte ϱ sowie einer blendenabhängigen Durch-
flußzahl α ist die Strömungsgeschwindigkeit

$$v = \alpha (A_1/A_0) \sqrt{2 \, \Delta p/\varrho} \tag{208}$$

Induktionsmethode. Bei der Massendurchflußmessung mit der Induktionsmethode nach Bild 134b fließt das zu messende Medium
(mit einer Mindestleitfähigkeit) mit der Geschwindigkeit v
durch ein nichtmagnetisches Rohr mit dem Durchmesser D, wobei
nach dem Induktionsgesetz zwischen den beiden Elektroden quer
zur Richtung der magnetischen Induktion B eine induzierte
Spannung $u = B \, D \, v$ entsteht. Diese Spannung u wird mit dem
Voltmeter V als Maß für die Geschwindigkeit v bzw. für den Volumendurchfluß Q gemessen. Der Volumendurchfluß (Volumen je
Zeit) ist

$$Q = \pi D^2 v/4 = u \, \pi \, D/(4B) \tag{209}$$

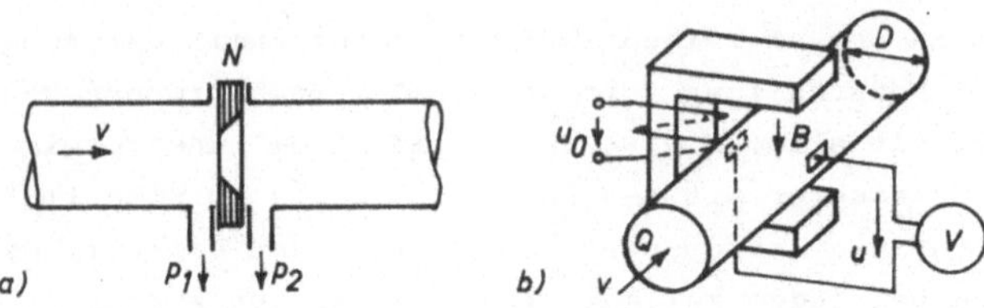

Bild 134 Durchflußmessung

    a) Messung der Geschwindigkeit v nach dem Wirkdruckverfahren mit Meßblende N und Messung der Druckdifferenz $\Delta p = p_1 - p_2$

    b) Messung des Volumendurchflusses Q mit der Induktionsmeßmethode im Magnetfeld B mit der induzierten Spannung u

    D Rohrdurchmesser, U_0 Speisespannung, V Spannungsmesser

Da in einem Gleichfeld Polarisationsspannungen auftreten, wird in der Praxis mit einem durch eine Wechselspeisespannung u_0 erzeugten magnetischen Wechselfeld gearbeitet. Die Induktionsmethode hat den Vorteil, daß im Rohr keine Druckverluste entstehen.

10.3. Feuchtemessung

Bei der Messung der relativen Luftfeuchtigkeit mit dem hygrometrischen Prinzip wird als Meßfühler eine Kunststoffolie verwendet, deren feuchteabhängige Längenänderung auf einen Präzisionsdrehwiderstand-Meßfühler von z.B. R = 150 Ω (s. Abschn. 2.2) übertragen wird. Der veränderliche Widerstand wird als Maß für die relative Luftfeuchtigkeit im Bereich 10 % bis 100 % in einer Widerstandsmeßschaltung erfaßt.

Kapazitive Feuchtigkeits-Meßverfahren enthalten als Meßfühler einen dünnen Film-Polymer-Kondensator, dessen Kapazität sich mit der Luftfeuchtigkeit ändert. Hiermit kann in einer Kapazitätsmeßschaltung (s. Abschn. 2.4.3) die relative Luftfeuchtigkeit im Bereich von 0 bis 100 % gemessen werden.

Beim psychrometrischen Prinzip wird die Temperaturdifferenz zwischen einem trockenen und feuchten Thermometer in der Luftströmung mit Widerstandsthermometern (s. Abschn. 8.1) als Maß für die Luftfeuchtigkeit gemessen.

Die absolute Feuchte von Luft oder Gasen wird bestimmt, indem der Partialdruck des in der Luft enthaltenen Wasserdampfs mit dem hygroskopischen Lithiumchlorid LiCl erfaßt wird. Hierbei ist die Umwandlungstemperatur von LiCl-Lösung/LiCl-Salz vom Druck des Wasserdampfanteils der Umgebungsluft abhängig.

10.4. pH-Wert-Messung

Der pH-Wert einer Lösung (lateinisch pondus = Gewicht, Hydrogenium = Wasserstoff) als Maß für den Säuregehalt einer Flüssigkeit entspricht dem negativen dekadischen Logarithmus der Wasserstoffionenaktivität. Reines Wasser ist schon zu einem geringen Bruchteil in H^+- und OH^--Ionen dissoziiert. Bei 25 $^{\circ}C$ sind in 1 l Wasser $0,0000001 = 10^{-7}$ Gramm-Äquivalente in Wasserstoff- und Hydroxyl-Ionen zerfallen; das neutral genannte Wasser hat pH = 7.

Die pH-Wert-Messung beruht auf der Messung der Zellenspannung U_q einer galvanischen Zelle mit der Glaselektrode GE und der Bezugselektrode BE nach Bild 135. Als pH-Meßelektrode wird die Glaselektrode GE mit ihrer nur auf Wasserstoffionen ansprechenden Glasmembran GM mit der Pufferlösung PL benutzt. Die an den Elektroden entstehende Galvanispannung ist an der Bezugselektrode BE (z.B. Thalamid-Elektrode) vom pH-Wert und der Zusammensetzung der Meßlösung unabhängig, an der Meßelektrode GE wird sie durch den pH-Wert bestimmt. Die resultierende Quellenspannung U_q wird über einen hochohmigen Meßverstärker V mit dem Ausgabegerät AG gemessen. Bei linearer Kennlinie ergibt sich die Quellenspannung $U_q = 58,16$ mV je $\Delta pH = 1$ bei 20 $^{\circ}C$.

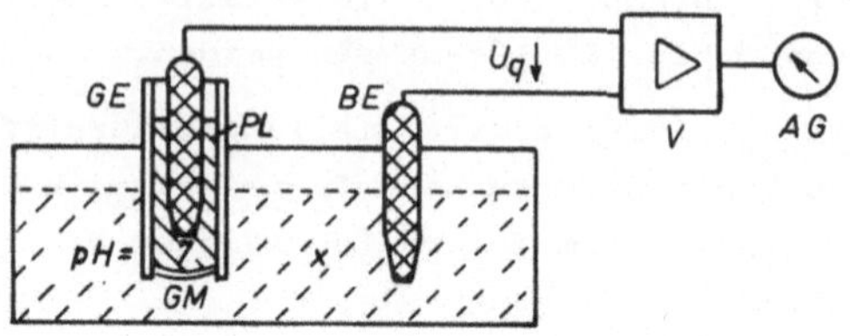

Bild 135 Prinzip der pH-Wert-Messung

      GE Glaselektrode als Meßelektrode

      GM flüssigkeitsundurchlässige Glasmembran

      PL Pufferlösung

      BE Bezugselektrode, z.B. Thalamid-Elektrode

      U_q Galvanispannung, V Verstärker, AG Ausgabegerät

Die pH-Messung wird bei der Bestimmung des <u>Säure-</u> und <u>Laugen-</u><u>gehaltes</u> verschiedener Flüssigkeiten, sowie bei der Überwachung von Nutz- und Abwasser in der Industrie angewendet.

Enthält eine Lösung viele H^+-Ionen, dann wird sie sauer genannt mit pH < 7 bis 0, enthält sie wenige H^+-Ionen, heißt sie alkalisch (basisch) mit pH > 7 bis 14.

11. Umweltschutzmessungen

11.1. Übersicht

Im Zusammenhang mit der Reinhaltung von Luft und Wasser hat die Messung von kleinen Gaskonzentrationen in Gasgemischen eine besondere Bedeutung. Bei der Bestimmung von luftverunreinigenden Stoffen unterscheidet man Immissions- und Emissions-Messungen. [17]

Immission entspricht der Einwirkung von luftfremden Schadstoffen von der Atmosphäre auf Menschen, Tiere und Pflanzen.

Emission bedeutet Ausstoß von luftfremden Schadstoffen durch technische Einrichtungen jeder Art in die Atmosphäre.

Als Luftqualitätskriterien (Air Quality Criteria) für die Beziehungen (Korrelationen) zwischen den meßbaren Immissions- und Emissions-Konzentrationen und der Größe der resultierenden Schadwirkung wurden für eine Reihe von anorganischen und organischen Gasen bzw. Dämpfen sogenannte MIK-Werte (maximale Immissions-Konzentration) festgelegt (VDI 2450).

Interessierende Meßgrößen sind z.B. folgende bei der Verbrennung von Brennstoffen in technischen Feuerungen und in Kraftfahrzeugmotoren entstehenden Abgase: Co, Co_2, SO_2, N_2, N_2O, NO_2, O_2, H, C_nH_m, H_2S, Pb, Staub und Aerosole.

Tafel 20 MIK-Werte in mg/m^3 für Schwefeldioxid SO_2

Schutz	Mittelwerte über		
von	30 min	24 h	1 Jahr bzw. Halbjahr
Mensch	1	0,3	0,1
Vegetation	0,25 bis 0,60	0,15 bis 0,35	0,05 bis 0,12

In Tafel 20 sind als Beispiel die MIK-Werte für Schwefeldioxid SO_2 enthalten.

Für <u>Kohlenmonoxid</u> betragen die MIK-Werte 50, 40 und 10 mg/m^3 über 30 min, 1 h und 12 h. Als <u>Auspuffgrenzmengen</u> für Kfz-Ottomotoren gelten je 100 g Kraftstoffverbrauch für Kohlenmonoxid 25 bis 35 g/Test und für Kohlenwasserstoff 1,5 bis 2,0 g/Test.

Als <u>Einheiten</u> für die Konzentrationen verwendet man Masse/Volumen (g/m^3 oder mg/m^3), Volumen/Volumen (Vol %), ppm (parts per million, 1 ppm = 10^{-6} = 10^{-4} Vol %) oder ppb (parts per billion, amerikanische Bezeichnung für die deutsche Milliarde, 1 ppb = 10^{-9} = 10^{-3} ppm).

<u>Analysenmethoden.</u> Für die Messung von luftfremden <u>Gaskomponenten</u> im Bereich ihrer Immissions- und Emissions-Konzentrationen werden folgende Analysenmethoden benutzt:

<u>Photometrie.</u> Photometrische (oder auch spektrometrische) Messung der Lichtabsorption des zu messenden Schadstoffs im ultravioletten, sichtbaren oder infra- bzw. ultraroten Strahlungsbereich.

<u>Konduktiometrie</u>, <u>Potentiometrie</u> und <u>Kolorimetrie</u>. Messung der Leitfähigkeitsänderung, der Änderung der Ionenaktivität oder Farbänderung einer möglichst spezifisch mit der zu messenden Komponente reagierenden Absorptionslösung.

<u>Amperometrie.</u> Strommessung im Außenkreis eines galvanischen Elementes, das durch elektrochemische Reaktionen der Meßkomponente mit Elektrolyten und der Meßelektrode dieses Elementes gebildet wird.

<u>Coulometrie.</u> Coulometrische Titration (Maßanalyse) des zu messenden Gasbestandteils in einer Faradayschen Elektrolysezelle.

<u>Ionisationsstrommessung.</u> Messung des Ionisationsstromes der durch Verbrennung von zu messenden organischen Verbindungen in einer Wasserstoffflamme entsteht, eventuell nach Vortrennung in einer gaschromatographischen Kolonne oder der Ionisationsstromdämpfung durch die zum Aerosol aufbereitete Meßkomponente.

<u>Wärmeleitfähigkeitsmessung</u>. Messung der Wärmeleitfähigkeit
des Meßgases in Abhängigkeit von der Konzentration der Meßkomponente.

<u>Wärmetönungsmessung</u>. Messung der bei katalytischer Verbren-
nung brennbarer Komponenten des Meßgases erzeugten Temperaturerhöhung (Wärmebildung, Wärmetönung) des Katalysators.

<u>Chemilumineszenz</u>. Messung der Intensität der Leuchterschei-
nung, die bei einer geeigneten chemischen Reaktion der Meßkomponente beobachtbar ist.

<u>Streulichtmessung</u>. Messung der Lichtstreuung, die an einem La-
serstrahl in verschmutzter Luft auftritt.

11.2. Photometrie

Bei der Photometrie wird die Schadstoffkonzentration über den
Lichtintensitätsunterschied infolge Strahlungsabsorption im
Schad- und Vergleichsstoff mit einem elektrischen Ausgangssig-
nal gemessen.

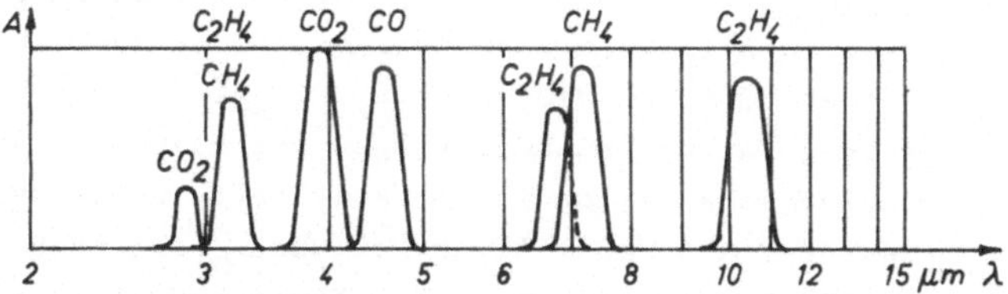

Bild 136 Absorptionsbanden A im Ultrarotgebiet mit der Wellen-
länge λ
CO Kohlenmonoxid, CO_2 Kohlendioxid, CH_4 Metan,
C_2H_4 Äthylen

Eine <u>selektive</u> <u>Konzentrationsmessung</u> von einzelnen Meßgaskom-
ponenten ist möglich, wenn man nur die im Bereich des Absorp-
tionsspektrums der Meßkomponente liegenden Strahlungsanteile
nach Bild 136 mit Filtern, Gasentladungslampen mit passenden

Emissionslinien oder mit abstimmbaren Lasern wirksam werden
läßt. Im Infra- bzw. Ultrarotgebiet haben verschiedenatomige
Gase, z.B. CO, CO_2, CH_4, charakteristische Absorptionsbanden,
gleichatomige Gasmoleküle, wie z.B. H_2, N_2, O_2, Cl_2, zeigen
dagegen keine Absorption.

<u>Zweistrahlphotometer.</u> In Zweistrahl-Wechsellichtphotometern
nach Bild 137a bis d vergleicht man die durch Absorption in
der Meßküvette MK geschwächte Intensität des mit z.B. 12,5 Hz
durch das rotierende Blendenrad RB periodisch unterbrochenen
Meßstrahls mit der Intensität eines von der Meßkomponente
nicht absorbierten Vergleichstrahls durch die mit einem strah-
lungsdurchlässigen Gas, z.B. Luft oder Stickstoff, gefüllte
Vergleichsküvette VK.

Bei der Methode des <u>Intensitätsvergleichs</u> nach Bild 137a und b
wird die Intensität einer charakteristischen Wellenlänge in
zwei verschiedenen Stoffen, und zwar im Meßgas in der Meßküvette MK und in einem nichtabsorbierenden Vergleichsgas (z. B.
N_2) in der Vergleichsküvette VK verglichen. Dabei wird entweder ein <u>Selektivstrahler</u> SS nach Bild 137a oder ein <u>Selektiv-</u>
<u>membranempfänger</u> SE nach Bild 137b verwendet. Im Selektiv-
empfänger SE in Bild 137b sind zwei mit einer Membran M getrennte Kammern mit dem Meßgas, z.B. CO bei einem CO-Meßgerät
als Absorber gefüllt. Druckänderungen zwischen den Kammern infolge Strahlungsabsorption in der Meßküvette werden über den
Meßkondensator C als kapazitiver Meßfühler (s. Abschn. 2.4)
und die Anpaßschaltung AS (mit Verstärker und Gleichrichter)
mit dem Ausgabegerät AG angezeigt bzw. registriert (VDI 2459,
Bl. 1 und 2).

Bei der Methode der <u>Lichtabsorption</u> in zwei verschiedenen Wellenlängenbereichen nach Bild 137c und d werden zwei <u>Filter</u>
entweder rotierend im Filterrad nach Bild 137c oder festste-
hend nach Bild 137d verwendet. Das Meßfilter MF ist für den
Meßbereich der Absorptionsbanden des Meßgases durchlässig, das
Vergleichsfilter VF läßt einen möglichst wenig absorbierenden
Nachbarbereich durch. Absorptionsänderungen im Meßgas werden

mit dem Strahlungsempfänger E gemessen.

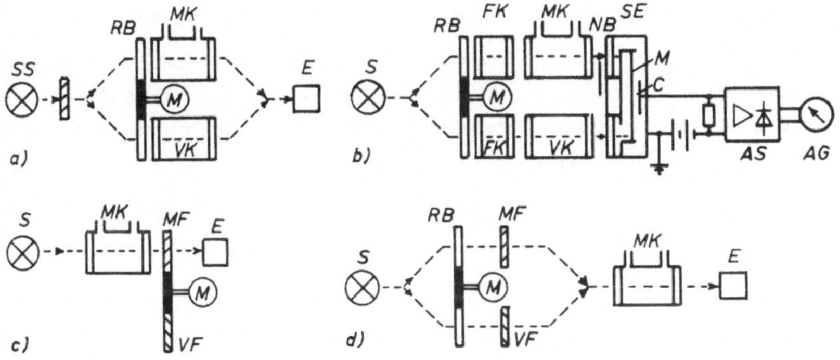

Bild 137 Prinzipaufbau von Zweistrahlphotometern

a) und b) Intensitätsvergleichsmethode einer Wellenlänge mit Selektivstrahler SS (a) und mit Selektiv-
empfänger SE (b)

c) und d) Lichtabsorptionsmethode in zwei verschiedenen Wellenlängenbereichen mit rotierenden (c) und mit
feststehenden (d) Meß- und Vergleichsfiltern MF und
VF

S Strahler, RB rotierendes Blendenrad,

MK Meß-, VK Vergleichs- und FK Filter-Küvette,

E Strahlungsempfänger, M Membran, C Meßkondensator,

NB Nullblende, M Synchronantriebsmotor,

AS Anpaßschaltung, AG Ausgabegerät

Die verschiedenen Typen von nicht dispersiven (d.h. ohne
Strahlenzerlegung) <u>Infrarot-Photometern</u>, die die Absorption
der im Durchlässigkeitsbereich der Fenster liegenden Molekül-
banden integral erfassen, unterscheiden sich im wesentlichen
durch die Konstruktion ihres gasgefüllten Empfängers. Die in
Bild 137b gezeigte Empfängerausführung SE hat zwei durch eine
sehr dünne Metallmembran getrennte Kammern nebeneinander, die
mit einem Gemisch aus dem Meßgas und Argon gefüllt sind.

Der bei der Messung entstehende Differenzdruck kann anstatt mit dem Membrankondensator C nach Bild 137b auch mit einem Hitzdrahtanemometer als Mikroströmungsmesser gemessen werden.

Eine andere Empfängerausführung hat anstatt der nebeneinanderliegenden gleich großen Absorptionskammern zwei verschieden große, hintereinander angeordnete Absorptionsvolumina mit Druckdifferenzmessung.

<u>Anhang</u>

<u>Weiterführende Bücher</u>

[1]   Carter, H. u. Donker, M.: Photoelektronische Bauelemen-
        te. Philips, Hamburg 1964

[2]   Erler, W. u. Walther, L.: Elektrisches Messen nichtelek-
        trischer Größen mit Halbleiterwiderständen. 2. Aufl.
        Berlin 1973

[3]   Haug, A.: Elektronisches Messen mechanischer Größen.
        München 1969

[4]   Hoffmann, K.: Grundlagen der Dehnungsmeßstreifen-Tech-
        nik. Hottinger Baldwin Messtechnik, Darmstadt 1975

[5]   Jesse, G.: Störspannungen. Hartmann & Braun, Frankfurt
        1973

[6]   Kautsch, R.: Meßelektronik nichtelektrischer Größen,
        Teil 1, 2 und 3. Bad Wörishofen

[7]   Krauß, M. u. Woschni, E-G.: Meßinformationssysteme.
        Berlin 1972

[8]   Kronmüller, H. u. Barakat, F.: Prozeßmeßtechnik I. Ber-
        lin-Heidelberg-New York 1974

[9]   Lindorf, H.: Technische Temperaturmessungen. 4. Aufl.
        Essen 1970

[10] Moeller, F., Fricke, H., Frohne, H., Vaske, P.: Grundla-
        gen der Elektrotechnik. 16. Aufl. Stuttgart 1976

[11] Potma, T.: Dehnungsmessstreifen-Messtechnik. Philips,
        Hamburg 1968

[12] Profos, P.: Handbuch der industriellen Meßtechnik. Essen
        1974

[13] Rohrbach, C.: Handbuch für elektrisches Messen mechani-
        scher Größen. Düsseldorf 1967

[14] Siemens: Messen in der Prozeßtechnik. Berlin 1972

[15] Sonderdruck: automation. AEG, Berlin 1964

[16] Stöckl, M. u. Winterling, K-H.: Elektrische Meßtechnik.
        5. Aufl. Stuttgart 1973

[17] ZVEI: Elektrische Meßgeräte für den Umweltschutz. Frank-
        furt/M. 1973

Formelzeichen

Die Formelzeichen sind nach DIN 1304 (Allgemeine Formelzeichen) gewählt und nach DIN 5483 und DIN 5488 (Zeitabhängige Größen) geschrieben. Formelzeichen für Größen, deren Werte verändert werden, erhalten einen Strich (Apostroph). Hinter den aufgeführten Formelzeichen stehen in Klammern die Seitenzahlen der Einführung der Zeichen.

Formelzeichen, die nur auf wenigen aufeinanderfolgenden Seiten benutzt werden, sind im Text erläutert und werden hier nicht aufgeführt. Die zusammengestellten Indizes geben verschiedenen Formelzeichen die angegebene Bedeutung.

Index

AG	Ausgeber	q	Quelle
AN	Aufnehmer	S	Störung
AS	Anpasser	tr	Trägerfrequenz
F	absoluter Fehler	VW	Vorwiderstand
i	Innenwiderstand	α	Eingang
j	laufende Nummer	β	Ausgang
K	Kompensation	ϑ	temperaturabhängig
L	Meßleitung	O	Speisung
M	Meßbereich	1,2,3,...	fortlaufende Numerierung
Q	absolute Auflösung		

Formelzeichen

A	Amplitudenfaktor (191)	c	Bewertungsfaktoren (103)
A	Querschnittsfläche (18)	c	Längsfederkonstante (188)
A	Verfügbarkeit (153)	D	Dämpfungsgrad (189)
a	Beschleunigung (13)	d	Abstand (49)
B	Brückenfaktor (166)	E	Beleuchtungsstärke (218)
B	Gerätebestand (151)	E	Elastizitätsmodul (169)
B	magnetische Induktion (54)	F	relativer Fehler (mit Meßgrößenindex) (22)
C	Kapazität (49)		
C	Koeffizient (mit Meßgrößenindex (139)	F	Kraft (13)
		f	Frequenz (23)

g	Erdbeschleunigung (194)
H	Häufigkeitssummen (115)
h	Klassenhäufigkeit (115)
I	Strom (19)
j	Stufenanzahl (100)
L	Induktivität (43)
l	Länge (18)
M	Drehmoment (201)
m	Masse (188)
N	Windungszahl (43)
n	Binärstellen (99)
n	Drehzahl (13)
P	Leistung (203)
p	Drehdämpfungsfaktor (195)
p	Flüssigkeits- und Gasdruck (13)
Q	elektrische Ladung (57)
Q	relative Auflösung (mit Meßgrößenindex) (100)
R	Widerstand (17)
r	Relativbewegung (189)
S	Empfindlichkeit (mit Meßgrößenindex (34)
s	Weg (13)
T	absolute Temperatur (160)
T	Periodendauer (92)
T_A	Anstiegzeit (79)
T_E	Einstellzeit (79)
t	Zeit (13)
U	Spannung (19)
V	Verstärkung (69)
v	Längsgeschwindigkeit (13)
x	Meß- und Eingangsgröße (15)
y	Ausgangsgröße, Meßsignal (15)

α	Drehwinkel (13)
α	Temperaturkoeffizient (18)
β	Zeigerausschlag (36)
γ	elektrische Leitfähigkeit (18)
Δ	kleine Änderung oder Zahl (23)
δ	Längsdämpfungskonstante (188)
ε	Dehnung (13)
ε	Dielektrizitätskonstante (49)
η	normierte Kreisfrequenz (191)
Θ	Massenträgheitsmoment (195)
ϑ	Temperatur (13)
λ	Wellenlänge (215)
Λ	magnetischer Leitwert (43)
μ	Permeabilität (43)
ϱ	spezifischer Widerstand (18)
σ	mechanische Spannung (168)
σ	Standardabweichung (113)
τ	Verschiebungszeit (120)
τ	Zeitkonstante (58)
Φ	Korrelationsfunktion (120)
Φ	magnetischer Fluß (54)
φ	Phasenwinkel (48)
ω	Kreisfrequenz (47)
ω	Winkelgeschwindigkeit (55)

Sachverzeichnis

Weitere Teubner Lehrbücher

Tholl
Bauelemente der Halbleiterelektronik, 2. Tle.

1. Grundlagen, Dioden, Transistoren
   236 S. mit 203 Bildern
   Kart. DM 36.--

2. Feldeffekttransistoren, Thyristoren, Optoelektronik
   Ca. 250 S. mit zahlreichen Abbildungen
   (In Vorbereitung)

Stöckl/Winterling
Elektrische Meßtechnik

5., neubearb. u. erw. Auflage.
342 S. mit 324 Bildern
Geb. DM 38.--

Borucki
Grundlagen der Digitaltechnik

252 S. mit 263 Bildern
Kart. DM 36.--

Preisänderungen vorbehalten

Teubner Studienskripten Elektrotechnik

Oberg,   Berechnung nichtlinearer Schaltungen
          für die Nachrichtenübertragung
          168 Seiten. DM 9.80

Pregla/Schlosser, Passive Netzwerke
          Analyse und Synthese
          198 Seiten. DM 10.80

Römisch, Berechnung von Verstärkerschaltungen
          192 Seiten. DM 9.80

Schaller/Nüchel, Nachrichtenverarbeitung

          Band 1 Digitale Schaltkreise
                 161 Seiten. DM 10.80

          Band 2 Entwurf digitaler Schaltwerke
                 166 Seiten. DM 10.80

Schmidt, Digitalelektronisches Praktikum
          2., durchgesehene Auflage.
          238 Seiten. DM 14.80

Thiel,   Elektrische Messung nichtelektrischer Größen
          238 Seiten. DM 15.80

Unger,   Hochfrequenztechnik in Funk und Radar
          223 Seiten. DM 12.80

Vaske,   Berechnung von Gleichstromschaltungen
          117 Seiten. DM 8.80

Vaske,   Berechnung von Drehstromschaltungen
          180 Seiten. DM 10.80

Vaske,   Übertragungsverhalten elektrischer Netzwerke
          158 Seiten. DM 8.80

Vaske,   Berechnung von Wechselstromschaltungen
          224 Seiten. DM 12.80

Weber,   Laplace-Transformation für Ingenieure
          der Elektrotechnik
          197 Seiten. DM 12.80

Westermann, Laser
          190 Seiten. DM 12.80

Preisänderungen vorbehalten